HARTMANN / BERNHARD

FOTOVERVIELFACHER UND IHRE ANWENDUNG IN DER KERNPHYSIK

FOTOVERVIELFACHER

UND IHRE ANWENDUNG IN DER KERNPHYSIK

von

WERNER HARTMANN

und

FRITZ BERNHARD

Mit 113 Abbildungen und 12 Tabellen

1957

AKADEMIE-VERLAG · BERLIN

Erschienen im Akademie-Verlag GmbH, Berlin W 8, Mohrenstraße 39
Lizenz-Nr. 202. 100/283/57
Gesamtherstellung: VEB Druckerei „Thomas Müntzer“ Bad Langensalza
Bestell- und Verlagsnummer: 5240
Printed in Germany

Vorwort

Der fotoelektrische Vervielfacher ist ein Vakuumgerät, das seit seiner technischen Verwirklichung vor etwa 20 Jahren in zunehmendem Maße an Bedeutung gewonnen hat. Zu Beginn seiner Entwicklung gab die Fernsehtechnik die wesentlichsten Impulse zu seiner Verbesserung. Die ständig wachsenden Forderungen an die Güte des Fernsehbildes machten eine Erhöhung der Zahl der Bildpunkte erforderlich. Aus diesem Grunde wurde die für einen Bildpunkt zur Verfügung stehende Zahl von Lichtquanten immer kleiner. Die Umformung und Verstärkung dieser äußerst kleinen Lichtimpulse in elektrische Signale gelang bis zur Einführung des Speicherverfahrens nur mit Hilfe eines fotoelektrischen Vervielfachers.

Inzwischen hat sich der fotoelektrische Vervielfacher viele neue Anwendungsgebiete erobert, von denen das für die moderne Forschung wichtigste wohl die Messung sehr schwacher, durch Wechselwirkung von Elementarteilchen und Quanten mit der Materie erzeugter Lichtmengen im Szintillationszähler ist. Die Vervollkommnung des Fotovervielfachers zu einem Präzisionsgerät, das er heute ist, wurde fast ausschließlich durch langjährige Entwicklungsarbeit der Radioröhrenhersteller und die Forderungen, die von seiten der Szintillationstechnik erhoben wurden, erreicht.

Wir haben uns bemüht, sowohl auf die wesentlichen Grundzüge des Vervielfachers als auch auf die im Szintillationszähler wirksam werdenden Elementarprozesse und ihre Auswirkungen auf die Meßmethodik breit einzugehen. Damit wendet sich die Schrift an einen weiten Kreis von Wissenschaftlern und Fachleuten sowie von Ingenieuren und anderen Interessenten. Dem Akademie-Verlag Berlin sind wir für die schnelle Bearbeitung zu besonderem Dank verpflichtet.

Dresden-Berlin 1957

Werner Hartmann
Fritz Bernhard

Inhaltsverzeichnis

TEIL I

Fotovervielfacher. Ihre Herstellung und Eigenschaften

von W. HARTMANN

TEIL II

Die Anwendung der Fotovervielfacher in der Kernphysik

von F. Bernhard

TEIL I

FOTOVERVIELFACHER

IHRE HERSTELLUNG UND EIGENSCHAFTEN

von

W. HARTMANN

KAPITEL 1

Einführung

Unter der Bezeichnung „fotoelektrischer Vervielfacher" versteht man ein Vakuumgerät, in dem von einem geeigneten Material unter der Wirkung einer auffallenden Wellenstrahlung Elektronen emittiert werden. Die Fotoelektronen werden im gleichen Gerät unter Ausnutzung der Sekundärelektronenemission an Elektroden, den sogenannten Dynoden, vervielfacht. Diese sind auf besondere Weise bearbeitet, aktiviert, wie man sagt, so daß jedes mit genügender Energie auf eine Dynode auffallende Elektron im Mittel mehr als ein sekundäres Elektron auslöst.

Das eben beschriebene Verfahren zur Vervielfachung der Zahl der Elektronen wurde erstmalig vor mehr als 30 Jahren von SLEPIAN [1] vorgeschlagen. Aber die praktische Verwirklichung gelang erst im Jahre 1934 dem sowjetischen Ingenieur L. A. KUBETZKY [2 bis 4]. Seit dieser Zeit wurden die Sekundäremissionsvervielfacher (im weiteren kurz: SEV) an vielen Stellen entwickelt, vervollkommnet und finden eine immer breitere Anwendung.

Es sind bereits SEV mit einem Vervielfachungsfaktor bis 10^{10} hergestellt worden. Bei einer mittleren Empfindlichkeit der Fotokathode von 50 μA/Lm erreicht man somit die gewaltige Ausgangsempfindlichkeit von $5 \cdot 10^5$ Amp/Lm. Es ist wohl selbstverständlich, daß ein so großer Vervielfachungsfaktor nur bei äußerst schwacher Beleuchtung der Kathode ausgenutzt werden kann. Wenn man weiter berücksichtigt, daß der Ausgangsstrom allen Schwankungen des primären Lichtstroms trägheitslos bis zu Frequenzen der Größenordnung 10^3 MHz folgt, so wird klar, daß das Hauptanwendungsgebiet der SEV in der Messung schwacher Lichtströme liegt, die sich außerdem in ihrer Größe zeitlich sehr schnell ändern können. Wer die Schwierigkeiten kennt, die bei der Verstärkung kurzzeitiger Impulse mit steilen Flanken mit Hilfe von Röhrenschaltungen auftreten, wird den großen Fortschritt richtig einschätzen, den man durch den Einsatz der SEV bei der Lösung vieler physikalischer und meßtechnischer Probleme erzielen kann. Andererseits sind dem SEV wie auch jedem anderen Gerät Grenzen seiner Anwendungsmöglichkeit gesetzt, deren Nichtbeachtung zu Enttäuschung und unrichtiger Einschätzung seiner Möglichkeiten führt. Außerdem entsprechen die auf dem Markt befindlichen SEV nach Gestalt und Konstruktion nicht immer den Wünschen der Praktiker. Daher muß betont werden, daß es sehr wohl Fälle in der Meßtechnik gibt, bei denen die Anwendung eines SEV an Stelle einer Fotozelle sogar zur Verschlechterung des Signal/Rausch-Verhältnisses führt. In solchen Fällen ist es zweckmäßiger, eine einfache Fotozelle mit Verstärker zu verwenden.

Infolge seiner nicht immer richtigen Einschätzung hat daher der SEV noch lange nicht alle die Anwendungen gefunden, zu denen er auf Grund seiner außergewöhnlichen Eigenschaften fähig ist.

Das Ziel vorliegender Darstellung besteht daher darin, den weiten Kreis von Wissenschaftlern, Ingenieuren und Technikern mit den Grundlagen der Konstruktion, Herstellung und Anwendung der SEV, mit ihren Vorzügen und Nachteilen bekannt zu machen. Dabei werden wir nur verhältnismäßig kurz auf die allgemeinen Gesetze der physikalischen Elementarprozesse eingehen, die im SEV benutzt werden. Darüber findet der Leser in vielen zitierten Lehrbüchern und Monographien ausführliche Darstellungen. Wir ziehen es vor, besonders die für den SEV charakteristischen Prozesse und Erscheinungen hervorzuheben.

Im 2. Kapitel werden die Faktoren untersucht, die die untere Grenze der Messung schwacher Lichtströme und der Zählung von Einzelimpulsen bestimmen und somit die Empfindlichkeit des SEV begrenzen. Die folgenden Kapitel 3 und 4 sind der Beschreibung der Materialien gewidmet, die in modernen SEV zur Herstellung von Fotokathoden und Dynoden benutzt werden. Die wichtigen Fragen der Formgebung der Dynoden und der Auswahl eines bestimmten Dynodensystems werden in Kapitel 5 behandelt. Mit den Eigenschaften der SEV und ihrer Abhängigkeit von verschiedenen Parametern machen wir uns eingehend im Kapitel 6 vertraut.

Der 2. Teil behandelt nach dem einleitenden Kapitel 7 im Kapitel 8 die physikalischen Vorgänge im Szintillationszähler. Nach eingehender Betrachtung der Szintillatoren und ihrer Eigenschaften im Kapitel 9 wird im Kapitel 10 der wesentliche Einfluß der SEV auf das Auflösungsvermögen von Szintillationszähleranordnungen untersucht. Die letzten Kapitel 11 und 12 sind der Besprechung zahlreicher Anwendungsbeispiele aus der Kernphysik und der notwendigen elektronischen Hilfsmittel gewidmet.

KAPITEL 2

Die Empfindlichkeit der Fotozellen und der fotoelektrischen Vervielfacher

A. Signalgröße und Rauschpegel

Wie wir schon in der Einleitung zum Ausdruck brachten, liegt das hauptsächlichste Anwendungsgebiet der SEV in der Messung sehr schwacher Lichtströme. Die untere Grenze für den Nachweis geringster Lichtintensitäten ist bei einer geforderten Meßgenauigkeit durch die Grenzempfindlichkeit des SEV gegeben. Diese wird durch seine Eigenschaften und deren Abhängigkeit von verschiedenen äußeren Einflüssen bestimmt. Daher gibt die Untersuchung dieser Faktoren gleichzeitig eine Antwort auf die Frage nach der optimalen Bemessung und Konstruktion des SEV. Denn dabei können die Forderungen präzisiert werden, die an einen idealen Vervielfacher zu stellen sind.

Bekanntlich wird in allen Meßsystemen, ob auf mechanischer, elektrischer oder anderer Grundlage, die Genauigkeit durch den Störpegel bestimmt, der aus Schwankungen gebildet wird, die entweder dem Meßgerät selbst eigen sind oder aber im Gang der Messung entstehen. Offensichtlich wird die Meßgenauigkeit um so größer sein, je mehr die Signalamplitude den Störpegel übersteigt. Die Störungen kann man in zwei Hauptgruppen einteilen: Zur ersten Gruppe gehören solche, die z. B. durch schlechte Konstruktion des Meßgerätes, ungeeignete Auswahl der Einzelteile oder schlechte Montage hervorgerufen werden. In Röhrenverstärkern sind dies der Mikrophoneffekt der Röhren, d. h. also die Veränderung ihrer Charakteristiken durch mechanische Schwingungen der Elektroden gegeneinander, äußere elektromagnetische Streufelder u. a. Störungen solcher Art werden auch in SEV beobachtet: Es sind dies etwa eine schlechte Isolation zwischen den Elektroden, Feldelektronenemission aus Spitzen an den Elektroden und Bildung von Ionen des Restgases infolge unzureichender Evakuierung. Obgleich die Beseitigung dieser Störungen häufig mit großen technologischen Schwierigkeiten verbunden ist, werden wir sie dennoch aus der weiteren Betrachtung in diesem Kapitel ausschließen. Wir nehmen an, einen SEV zu besitzen, der von Störungen dieser ersten Gruppe frei ist.

Im Gegensatz zu den bisher beschriebenen Störungen können die der zweiten Gruppe prinzipiell nicht völlig ausgeschaltet werden, und sie sind es auch, die den minimal möglichen Störpegel bestimmen, der seinerseits wieder die Genauigkeit der Messung begrenzt. Zur zweiten Gruppe gehören die Störungen oder, wie sie in diesem Fall besser genannt werden, die Rauschquellen[1]), die prinzipiell mit den physikalischen Prozessen zusammenhängen, die im SEV und den an ihn angeschalteten Geräten auftreten. Zu deren eingehender Untersuchung gehen wir nun über.

Um die wesentlichen Vorzüge des SEV klar hervortreten zu lassen, halten wir es für zweckmäßig, zunächst die Messung eines Lichtstromes mittels einer einfachen Fotozelle und nachfolgendem Röhrenverstärker zu untersuchen. Anschließend werden wir die Situation, die bei Verwendung eines SEV an Stelle der Fotozelle vorliegt, diskutieren.

Abb. 1 zeigt die Schaltung des Meßgerätes mit einfacher Fotozelle. Auf die Fotozelle fällt ein Lichtstrom Φ, dessen Größe mit der Frequenz f periodisch

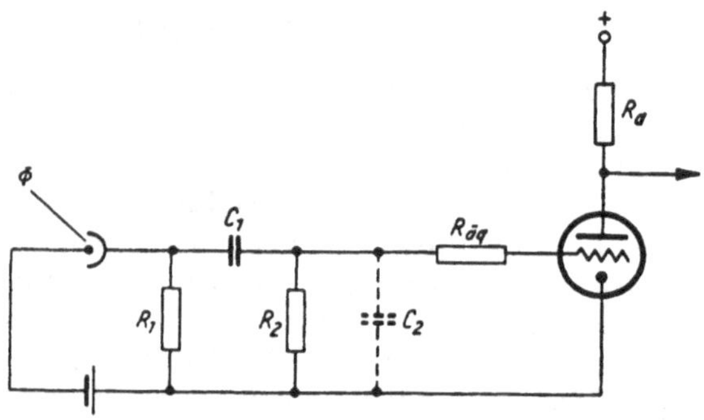

Abb. 1. Schaltschema für eine Fotozelle mit angeschlossenem Verstärker

schwankt und der einen Fotostrom hervorruft, dessen Effektivwert $I = \gamma I_0$ ist, wobei I_0 den mittleren Gleichstrom in der Fotozelle und γ den Modulationsfaktor bedeuten. Die an den Enden des Belastungswiderstandes R_1 auftretende Wechselspannungskomponente wird in üblicher Weise dem Gitter einer Verstärkerröhre zugeführt, an deren Anodenwiderstand R_a das verstärkte Signal auftritt. C_2 ist die gesamte Eingangskapazität des Verstärkers und enthält die Montagekapazität. $R_{äq}$ ist der äquivalente Rauschwiderstand der Verstärkerröhre und ist ein Maß für deren Rauschpegel (ausführlicher darüber siehe 2D). Wir wählen die Parameter der angegebenen Schaltung so, daß bei der Frequenz $f = \frac{\omega}{2\pi}$ folgende Ungleichheiten erfüllt sind:

$$R_2 \gg R_1 \qquad \omega R_1 C_1 \gg 1 \qquad \omega R_1 C_2 \ll 1 .$$

Die Größe des auf das Gitter gegebenen, zu verstärkenden Signals ist dann:

$$U = \gamma \cdot I_0 \cdot R_1 . \tag{1}$$

Die Genauigkeit der Messung wird durch das Verhältnis des Signals zum Störpegel bestimmt. Wenn wir eine vorgegebene Genauigkeit fordern, wird andrerseits durch dieses Verhältnis die Empfindlichkeit der Anordnung begrenzt, d. h. also die

[1]) Bei der Untersuchung von Röhrenverstärkern machen sich diese Störungen durch ein „Rauschen" im Kopfhörer bemerkbar.

Größe jenes minimalen Lichtstromes, den man noch mit der geforderten Genauigkeit messen kann, definiert. Es soll zunächst der Rauschpegel $\sqrt{\Sigma\overline{(\Delta u)^2}}$ berechnet und danach das Verhältnis des Signals zum Rauschpegel zu bestimmt werden:

$$\eta = \frac{U}{\sqrt{\Sigma\overline{(\Delta u)^2}}}\,. \tag{2}$$

$\Sigma\overline{(\Delta u)^2}$ ist die Summe der mittleren Quadrate der Effektivwerte aller Rauschspannungen in einem bestimmten Frequenzband.

In unserem Beispiel besteht der Rauschpegel aus mehreren Anteilen: dem Rauschen der Elektronenemission der Fotozelle (Schroteffekt), dem Wärmerauschen in Widerständen (JOHNSON-Effekt) und dem Rauschen der Elektronenemission in der Verstärkerröhre (Schroteffekt).

B. Das Rauschen der Elektronenemission in der Fotozelle

Das Rauschen der Elektronenemission entsteht, wie auch der von SCHOTTKY stammende Name „Schroteffekt" andeutet, durch die statistischen Schwankungen des Elektronenstroms bei Belichtung der Fotozelle durch einen streng konstanten Lichtstrom. Diese Schwankungen rühren letzten Endes von der endlichen Größe des elektrischen Elementarquantums, der Elektronenladung, her. In jedem kleinen Zeitintervall geht von der Fotokathode zur Anode nicht die gleiche Elektronenzahl über, so daß man für jedes beliebige Zeitintervall τ eine Wechselkomponente des Fotostroms beobachten kann [5]. Wenn $\overline{Z}$ die mittlere Zahl der pro Sekunde übergehenden Elektronen ist, so wird ihre Zahl für das Zeitintervall τ im Mittel $\overline{Z}\cdot\tau$ sein. Demnach ist die Abweichung der tatsächlich in der Zeit τ übergehenden Zahl von Elektronen z_τ vom Mittelwert

$$\Delta z = z_\tau - \overline{Z}\cdot\tau\,.$$

Unter der Annahme, daß die Emission eines Elektrons aus der Fotokathode völlig unabhängig von der Emission jedes anderen Elektrons erfolgt und daß die Wahrscheinlichkeit für die Emission von gerade z_τ Elektronen durch eine „Normalverteilung":

$$P_1(\Delta z) = \frac{1}{\sqrt{2\pi\overline{Z}\tau}}\cdot \exp\cdot\left(-\frac{(\Delta z)^2}{2\cdot\overline{Z}\cdot\tau}\right) \tag{3}$$

oder für eine kleine mittlere Zahl $\overline{Z}$ durch eine POISSON-Verteilung:

$$P_2(z_\tau) = e^{-\overline{Z}\cdot\tau}\cdot\frac{(\overline{Z}\cdot\tau)^{z_\tau}}{z_\tau\,!} \tag{4}$$

gegeben ist, kann man leicht zeigen, daß

$$\overline{(\Delta z)^2} = \int\limits_{-\infty}^{+\infty}(z_\tau - \overline{Z}\cdot\tau)^2\cdot P_1\cdot dz_\tau = \overline{Z}\cdot\tau$$

ist, oder ebenso, wenn $0 \leq z_\tau \leq n$, wobei n keine zu kleine Zahl sein soll:

$$\overline{(\Delta z)^2} \approx \sum_0^\infty (z_\tau - \overline{Z}\cdot\tau)^2\cdot P_2 = \overline{Z}\cdot\tau\,.$$

Wenn wir uns erinnern, daß bei dem Übergang einer Ladung der mittleren Größe q während der Zeit T in der Fotozelle ein Strom $i = \frac{q}{T}$ fließt, so können wir für den quadratischen Mittelwert der auftretenden Stromschwankungen schreiben:

$$\overline{(\Delta i_\tau)^2} = \frac{e^2}{\tau^2} \cdot \overline{(\Delta z)^2} = \frac{e^2}{\tau^2} \cdot (\overline{Z} \cdot \tau) = \frac{e}{\tau} \cdot I_0 ,$$

wobei $I_0 = Z \cdot e$ der über eine große Zeitspanne gemittelte Wert des Fotostromes ist.

Für η erhalten wir somit:

$$\eta = \frac{I_0}{\sqrt{\overline{(\Delta i_\tau)^2}}} = \sqrt{\frac{\tau}{e} \cdot I_0} ,$$

d. h., das Signal/Rausch-Verhältnis wird proportional zur Wurzel aus der Größe des zu messenden Fotostromes und der Beobachtungsdauer τ größer. Damit sind bereits zwei wesentliche Forderungen formuliert: Zur Messung eines gegebenen Lichtstromes wähle man die höchstempfindliche Fotozelle und gebe dem Registriergerät die größte mit den übrigen Versuchsbedingungen vereinbare Zeitkonstante. Die Theorie des Schroteffektes [5], [6] ergibt, daß der quadratische Mittelwert des Effektivwertes des Rauschstroms durch die Gleichung

$$\overline{(\Delta i_0)^2} = 2\, e\, I_0 \cdot \Delta f \tag{5}$$

darstellbar ist.

Interessanterweise hängt der Mittelwert nicht von der absoluten Größe f der Frequenz ab, sondern nur vom Frequenzband Δf, d. h., das Rauschen des Schroteffektes ist mit konstanter Amplitude über das ganze Frequenzspektrum verteilt. Erst bei sehr hohen Frequenzen tritt eine Abnahme des Rauschens ein, denn jede Erscheinung, die die Elektronenpakete aufbricht, d. h. zeitlich verschmiert, wie z. B. Unterschiede in den Elektronenlaufzeiten, muß zu einer Erniedrigung des Rauschens führen, indem sie es wieder stärker dem völlig gleichmäßigen Charakter annähert.

Es muß besonders betont werden, daß unter I_0 der gesättigte Fotostrom verstanden wird. Falls Sättigung noch nicht erreicht ist, somit eine Raumladung den Elektronenstrom begrenzt, muß ein Rauschschwächungsfaktor $F^2 < 1$ auf der rechten Seite von Gleichung (5) hinzugefügt werden. Eine Raumladung erniedrigt somit den Störpegel. Da aber andererseits nur der gesättigte Fotostrom der einfallenden Lichtintensität proportional ist, interessiert uns die Betriebsweise mit raumladungsbegrenztem Fotoelektronenstrom hier nicht. Wir setzen also immer voraus, daß die Potentialdifferenz zwischen Kathode und Anode groß genug ist, um alle emittierten Fotoelektronen abzusaugen.

Kürzlich von FÜRTH und MACDONALD [7] durchgeführte Versuche zeigen, daß die beschriebenen Vorstellungen die Schwankungen des gesättigten Fotostroms genau beschreiben. In der Arbeit von HARTMANN und ROTHE [8] wurde die lineare Abhängigkeit des quadratischen Mittelwerts des Rauschstromes vom Frequenzband bestätigt.

Der Rauschstrom ruft am Arbeitswiderstand des Fotozellenkreises einen Spannungsabfall hervor, dessen quadratischer Mittelwert

$$\overline{(\Delta u_0)^2} = 2\, e\, I_0\, R_s^2(f) \cdot \Delta f\,, \tag{6}$$

wobei $R_s(f)$ der Scheinwiderstand ist. Unter Berücksichtigung der oben erwähnten Ungleichheiten wird in unserem Fall $R_s = R_1$, und daher kann man schreiben

$$\overline{(\Delta u_0)^2} = 2\, e\, I_0\, R_1^2 \cdot \Delta f\,. \tag{7}$$

Dieselbe Gleichung gilt natürlich ebenfalls für die Schwankungen jedes anderen Stromes, der etwa von der Fotokathode emittiert wird. Wie wir später genauer erfahren werden, zeigen empfindliche Fotokathoden sogar in völliger Dunkelheit eine merkbare Elektronenemission. Diese Emission wird durch die bekannte RICHARDSON-Gleichung

$$j_T = A\, T^2 \cdot \exp - \frac{e \cdot \varphi}{k \cdot T} \tag{8}$$

beschrieben. T ist die absolute Temperatur, φ die Austrittsarbeit der Fotokathode und A eine Konstante, die von der Art der Fotokathode und ihrer Zusammensetzung abhängt. Für den quadratischen Mittelwert der Rauschspannung, die infolge des Rauschens des Thermoelektronenstroms I_T der Fotokathode entsteht, erhalten wir den entsprechenden Ausdruck

$$\overline{(\Delta u_T)^2} = 2\, e\, I_T\, R_1^2\, \Delta f\,. \tag{9}$$

Messungen des Rauschens des Fotostroms im Gebiet sehr niedriger Frequenzen ($\ll$100 Hz) ergeben Werte, die die theoretisch zu erwartenden bis zu einer Größenordnung übersteigen [9]. Dieser „Funkel-Effekt“ wird durch langsame Strukturänderungen kleiner Kathodenbereiche hervorgerufen, so daß die Wahrscheinlichkeit der Emission eines Elektrons aus dem betrachteten Kathodenbereich für größere Zeitintervalle nicht als konstant anzusehen ist. Im folgenden werden wir den Funkel-Effekt außer acht lassen, zumal er nur bei speziellen Untersuchungen in Erscheinung tritt. Im Frequenzgebiet unterhalb 50 Hz zu arbeiten, empfiehlt sich infolge dieser zusätzlichen Rauschquelle nicht (siehe auch [186]).

C. Das Wärmerauschen in Widerständen

Das Wärmerauschen in Widerständen wurde zuerst von JOHNSON [10] untersucht und wird daher oft JOHNSON-Effekt genannt. Seine Entstehungsursache ist in der Wärmebewegung der Elektronen im Leiter zu suchen. Die Elektronendichte im Leiter ist bei Mittelung über einen großen Zeitabschnitt konstant und für alle Bezirke des Leiters gleich. Aber in kleinen Zeiträumen führt sie von Elementarbereich zu Elementarbereich des Leiters auf Grund der statistischen Elektronenbewegungen kleine Schwankungen aus, und daher treten im Leiter statistisch verteilt Potentialdifferenzen auf. Mit Vergrößerung der mittleren Wärmeenergie der Elektronen bei Erhöhung der Temperatur wächst auch die Rauschspannung. NYQUIST [11] konnte zeigen, daß der quadratische Mittelwert des Effektivwertes der Rauschspannung an einem Widerstand, dessen Wirkkomponente $R_w(f)$ ist, für das Frequenzband Δf gegeben wird durch:

$$\overline{(\Delta u_R)^2} = 4\,k\,T \cdot R_W(f) \cdot \Delta f\,. \tag{10}$$

T ist die absolute Temperatur und k die BOLTZMANN-Konstante. In unserem Beispiel ergibt sich: $\overline{(\Delta u_R)^2} = 4\,k\,T\,R_1 \cdot \Delta f$.

D. Das Rauschen des Elektronenstroms in der Verstärkerröhre

Ebenso wie der Strom in der Fotozelle weist auch der Anodenstrom in der Verstärkerröhre eine Wechselkomponente bei konstanten äußeren Bedingungen auf. In diesem Fall muß man den Rauschschwächungsfaktor $F < 1$ berücksichtigen, weil unter normalen Arbeitsbedingungen der Anodenstrom einer Röhre durch die Raumladung vor der Kathode begrenzt ist. In Röhren mit Gittern, die sich gegenüber der Kathode auf positivem Potential befinden, sind die Schwankungen des Anodenstroms größer als in einer Triode. Eine augenblickliche Erhöhung des Schirmgitterstroms führt zu einer entsprechenden Abnahme des Anodenstroms. Diese Neuverteilung des Stroms zwischen Anode und Schirmgitter ergibt eine Erhöhung des Rauschens gegenüber dem einer Triode.

Die Rauschquellen einer Röhre pflegt man mit Hilfe des äquivalenten Rauschwiderstandes $R_{äq}$ im Gitterkreis der Röhre darzustellen. Die Röhre selbst wird bei den Rauschberechnungen dann als rauschfrei behandelt. Mit anderen Worten: Die Rauschspannung an den Enden des gedachten Widerstandes $R_{äq}$ (der sich auf Zimmertemperatur befindet) ruft nach Verstärkung durch die Röhre an deren Anode Rauschamplituden der gleichen Größe hervor, wie sie tatsächlich durch das Rauschen des Anodenstroms der Röhre erzeugt werden. Um eine quantitative Beziehung zu erhalten, muß man den Ausdruck (10) für den äquivalenten Widerstand $R_{äq}$ mit der Größe (5) verbinden; da außerdem $\overline{(\Delta i_a)^2} = S^2 \cdot \overline{(\Delta u_g)^2}$, wobei S die Steilheit der Röhre ist, ergibt sich:

$$2\,e\,I_a\,F^2\,\Delta f = S^2 \cdot 4\,k\,T\,R_{äq} \cdot \Delta f \qquad R_{äq} = \frac{e \cdot I_a \cdot F^2}{2\,k\,T \cdot S^2}$$

(I_a-Anodenstrom der Röhre).

Die Größe F^2 kann berechnet werden, aber einfacher und genau genug ist es, eine halbempirische Formel anzuwenden [12]:

$$F^2 \approx 0{,}2 \cdot \frac{S}{I_a}\,.$$

Demnach erhält man $R_{äq} \approx \dfrac{4 \cdot 10^3}{S}$, wenn S in mA/V eingesetzt wird. Ähnliche Formeln werden auch von anderen Autoren angegeben, z. B. für die Penthode [6]:

$$R_{äq} = \frac{I_a}{I_a + I_s}\left[\frac{2{,}5 \cdot 10^3}{S} + \frac{2 \cdot 10^7 \cdot I_s}{S^2}\right],$$

wobei I_s der Schirmgitterstrom ist.

In der folgenden Tabelle sind die Werte der äquivalenten Rauschwiderstände für einige häufig verwendete Röhren zusammengestellt:

Röhrentype	I_a	I_s	S	$R_{äq}$
EF 14	12 mA	1,7 mA	7 mA/V	850 Ω
EF 80	10	2,8	6,8	1200
EF 95	7,7	2,4	5,1	1800
EF 96	7	2	5	1700
6 AC7	10	2,5	9	650
6 AC7 als Triode	12,5	—	11	220
ECC 91	8,5	—	5,3	470

Um eine Vorstellung von der Größenordnung der zu erwartenden Rauschspannung zu geben, sei erwähnt, daß ein Widerstand von 1000 Ω, der sich auf Zimmertemperatur befindet, bei einer Frequenzbandbreite von 1 MHz nach Formel (10) eine effektive Rauschspannung von ca. 5 μV liefert.

Bezüglich des Funkel-Effektes in der Verstärkerröhre gelten die gleichen Bemerkungen wie für die Fotokathode.

E. Das Signal/Rausch-Verhältnis für die Fotozelle mit Verstärker

Nunmehr können wir den Ausdruck hinschreiben, der alle Rauschquellen erfaßt. Dabei ist zu beachten, daß der quadratische Mittelwert des gesamten Rauschens als Summe der quadratischen Mittelwerte der einzelnen voneinander unabhängigen Rauschspannungen berechnet wird:

$$\sum \overline{(\Delta u)^2} = \left[2\, e\, (I_0 + I_T) \cdot R_1^2 + 4\, k\, T\, (R_1 + R_{äq})\right] \cdot \Delta f\,.$$

Bei Berücksichtigung von Gleichung (1) erhalten wir für das Signal/Rausch-Verhältnis:

$$\eta = \frac{U}{\sqrt{\Sigma\, \overline{(\Delta u)^2}}} = \frac{\gamma \cdot I_0}{\left\{2\, e \cdot \Delta f \left[(I_0 + I_T) + \frac{2\, k\, T}{e \cdot R_1}\left(1 + \frac{R_{äq}}{R_1}\right)\right]\right\}^{1/2}}\,. \tag{11}$$

Bei Betrachtung dieses Ausdrucks kann man sofort einige offensichtliche Folgerungen ziehen: Das zweite Glied im Nenner kann im Vergleich zum ersten klein gemacht werden, wenn nur R_1 genügend groß ist. Da der thermische Elektronenstrom der Fotokathode, z. B. für eine Antimon-Cäsium-Fotokathode, von der Größenordnung $I_T \sim 10^{-15}$ Amp ist, also in vielen Fällen $I_T \ll I_0$ und weiterhin $R_{äq} \ll R_1$, ergibt sich folgende Ungleichheit:

$$I_0 > \frac{2\, k\, T}{e \cdot R_1} \qquad \text{oder} \qquad I_0\, R_1 > \frac{2\, k\, T}{e} \cong 0.05\ \text{V}\,. \tag{12}$$

Bei Erfüllung dieser Beziehung wird also das zweite Glied im Nenner klein gegenüber dem ersten, und der Rauschpegel ist im wesentlichen durch den Schroteffekt des Fotostroms selbst bestimmt: Der zu messende Fotostrom I_0 muß somit an dem Lastwiderstand R_1 einen Spannungsabfall hervorrufen, der mehrmals größer als 50 mV ist. In diesem Fall kann man den Johnson-Effekt des Widerstandes R_1 vernachlässigen und erhält:

$$\eta = \gamma \cdot \sqrt{\frac{I_0}{2\, e \cdot \Delta f}}\,.$$

Es sei hier darauf hingewiesen, daß es bei Erfüllung dieser Bedingung keinen Sinn hat, zur Erhöhung der Empfindlichkeit etwa einen SEV zu benutzen. Wie wir später sehen werden, wird, im Gegenteil, infolge des statistischen Charakters der Elementarprozesse der Sekundäremission das Verhältnis des Signals zum Rauschpegel bei Benutzung eines SEV kleiner, wenn das Signal so groß ist, daß die Ungleichung (12) befriedigt werden kann. Es ist also durchaus nicht immer möglich, durch Verwendung eines SEV an Stelle einer einfachen Fotozelle Verbesserungen der Meßgenauigkeit zu erzielen.

In der Fernsehtechnik, z. B. bei Verwendung eines Leuchtschirmabtasters zur Übertragung von Filmen, beträgt der Lichtstrom für einen weißen Bildpunkt etwa $\Phi = 10^{-3}$ Lm. Bei einer Fotokathodenempfindlichkeit $E_0 = 50\ \mu$A/Lm hat der Fotostrom die Größe $I_0 = E_0 \cdot \Phi = 5 \cdot 10^{-8}$ A. Bei Beachtung der Ungleichung (12) muß der Lastwiderstand also mindestens die Größe $R_1 > 10^6\,\Omega$ haben, die ihrerseits die obere Frequenzgrenze f_2 bestimmt:

$$f_2 \leq \frac{1}{2\pi R_1 C_2}; \qquad \text{bei} \qquad C_2 = 50\,\text{pF} \qquad f_2 \leq 3000\ \text{Hz}.$$

Ein so niedriger Wert für die maximale Frequenz ist in dem gewählten Beispiel und sehr vielen anderen Fällen völlig ungenügend. Wir kommen somit zur Schlußfolgerung, daß bei der Messung schwacher, sich schnell ändernder Lichtströme mit einer einfachen Fotozelle und Röhrenverstärker der JOHNSON-Effekt im Widerstand den Rauschpegel bestimmen wird, da es nicht angängig ist, den Lastwiderstand R_1 unbegrenzt zu vergrößern.

Es ist lehrreich, noch ein weiteres Beispiel zu betrachten. Wie aus dem Schaltbild (Abb. 1) hervorgeht, nimmt der Lastwiderstand bei höheren Frequenzen infolge der ihm parallel geschalteten Kapazität C_2 ab. Den Abfall kann man durch geeignete Schaltungsmaßnahmen kompensieren, z. B. indem man dem Verstärkungsfaktor K folgende Frequenzabhängigkeit gibt:

$$K = K_0 \cdot \sqrt{1 + \omega^2 R_1^2 \cdot C_2^2}.$$

Unter Berücksichtigung, daß für ein breites Frequenzband $\Delta f = f_2 - f_1 \approx f_2$ ist, ergibt die Rechnung für das Signal:

$$\gamma \cdot I_0 \cdot K_0 \cdot R_1,$$

für die Rauschspannung des Foto- und Thermoelektronenstroms der Fotokathode:

$$\sqrt{2e\,(I_0 + I_T) \cdot R_1^2 \cdot K_0^2 \cdot f_2}\ ,$$

für die Rauschspannung des Lastwiderstandes R_1:

$$\sqrt{4\,k\,T\,R_1 \cdot K_0^2 \cdot f_2}$$

und für die Rauschspannung des äquivalenten Rauschwiderstandes $R_{äq}$:

$$\sqrt{4\,k\,T \cdot R_{äq} \cdot K_0^2 \cdot f_2 \left(1 + \frac{1}{3}\,\omega_2^2 \cdot R_1^2 \cdot C_2^2\right)}\ .$$

Bei Berechnung des letzten Ausdruckes ist zu berücksichtigen, daß der äquivalente Rauschwiderstand nicht von der Frequenz abhängt.

Für das Signal/Rausch-Verhältnis erhalten wir somit:

$$\eta = \frac{\gamma \cdot I_0}{\left\{2\,e f_2 \left[(I_0 + I_T) + \frac{2\,k\,T}{e \cdot R_1} + \frac{2\,k\,T}{e \cdot R_1} \cdot \frac{R_{äq}}{R_1}\left(1 + \frac{1}{3}\,\omega_2^2\,R_1^2 \cdot C_2^2\right)\right]\right\}^{1/2}}.$$

Offensichtlich muß man zweckmäßigerweise auch in diesem Falle R_1 möglichst groß machen und die Eingangskapazität weitgehend reduzieren. Im Grenzfall $R_1 \to \infty$ ergibt sich, wenn gleichzeitig $I_T \ll I_0$:

$$\eta = \frac{\gamma \cdot I_0}{\left\{2\,e f_2 \left[I_0 + \frac{1}{3} \cdot \frac{2\,k\,T}{e}\,\omega_2^2 \cdot R_{äq} \cdot C_2^2\right]\right\}^{1/2}}.$$

Somit ist das Wärmerauschen des Lastwiderstandes ausgeschaltet, dafür aber der Schroteffekt der Verstärkerröhre von wesentlichem Einfluß. Für die Werte, wie sie in der Fernsehpraxis vorkommen, von $\omega_2 = 4 \cdot 10^7$ Hz, $R_{äq} = 1000\,\Omega$ und $C_2 = 2 \cdot 10^{-11}$ F erhalten wir:

$$\frac{1}{3}\left(\frac{2\,k\,T}{e}\right) \cdot \omega_2^2 \cdot R_{äq} \cdot C_2^2 \approx 10^{-5}\ \text{Amp}.$$

Also nur, wenn $I_0 > 10^{-5}$ Amp ist, wird das Signal/Rausch-Verhältnis im wesentlichen durch den Eigenschrot des Fotostromes bestimmt.

Um zu erreichen, daß $\eta = 1$ wird, muß der Fotostrom $\sim 5 \cdot 10^{-9}$ A sein, was einem Lichtstrom von $\sim 10^{-4}$ Lm entspricht. Dieser erforderliche Lichtstrom übertrifft um viele Größenordnungen die in der Praxis erreichbaren Werte. Aus diesem Grunde ist eine Anordnung mit einfacher Fotozelle hier unbrauchbar.

F. Das Signal/Rausch-Verhältnis für einen fotoelektrischen Vervielfacher mit angeschlossenem Röhrenverstärker

In diesem Abschnitt werden wir die gleichen Meßprobleme unter Verwendung eines SEV mit angeschlossenem Röhrenverstärker untersuchen. Um die Vorteile der Verwendung eines SEV schärfer und klarer hervortreten zu lassen, führen wir vorübergehend einige Vereinfachungen ein:

1. Der thermische Elektronenstrom der Fotokathode ist klein gegen den Fotostrom;
2. die Dynoden weisen keine eigene (weder fotoelektrische noch thermische) Elektronenemission auf, und
3. der Gesamtvervielfachungsfaktor M ist eine streng konstante Größe und unterliegt keinen Schwankungen.

Unter Berücksichtigung der dritten Vereinfachung kann man sagen, daß jedes einzelne von der Fotokathode emittierte Elektron das Erscheinen einer Elektronenwolke, die aus M Elektronen besteht, am Ausgang des SEV bewirkt. Mit anderen Worten, der Ausgangsstrom I_a des SEV scheint von Elementarladungen der Größe (Me) gebildet zu werden. Da offensichtlich die Ankunft dieser Elektronenwolken am Ausgang des SEV ebenso statistisch verteilt ist wie die Emission der primären Fotoelektronen, können wir für den quadratischen Mittelwert des Rauschstroms am Ausgang des SEV schreiben:

$$\overline{(\Delta i_a)^2} = 2\,(Me) \cdot I_a \cdot \Delta f = 2\,(Me) \cdot (M \cdot I_0) \cdot \Delta f = 2\,e M^2 I_0 \Delta f = M^2 \cdot \overline{(\Delta i_0)^2}. \quad (13)$$

Damit erhalten wir für η:

$$\eta = \frac{\gamma \cdot M \cdot I_0}{\left\{2\,e \cdot \Delta f \cdot \left[M^2 \cdot I_0 + \frac{2\,k\,T}{e\,R_1}\left(1 + \frac{R_{äq}}{R_1}\right)\right]\right\}^{1/2}}$$

$$= \frac{\gamma \cdot I_0}{\left\{2\,e \cdot \Delta f \cdot \left[I_0 + \frac{2\,k\,T}{e \cdot M^2 \cdot R_1}\left(1 + \frac{R_{äq}}{R_1}\right)\right]\right\}^{1/2}}. \tag{14}$$

Die Untersuchung dieses Ausdrucks zeigt, daß man den Einfluß des Rauschens des Lastwiderstandes und der Verstärkerröhre durch entsprechende Wahl des Gesamtvervielfachungsfaktors M weitgehend verringern kann, und zwar selbst bei sehr kleinen Werten von R_1. An Stelle der Ungleichung (12) erhalten wir:

$$M^2 I_0 > \frac{2\,k\,T}{e\,R_1}\left(1 + \frac{R_{äq}}{R_1}\right) \quad \text{oder} \quad M^2 I_0 R_1 > 0{,}05\,\text{V}, \quad \text{wenn } R_{äq} \ll R_1$$

$$I_0 R_1 > \frac{0{,}05}{M^2}\,\text{V}. \tag{15}$$

Der SEV hebt infolge seiner großen Verstärkung M das zu messende Signal so weit über den Rauschpegel der angeschlossenen Meßgeräte, daß man letzteren vernachlässigen kann. Darin liegt der eigentliche große Vorteil der Verwendung eines SEV begründet. Wie wir später noch sehen werden, bleibt diese Aussage auch bei Berücksichtigung der tatsächlichen Funktionsweise des SEV ohne die eingangs erwähnten Vernachlässigungen richtig.

Betrachten wir das gleiche Beispiel wie bei Untersuchung der Fotozelle:

$$I_0 = 5 \cdot 10^{-8}\,\text{A}, \qquad R_{äq} = 1000\,\Omega, \qquad \text{aber} \qquad R_1 = 100\,\Omega,$$

da wir die Wichtigkeit eines kleinen Lastwiderstandes R_1 bei der Verstärkung hoher Frequenzen kennen. Dann erhalten wir laut Gleichung (15) $M \sim 300$. Führen wir für

$$M_n = \sqrt{\frac{2\,k\,T}{e\,I_0\,R_1}\left(1 + \frac{R_{äq}}{R_1}\right)}$$

die Bezeichnung „nützliche Vervielfachung" ein, so können wir bei Annahme gleicher Lichtempfindlichkeit der Fotokathoden in Fotozelle und SEV schreiben:

$$\frac{\eta_{\,(\text{SEV})}}{\eta_{\,(\text{Fotozelle})}} = \sqrt{\frac{1 + M_n^2}{1 + \frac{M_n^2}{M^2}}}.$$

Der auf der rechten Seite stehende Ausdruck strebt offensichtlich zum Grenzwert $\sqrt{1 + M_n^2}$. Schon bei $M = 3 \cdot M_n$ wird praktisch der gesamte Vorteil in der Verbesserung des Signal/Rausch-Verhältnisses ausgenutzt. Die Verwendung eines SEV mit $M > 1000$ führt in unserem Beispiel zu keiner weiteren merklichen Verbesserung des Wertes für η. Aber dafür bestechen andere Vorteile der Verwendung eines SEV mit sehr großem Vervielfachungsfaktor: an seinem Ausgang erhält man unmittelbar ein Signal großer Amplitude. In der Praxis entfällt damit die Benutzung von Röhrengeräten zur weiteren Verstärkung des Signals. Dies ist äußerst wichtig bei der Messung von Lichtströmen, die hochfrequente Komponenten enthalten. Denn bekanntlich ist die unverzerrte Verstärkung kurzzeitiger Impulse mit steilen Flanken bis zu Amplituden von ca. 100 V keine leichte Aufgabe, sie erfordert zumindest einen im Vergleich zum SEV großen apparativen Aufwand.

Unter der Voraussetzung, daß $M > M_n$, erhalten wir aus Gleichung (14) den Wert des Fotostroms, für den $\eta = 1$ ist. Die Größe dieses Fotostroms ist ein Maß für die Grenzempfindlichkeit des SEV. Wenn die Versuchsbedingungen gestatten, das Frequenzband bis auf $\Delta f = 1$ Hz einzuengen, ist bei $\gamma = 1$

$$I_{0_{\min}} \cong 3 \cdot 10^{-19}\,\mathrm{A}\,.$$

Dieses Ergebnis bedeutet, daß unter den von uns gemachten Voraussetzungen, nämlich, daß der Vervielfachungsprozeß selbst keine Rauschpegelerhöhung hervorruft und außerdem die thermische Emission der Fotokathode Null ist, die Messung, oder genauer: der Nachweis so schwacher Lichtströme, die pro Sekunde die Emission nur einiger Fotoelektronen hervorrufen, nicht ausgeschlossen ist. Bei einer Empfindlichkeit der Kathode von $E_0 = 50\,\mu$A/Lm entspricht diesem Wert ein minimaler Lichtstrom von $\Phi \sim 10^{-14}$ Lm.

Zusammengefaßt sind die wesentlichen Forderungen für die Messung schwacher Lichtströme mit SEV folgende: eine maximale Lichtempfindlichkeit der Fotokathode, minimale thermische Emission der Kathode und Dynoden sowie eine weitgehende Verringerung des Frequenzbandes des gesamten Meßsystems. Jede Vergrößerung des Frequenzbandes muß mit einer entsprechenden Verringerung des Signal/Rausch-Verhältnisses bezahlt werden.

G. Einfluß der thermischen Emission der Fotokathode

Nach Betrachtung der idealen Bedingungen gehen wir nun zur Berücksichtigung der tatsächlich vorliegenden Effekte und ihres Einflusses auf das Signal/Rausch-Verhältnis über. Die wesentlichste Erscheinung ist die thermische Elektronenemission der Fotokathode. Für die häufig verwendeten Antimon-Cäsium-Kathoden hat sie bei Zimmertemperatur einen Wert von $10^{-16} \div 10^{-14}$ A/cm², d. h. ca. $10^3 \div 10^5$ Elektronen/cm² · sec. Die angegebene breite Spanne für die thermische Emission wird verständlich, wenn man berücksichtigt, daß schon kleine Unterschiede in der Führung des technologischen Prozesses bei der Herstellung, Verunreinigungen in den Ausgangsmaterialien usw. diese Streuung hervorrufen können.

Wie schon weiter oben festgestellt wurde, hängt die thermische Emission sehr stark von der Temperatur ab: bei Kühlung der Kathode mit Trockeneis (—70° C) beträgt sie ca. 10^2 Elektronen/cm² · sec und bei der Temperatur der flüssigen Luft (—196° C) einige Elektronen/cm² · sec. Man kann also prinzipiell durch Kühlung der Fotokathode die thermische Emission beseitigen. Dies ist aber unbequem und führt unter Umständen zu zusätzlichen experimentellen Schwierigkeiten, daher wird nur selten von dieser Möglichkeit Gebrauch gemacht.

Unter der Annahme, daß $M \gg M_n$ und somit das Rauschen des Lastwiderstandes und der Verstärkerröhre vernachlässigt werden kann — in den folgenden Ausführungen werden wir diese Bedingung immer als erfüllt ansehen —, errechnet man unter Berücksichtigung des thermischen Elektronenstroms I_T der Fotokathode für das Signal/Rausch-Verhältnis:

$$\eta = \gamma \cdot \frac{I_0}{\sqrt{2\, e\, \Delta f\, (I_0 + I_T)}} \,. \tag{16}$$

Bei vorgegebenem η und $\gamma = 1$ erhalten wir für I_0:

$$I_0 = \eta^2\, e \cdot \Delta f \left[1 + \sqrt{1 + \frac{2\, I_T}{\eta^2 \cdot e \cdot \Delta f}}\right] \tag{17}$$

und nach Einsetzen der Werte $\eta = 1$, $\Delta f = 1$ Hz und $I_T = 10^{-14}$ A:

$I_0 = 5 \cdot 10^{-17}$ A, das entspricht einem Lichtstrom von $\Phi = 10^{-12}$ Lm

bei einer Kathodenempfindlichkeit von 50 μA/Lm. Die Grenzempfindlichkeit ($\eta = 1$) ist also bei Berücksichtigung der thermischen Kathodenemission um zwei Zehnerpotenzen kleiner.

Wenn wir die Forderung aufstellen, daß das Rauschen des thermischen Kathodenstroms möglichst wenig zum allgemeinen Störpegel beitragen soll, muß gelten:

$$\frac{2\, I_T}{\eta^2 \cdot e \cdot \Delta f} \ll 1 \,.$$

Wenn also Δf sehr groß ist, braucht man nicht besonders niedrige Werte der thermischen Emission zu fordern. Wählen wir als Beispiel Werte aus der Fernsehtechnik: $\eta = 30$ und $\Delta f = 6 \cdot 10^6$ Hz, dann braucht nur $I_T \leq 6 \cdot 10^{-10}$ A zu sein. In solchem Fall bringt eine Kühlung des SEV also keinerlei Vorteil.

Es muß nicht besonders unterstrichen werden, daß alles Nebenlicht, das z. B. infolge ungenügender optischer Abschirmung auf die Fotokathode fällt, ebenso wie die thermische Emission der Kathode zu einer Verkleinerung des Signal/Rausch-Verhältnisses führt.

H. Einfluß der Elektronenemission der Dynoden

In vielen SEV-Konstruktionen haben die Dynoden die gleiche aktive Oberfläche wie die Fotokathode. Bei den meisten Typen kann man die Fotoemission aller Dynoden außer der ersten vernachlässigen, da die auf diese auftreffende Lichtmenge sehr klein ist. Wenn der Fotostrom der ersten Dynode i_{0_d} ist, so beträgt sein Beitrag zum Rauschpegel:

$$2\, e \cdot \Delta f \cdot i_{0d} \left(\frac{M}{\delta_1}\right)^2 , \tag{18}$$

wobei δ_1 der Sekundäremissionskoeffizient der 1. Dynode ist.

Anders verhält es sich mit der thermischen Emission der Dynoden. Unter der Annahme, daß alle n Dynoden die gleiche Größe haben, jede den thermischen Elektronenstrom i_T emittiert und der Sekundäremissionskoeffizient für alle Dynoden gleich δ ist, erhalten wir für diesen Anteil des Dunkelstromes:

$$I_{T_d} = i_T \left(\frac{M}{\delta} + \frac{M}{\delta^2} + \cdots + \frac{M}{\delta^n}\right) \simeq \frac{M}{\delta} \cdot \frac{\frac{1}{\delta^n} - 1}{\frac{1}{\delta} - 1} \cdot i_T \approx \frac{M}{\delta - 1} \cdot i_T \,, \tag{19}$$

da in modernen SEV $\delta^n = M \gg 1$.

Der gesamte thermische Elektronenstrom am Ausgang des SEV setzt sich aus den Anteilen der Fotokathode und der Dynoden zusammen:

$$I_T = M\, I_T + \frac{M}{\delta - 1} \cdot i_T = M\, I_T \left(1 + \frac{F_d/F_0}{\delta - 1}\right),$$

wobei F_d, F_0 die Flächen einer Dynode bzw. der Fotokathode sind. Meistens ist $F_0 > 5 \cdot F_d$ und $\delta \geqq 3$, so daß der gesamte thermische Elektronenstrom der Dynoden, am Ausgang gemessen, weniger als 10% des Gesamtstromes beträgt.

Für die Schwankung des thermischen Stromes der Dynoden erhalten wir in Übereinstimmung mit Formel (13):

$$\sum \overline{\left(\Delta i_{T_d}\right)^2} = 2\, e\, i_T M^2 \left[\frac{1}{\delta^2} + \frac{1}{\delta^4} + \cdots + \frac{1}{\delta^{2n}}\right] \cdot \Delta f = 2\, e\, i_T \left(\frac{M}{\delta}\right)^2 \cdot \frac{\frac{1}{M^2} - 1}{\frac{1}{\delta^2} - 1} \cdot \Delta f$$

$$\sum \overline{\left(\Delta i_{T_d}\right)^2} \approx 2\, e\, i_T \cdot \frac{M^2}{\delta^2 - 1} \cdot \Delta f \qquad \text{für} \qquad M \gg 1\,. \tag{20}$$

Somit ergibt sich folgender Ausdruck für das Signal/Rausch-Verhältnis:

$$\eta = \frac{\gamma\left(I_0 + \frac{i_{0d}}{\delta}\right)}{\sqrt{2\, e\, \Delta f\left[\left(I_0 + \frac{i_{0d}}{\delta^2}\right) + \left(I_T + \frac{i_T}{\delta^2 - 1}\right)\right]}}\,. \tag{21}$$

Diese Formel gestattet, η für beliebige praktische Fälle zu berechnen, wenngleich sie einen Umstand, nämlich die statistischen Schwankungen des Vervielfachungsfaktors, noch nicht berücksichtigt.

I. Einfluß der statistischen Schwankungen des Vervielfachungsfaktors

Es handelt sich darum, daß unsere dritte Vereinfachung nicht zutrifft. Man darf nämlich nicht voraussetzen, daß für jedes primäre Fotoelektron am Ausgang genau M Elektronen erscheinen. Wenn z. B. der Sekundäremissionskoeffizient δ einer beliebigen Dynode experimentell gemessen wird, so heißt das, daß jedes primäre Elektron im Mittel δ sekundäre Elektronen erzeugt, aber in jedem einzelnen Elementarakt können natürlich nur ganzzahlige Werte, d. h. 0, 1, 2, 3, ... Sekundärelektronen befreit werden. Die Wahrscheinlichkeit dafür, daß gerade z Sekundärelektronen entstehen, sei p_z.

Dann gilt:

$$\sum_z z \cdot p_z = \delta\,.$$

Der Sekundärelektronenstrom besteht aus einzelnen Elektronengruppen $(z \cdot e)$, von denen jede einzelne einen Teil des sekundären Stromes bildet:

$$z \cdot p_z \cdot I_1\,.$$

(I_1 ist der Strom der Primärelektronen.)

Bei Benutzung von Gleichung (13) erhalten wir nach Summierung für den quadratischen Mittelwert der Schwankungen des Sekundärelektronenstromes im Frequenzbereich Δf:

$$\overline{(\Delta i_2)^2} = \sum_z 2 \cdot (z \cdot e) \cdot (z \cdot p_z \cdot I_1)\, \Delta f = 2\, e\, I_1\, \Delta f \cdot \sum (z^2 \cdot p_z) = 2\, e\, I_1\, \Delta f \cdot \overline{z^2}\,. \quad (22)$$

Weiterhin erinnern wir uns daran, daß der primäre Elektronenstrom infolge des Schroteffektes rauscht; diese Schwankungen werden wie jedes Signal an der Dynode vervielfacht. Für das Rauschen des Primärelektronenstromes nach Vervielfachung ergibt sich also:

$$\overline{(\Delta i_1)^2} = 2\, e\, \delta^2\, I_1 \cdot \Delta f\,. \quad (23)$$

Somit erhalten wir den Anteil des Rauschens des Sekundärelektronenstromes, der durch die statistischen Schwankungen der Sekundärelektronenausbeute hervorgerufen wird, durch Subtraktion der Größe (23) von der Größe (22):

$$\overline{(\Delta i_s)^2} = \overline{(\Delta i_2)^2} - \overline{(\Delta i_1)^2} = 2\, e\, I_1\, \Delta f\, (\overline{z^2} - \delta^2)\,.$$

Mit diesem Ergebnis können wir andererseits auch schreiben:

$$\overline{(\Delta i_2)^2} = 2\, e\, I_1\, \delta^2 \cdot \Delta f + 2\, e\, I_1 \cdot \Delta f\, (\overline{z^2} - \delta^2)\,. \quad (24)$$

Nach Einführung von $\beta = \frac{\overline{z^2} - \delta^2}{\delta^2}$ wird aus Formel (24):

$$\overline{(\Delta i_2)^2} = \delta^2 \cdot \overline{(\Delta i_1)^2} + 2\, e\, \beta\, \delta\, i_2 \cdot \Delta f\,. \quad (25)$$

Wir sehen, daß die Dynode das ankommende Rauschen wie jedes andere Signal verstärkt und außerdem eine Rauschkomponente hinzufügt, die um $\beta \cdot \delta$ größer ist als das Rauschen des Sekundärelektronenstromes. Man kann leicht ausrechnen, daß der Beitrag der r-ten Dynode in einem n-stufigen SEV zum Ausgangsrauschpegel durch den Ausdruck

$$(2\, e\, I_0\, \delta^r \cdot \Delta f) \cdot (\beta \cdot \delta) \cdot \delta^{2\,(n-r)} \quad (26)$$

beschrieben wird, wenn mit I_0 wieder, wie früher, der Primärelektronenstrom als Fotostrom von der Fotokathode bezeichnet wird. Wenn wir berücksichtigen, daß $\delta^{2n} \cdot I_0 = M^2 \cdot I_0 = M \cdot I_a$ ist, ergibt sich:

$$2\, e\, I_a\, M \cdot \Delta f \cdot \frac{\beta}{\delta^{r-1}}\,. \quad (27)$$

Nach Summierung über r von $r = 1 \ldots n$ erhalten wir

$$2\, e\, I_a\, M \cdot \Delta f \cdot \beta \left[1 + \frac{1}{\delta} + \frac{1}{\delta^2} + \cdots + \frac{1}{\delta^{n-1}}\right] = 2\, e\, I_a\, M \cdot \Delta f \cdot \beta \cdot \frac{1 - 1/M}{1 - 1/\delta}\,.$$

Da in modernen SEV $M \gg 1$ ist, folgt endgültig [13], [14], [15]:

$$\begin{aligned}\overline{(\Delta i_a)^2} &= M^2 \cdot \overline{(\Delta i_0)^2} + M^2 \cdot \frac{\beta \cdot \delta}{\delta - 1} \cdot \overline{(\Delta i_0)^2} = M^2\, \overline{(\Delta i_0)^2} \left[1 + \frac{\beta\, \delta}{\delta - 1}\right] \\ &= \alpha^2 \cdot M^2 \cdot \overline{(\Delta i_0)^2} \qquad \overline{M^2} = \alpha^2 \cdot M^2\,.\end{aligned} \quad (28)$$

Um die Größe α^2 abzuschätzen, die die Vergrößerung des Ausgangsrauschpegels durch die Statistik des Sekundäremissionsprozesses charakterisiert, muß β bekannt sein. Nehmen wir an, daß die Wahrscheinlichkeit der Auslösung von z Elektronen in einem Elementarprozeß bei $\bar{z} = \delta$ durch die POISSON-Verteilung gegeben ist:

$$P(z) = e^{-\delta} \cdot \frac{\delta^z}{z!},$$

so erhalten wir

$$\overline{z^2} = \delta^2 + \delta, \qquad \beta = \frac{1}{\delta} \qquad \text{und} \qquad \alpha^2 = \frac{\delta}{\delta - 1}.$$

Für $\delta = 4$ ist $\alpha^2 = 1{,}33$: der Rauschpegel des primären Fotostromes wird also durch den kaskadenartigen Vervielfachungsprozeß nur unwesentlich, in unserem Beispiel um etwa 16%, vergrößert, und zwar um so weniger, je größer der mittlere Sekundäremissionskoeffizient δ ist [8], [13]. Der große Gewinn bei der Verwendung der SEV, der darin besteht, daß das Signal weit über den Rauschpegel der angeschlossenen Geräte gehoben wird, muß demnach nicht mit einer wesentlichen Verschlechterung des Signal/Rausch-Verhältnisses innerhalb des SEV erkauft werden. Gleichung (28) gestattet, α und somit auch β experimentell zu bestimmen. Denn alle übrigen Größen, außer β, können leicht gemessen werden. Die Arbeiten von ZIEGLER [16] und KURRELMAYER und HAYNER [17] zeigten, daß im allgemeinen die Schwankungen des Sekundäremissionskoeffizienten nicht durch die POISSON-Verteilung beschrieben werden können. Ihre Ergebnisse sind in Abb. 2 dargestellt: ZIEGLER führte Messungen an BaO–SrO, KURRELMAYER und HAYNER an Beryllium aus. Ersichtlich ist $\beta \cdot \delta = 1$ nur für Energien der primären Elektronen bis zu etwa 100 eV, bei größeren Energien wächst $\beta \cdot \delta$ rasch an. Das ist ein Hinweis darauf, daß die Streuung der z-Werte merklich

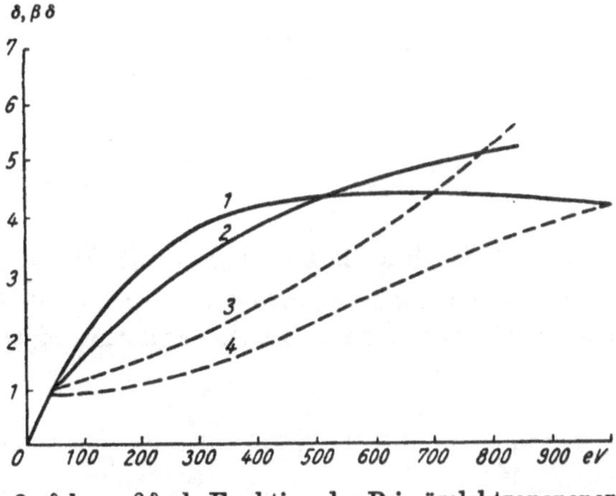

Abb. 2. δ bzw. $\beta\delta$ als Funktion der Primärelektronenenergie

Kurven 1, 4: δ bzw. $\beta \cdot \delta$ für oxydiertes Beryllium nach [17]
Kurven 2, 3: δ bzw. $\beta \cdot \delta$ für BaO + SrO nach [16]

größer ist, als eine einfache POISSON-Verteilung vorhersagt. An modernen Sekundäremissionsmaterialien sind ähnliche Messungen noch nicht ausgeführt worden, aber es ist kaum anzunehmen, daß sie ein wesentlich anderes Verhalten zeigen.

Wenden wir uns nochmals kurz der Gleichung (26) zu. In der Annahme, daß die Sekundäremissionskoeffizienten der einzelnen Dynoden untereinander nicht gleich sind, sondern die Werte $\delta_1, \delta_2, \delta_3, \ldots \delta_n$ für die 1., 2., 3., ... n-te Dynode haben, kann man schreiben

$$2\,e\,I_0\,(\delta_1 \cdot \delta_2 \cdot \delta_3 \ldots \delta_r) \cdot \Delta f \cdot \beta \cdot \delta_r\,(\delta_{r+1} \cdot \delta_{r+2} \ldots \delta_n)^2 .$$

Nach Durchführung der gleichen Rechnung wie oben ergibt sich:

$$\overline{(\Delta i_a)^2} = \sum 2\,e\,I_a \cdot \Delta f \cdot M \frac{\beta}{\delta_1 \cdot \delta_2 \cdot \delta_3 \cdots \delta_{r-1}} = 2\,e\,I_a \cdot \Delta f \cdot M \cdot \beta \cdot$$
$$\cdot \left[1 + \frac{1}{\delta_1}\left[1 + \frac{1}{\delta_2}\left[1 + \frac{1}{\delta_3}\left[1 + \frac{1}{\delta_4} + \frac{1}{\delta_4 \delta_5} + \cdots + \frac{1}{\delta_4 \cdots \delta_{n-1}}\right]\right]\right]\right] \tag{29}$$

Um also $\overline{(\Delta i_a)^2}$ klein zu machen, wählt man zweckmäßig große Werte für δ_1 und δ_2. Aber die Erreichung dieses Ziels durch Vergrößerung der Primärelektronenenergie (δ wächst mit der Elektronenenergie bis 400—600 eV, s. Kapitel 4) kann, wie oben ausgeführt, zu einer Vergrößerung des Wertes für β führen, so daß sich praktisch keine Rauschminderung ergibt. Daher ist es vorteilhafter, Materialien zu verwenden, die hohe Werte für δ schon bei Primärelektronenenergien von ca. 100 eV ergeben.

Somit kann man die Forderung zur maximalen Verringerung des Rauschens, das durch den statistischen Charakter der Sekundärelektronenemission hervorgerufen wird, etwa folgendermaßen formulieren: Die notwendige Vervielfachung M ist durch eine möglichst kleine Dynodenzahl bei hohen Sekundäremissionskoeffizienten zu erreichen.

Mit Hilfe der Gleichung (26) kann man ebenfalls den Rauschanteil des Ausgangsstromes ausrechnen, der durch die Vervielfachung der thermisch emittierten Elektronen der Dynoden hervorgerufen wird. An Stelle von Gleichung (20) ergibt sich

$$\sum \overline{(\Delta i_{T_d})^2} = 2\,e \cdot \Delta f \cdot i_T \cdot \alpha^2 \cdot \frac{M^2}{\delta^2 - 1} . \tag{30}$$

K. Das Signal/Rausch-Verhältnis für den fotoelektrischen Vervielfacher

Nachdem wir alle inneren Rauschquellen untersucht haben, können wir den endgültigen Ausdruck für das Signal/Rausch-Verhältnis hinschreiben:

$$\eta = \frac{\gamma\left(I_0 + \frac{i_{0d}}{\delta}\right)}{\left\{2\,e\,\Delta f \cdot \alpha^2 \left[\left(I_0 + \frac{i_{0d}}{\delta^2}\right) + \left(I_T + \frac{i_T}{\delta^2 - 1}\right)\right]\right\}^{1/2}} . \tag{31}$$

Zur Vermeidung von Unklarheiten bringen wir nachstehend zusammengefaßt die Erklärung der in Gleichung (31) verwendeten Symbole:

γ — Modulationskoeffizient des Lichtstromes,
I_0 — Fotostrom der Fotokathode,
i_{0_d} — Fotostrom der ersten Dynode,

I_T — thermischer Elektronenstrom der Fotokathode,
δ — mittlerer Sekundäremissionskoeffizient des Dynodenmaterials,
Δf — Frequenzband des gesamten Meßgerätes,
α^2 — Koeffizient der Rauschvergrößerung infolge des statistischen Charakters der Sekundärelektronenemission.

Wir haben alle Rauschquellen so ausführlich und eingehend untersucht, um die Aufmerksamkeit auf die Möglichkeiten zur Vergrößerung des Signal/Rausch-Verhältnisses, aber auch auf den Einfluß oft unbeachteter Faktoren zu richten. Selbstverständlich bringt in vielen Fällen die Formel (31) keinen besonderen Erkenntnisgewinn. Oft kann man die Glieder, die das Rauschen der Elektronenemission der Dynoden berücksichtigen, vernachlässigen. An Stelle von Formel (31) erhalten wir dann:

$$\eta = \frac{\gamma \cdot I_0}{\{2\, e \cdot \Delta f \cdot \alpha^2\, (I_0 + I_T)\}^{1/2}}. \tag{32}$$

Sie unterscheidet sich von Formel (16) nur durch das Vorhandensein des Faktors α^2. Wenn wir dafür die obenerwähnte Größe $\alpha^2 = 1{,}33$ einsetzen, so ergibt sich für den minimal meßbaren Lichtstrom bei einer Fotokathodenempfindlichkeit von

$$E_0 = 50\,\mu\text{A/Lm}, \quad \eta = 1, \quad \gamma = 1, \quad \Delta f = 1\text{ Hz}$$

und $I_T = 10^{-14}$ A der Wert $1{,}3 \cdot 10^{-12}$ Lm,

also praktisch der gleiche Wert wie oben.

Zum Abschluß fassen wir die erhaltenen Resultate zusammen; denn aus ihnen lassen sich einige Forderungen an den idealen SEV und das Meßverfahren ableiten: Bei der Messung schwacher Lichtströme ist die Empfindlichkeit des SEV einerseits durch die thermische Elektronenemission der Fotokathode und andererseits durch ihre Lichtempfindlichkeit begrenzt. Daher ist es wünschenswert, daß sich die spektrale Verteilung der Empfindlichkeit der Fotokathode nicht zu längeren Lichtwellenlängen erstreckt, als zur Anpassung an die spektrale Verteilung des zu messenden Lichtes unbedingt notwendig ist.

Man wird also z.B., um es grob zu formulieren, einen Lichtstrom, dessen spektraler Schwerpunkt im Blauen liegt, nicht mit einem SEV messen, der eine ausgeprägte Rot- oder gar Ultrarotempfindlichkeit hat. Im nächsten Kapitel werden wir sehen, daß die Austrittsarbeit einer Fotokathode für thermische Elektronen um so kleiner, die thermische Emission also um so größer ist, je weiter die Grenze der Empfindlichkeit nach längeren Wellen verschoben ist. Die thermische Emission kann zwar durch Kühlung der Fotokathode wesentlich verringert werden (die Fotoemission ändert sich dabei nur unwesentlich), aber dies ist nicht immer besonders einfach zu verwirklichen und stellt keine elegante Lösung des Problems dar.

Von wesentlich geringerem Einfluß ist die absolute Größe des Sekundäremissionskoeffizienten δ: seine Vergrößerung führt lediglich zur Abnahme des Koeffizienten α^2. Durch Verwendung von Schmalbandverstärkern und Synchrondetektoren kann man die Zeitkonstante des Meßsystems bis zu Werten der

Größenordnung 10 sec erhöhen, d. h. also die Frequenzbandbreite wesentlich verringern. Obwohl das nicht immer, entsprechend den Besonderheiten des Experiments, möglich ist, sollte man doch die äußerste Beschränkung des Frequenzbandes anstreben.

L. Der fotoelektrische Vervielfacher als Impulszähler

Bisher haben wir Probleme untersucht, die mit der Messung des Ausgangsstromes des SEV zusammenhingen. Wenn wir daran denken, daß jedes primäre Fotoelektron einen Ausgangsimpuls der mittleren Größe $M \cdot e$ hervorbringt, d. h. einen Spannungsanstieg an der Ausgangskapazität C vom Betrage $\frac{M \cdot e}{C}$, so heißt das, daß wir bei der Messung des Ausgangsstromes diese Ausgangsimpulse über große Zeiträume integrieren. Offensichtlich kann man statt dessen auch die Impulse einzeln zählen und somit den SEV als „Zähler" benutzen. In dieser Richtung fand er in Verbindung mit einem fluoreszierenden Material (Phosphor), in dem die zu untersuchende Strahlung oder Teilchen eine Leuchterscheinung (Szintillation) hervorrufen, weitverbreitetste Anwendung als sogenannter Szintillationszähler. Im einzelnen werden wir auf seine Betriebsweise usw. im 2. Teil eingehen.

Die Aufgabe des SEV besteht dabei also darin, die Szintillationen in Ausgangsimpulse zu verwandeln, die dann auf Analysier- und Registriergeräte gegeben werden können. Die Genauigkeit der Impulszählung hängt ebenso wie die Genauigkeit der Signalmessung bei den bisher betrachteten Problemen vom Rauschen des SEV ab. Im Falle der Anwendung des SEV als Zähler drückt man den Rauschpegel gewöhnlich durch die Zahl der Nullimpulse in der Zeiteinheit aus. Sie werden Nullimpulse genannt, da sie selbst bei der Intensität Null der zu messenden Strahlung vorhanden sind. In unserem Falle handelt es sich offenbar um die Ausgangsimpulse, die durch die thermischen Elektronen der Fotokathode ausgelöst werden. Von Nullimpulsen, die im Szintillationszähler durch die Höhenstrahlung sowie die γ-Strahlung der Umgebung hervorgerufen werden, sehen wir in dieser Betrachtung ab. Nehmen wir an, daß pro Sekunde N_0 Nullimpulse und N Impulse, hervorgerufen durch die zu messende Strahlung, beobachtet werden. Dann können zwei getrennte Messungen durchgeführt werden, jede während einer Meßdauer von t sec. Zunächst bestimmen wir nur die Zahl der Nullimpulse $N_0 \cdot t$, danach registrieren wir die Gesamtimpulszahl $(N_0 + N)\,t$. Die Differenz der beiden Meßergebnisse liefert uns das gewünschte Resultat:

$$N \cdot t = (N_0 + N)\,t - N_0 \cdot t\,.$$

Bei Berücksichtigung der statistischen Verteilung der Impulse ergibt sich für die mittlere quadratische Abweichung des Meßresultates

$$\sigma^2\,(N\,t) = \sigma^2\,\big((N_0 + N)\,t\big) + \sigma^2\,(N_0\,t) = (N\,t + N_0\,t) + N_0\,t = N\,t + 2\,N_0\,t$$

und somit für den relativen Meßfehler

$$\eta_1 = \frac{\sqrt{\sigma^2\,(N\,t)}}{N \cdot t} = \sqrt{\frac{N + 2\,N_0}{N^2 \cdot t}}\,. \tag{33}$$

Wenn man die Nullimpulse vernachlässigen kann, d. h. für $N_0 \ll N$, erhält man bei einer Meßdauer T einen relativen Fehler

$$\eta_2 = \frac{1}{\sqrt{N \cdot T}}. \tag{34}$$

Es ist interessant, einmal festzustellen, wievielmal länger man messen muß, damit das Meßresultat bei Vorhanden- und Nichtvorhandensein der Nullimpulse die gleiche Genauigkeit aufweist. Durch Gleichsetzen von η_1 und η_2 erhalten wir die fragliche Zeit:

$$t = \left(1 + 2\frac{N_0}{N}\right) \cdot T = (1 + 2 \cdot \varepsilon) \cdot T \qquad \text{mit:} \qquad \varepsilon = \frac{N_0}{N}. \tag{35}$$

Die Gesamtzahl der zu zählenden Impulse wird dabei $(1 + 3\,\varepsilon + 2 \cdot \varepsilon^2) \times$ größer.

Ist also z. B. die Zahl der Nutzimpulse gerade gleich der Zahl der Nullimpulse ($\varepsilon = 1$), so ist die dreifache Meßdauer erforderlich.

Wir kommen auch hier wieder zur gleichen Schlußfolgerung, nämlich daß es wünschenswert ist, einen SEV mit möglichst geringer thermischer Elektronenemission der Fotokathode zur Verfügung zu haben. Allerdings muß betont werden, daß diese Forderung bei der Impulszählung nicht immer von so entscheidender Bedeutung ist wie bei der Messung kleinster Lichtströme mit dem SEV. Dies hat folgenden Grund:

Infolge der äußerst kurzen Dauer der Nullimpulse ($\sim 10^{-9}$ sec) kann man sie völlig getrennt voneinander registrieren, denn eine Überlagerung ist sehr unwahrscheinlich. Die kurze Impulsdauer liegt daran, daß jeder Nullimpuls eines einwandfreien SEV durch ein einzelnes Elektron ausgelöst wird, welches entweder von der Kathode oder einer der Dynoden emittiert wird. Die durch eine Szintillation ausgelösten Nutzimpulse werden dagegen stets von einer großen Anzahl Fotoelektronen ausgelöst. Sie sind daher stets größer und haben eine vom Szintillatormaterial abhängige Dauer. Deshalb kann man die unerwünschten kleinen und kurzen Nullimpulse mit Hilfe eines Amplitudendiskriminators abtrennen. Dies ist ein Schaltelement, das nur Impulse durchläßt, deren Amplitude einen vorgegebenen einstellbaren Wert übersteigt. Im einfachsten Fall wird z. B. dieser Schwellwert durch die negative Vorspannung des Gitters einer Verstärkerröhre bestimmt. Bei der Messung äußerst energiearmer Strahlungen kann allerdings auch bei der Teilchenzählung eine Kühlung der Fotokathode notwendig werden.

Die Anwendung des Szintillationszählers ist nicht auf die Bestimmung der Teilchenzahl beschränkt. Ähnlich wie ein gasgefüllter Proportionalzähler kann auch unter bestimmten Voraussetzungen die Energie der die Szintillation erzeugenden Teilchen ermittelt werden. Es ist klar, daß der Fehler der Energiebestimmung um so kleiner sein wird, je kleiner die Streuung der durch die monoenergetischen Teilchen erzeugten Ausgangsimpulse bezüglich ihrer Amplituden ist. Vernachlässigt man alle Schwankungen, die in Zusammenhang mit dem Szintillationsvorgang entstehen können, so ist die Streuung der Amplituden der

Ausgangsimpulse nur durch den statistischen Charakter der Foto- und Sekundäremission bestimmt. Aus Gleichung (28) folgt, daß

$$\overline{(\varDelta M)^2} = \overline{M^2} - M^2 = M^2 \cdot \frac{\beta \cdot \delta}{\delta - 1}.$$

Die Amplituden der Ausgangsimpulse, die durch einzelne Fotoelektronen ausgelöst werden, weisen bei einer mittleren Größe der Amplitude A eine Streuung auf:

$$\frac{\overline{(\varDelta A)^2}}{A^2} = \frac{\overline{(\varDelta M)^2}}{M^2} = \beta \cdot \frac{\delta}{\delta - 1}. \tag{36}$$

Wenn jede Szintillation im Mittel Z_0 Fotoelektronen auslöst, ergibt sich analog zu Gleichung (24), wenn Z_a die entsprechende Zahl der Ausgangselektronen ist ($Z_a = M \cdot Z_0$):

$$\overline{(\varDelta Z_a)^2} = \overline{(\varDelta Z_0)^2} \cdot M^2 + \overline{(\varDelta Z_0)^2} \cdot (\overline{M^2} - M^2)$$

$$\frac{\overline{(\varDelta A)^2}}{A^2} = \frac{\overline{(\varDelta Z_a)^2}}{Z_a^2} = \frac{\overline{(\varDelta Z_a)^2}}{M^2 \cdot Z_0^2} = \frac{\overline{(\varDelta Z_0)^2}}{Z_0^2} + \frac{\overline{(\varDelta Z_0)^2}}{Z_0^2} \cdot \frac{\overline{(\varDelta M)^2}}{M^2} \tag{37}$$

$$\frac{\overline{(\varDelta A)^2}}{A^2} = \frac{1}{Z_0} + \frac{\beta}{Z_0} \cdot \frac{\delta}{\delta - 1} = \frac{\alpha^2}{Z_0}.$$

Dabei wurde die Annahme gemacht, daß $\overline{(\varDelta Z_0)^2} = Z_0$, wie es einer normalen Verteilung entspricht (siehe Kap. 2, Seite 7). Laut Gleichung (37) erkennen wir, daß das Spektrum der Ausgangsimpulse um so genauer dem der Eingangsimpulse entspricht, je größer die letzteren, d. h., je größer Z_0 und der Sekundäremissionskoeffizient δ sind. Die Aufgabe der Erhöhung von Z_0 bei gegebener Zahl der auf die Fotokathode auffallenden Quanten wird durch Verwendung von SEV mit hochempfindlichen Fotokathoden und durch Benutzung eines elektronenoptischen Systems Fotokathode – erste Dynode, das alle Fotoelektronen auf die erste Dynode führt (der Überführungskoeffizient der Elektronen muß gleich Eins sein), gelöst.

Die Betrachtungen des 2. Kapitels gestatten uns nunmehr, eine Reihe von Forderungen aufzustellen, denen ein hochwertiger SEV genügen muß:

1. Hohe Empfindlichkeit der Fotokathode,
2. minimale thermische Emission der Fotokathode bei Zimmertemperatur,
3. Überführung aller Fotoelektronen auf die erste Dynode,
4. verschwindend kleine fotoelektrische und thermische Emission der Dynoden und
5. möglichst großer Sekundäremissionskoeffizient der einzelnen Dynoden, besonders der ersten Dynoden.

Im folgenden werden wir dieser Liste noch einige weitere Wünsche zufügen müssen, da wir ja, wie im Anfang des Kapitels verabredet, bisher alle konstruktiven und sonstigen äußeren Mängel außer acht ließen.

Interessierte Leser weisen wir ergänzend auf die Arbeiten [18 bis 30] hin, in denen einzelne Rauschprobleme behandelt werden.

KAPITEL 3

Fotokathoden

A. Die Gesetzmäßigkeiten des äußeren Fotoeffektes

Zur Umwandlung des Lichtstromes in einen Elektronenstrom wird die Erscheinung des äußeren Fotoeffektes benutzt. Dieser Effekt, die Elektronenemission von Materie unter der Einwirkung von elektromagnetischer Strahlung, unterliegt folgenden Gesetzmäßigkeiten:

dem Gesetz von STOLETOW: Die Stärke des gesättigten fotoelektrischen Stromes ist der Intensität des von der Fotokathode absorbierten Lichtes konstanter spektraler Zusammensetzung proportional;

und dem Gesetz von EINSTEIN: Die maximale Energie der die Kathode einer Fotozelle verlassenden Elektronen ist der Differenz zwischen der Energie des absorbierten Quants $h\nu$ und der Austrittsarbeit φ des bestrahlten Körpers gleich:

$$E_{max} = h\nu - \varphi$$

und hängt somit nicht von der Intensität des Lichtes ab. Aus dieser Gleichung folgt, daß bei der Lichtfrequenz $\nu \leqq \nu_0$ im Falle $h\nu_0 = \varphi$ die Elektronen die Kathode nicht verlassen können, d. h., in Abhängigkeit von der Austrittsarbeit der Kathode existiert eine bestimmte Grenzfrequenz ν_0 und eine entsprechende Grenzwellenlänge $\lambda_0 = \frac{c}{\nu_0}$, die sogenannte Rotgrenze des Fotoeffektes. Dies Gesetz gilt streng nur am absoluten Nullpunkt. Wenn es sich nicht um Metalle, sondern um Halbleiter handelt, so ist statt φ $(\varphi + Q)$ zu schreiben, dabei bedeutet Q die Energie, die im Innern des Festkörpers zur Überführung von Elektronen aus den besetzten Termniveaus oder von Störstellenniveaus in das Leitfähigkeitsband aufgewandt werden muß.

Mißt man den gesättigten fotoelektrischen Strom in Abhängigkeit von der Wellenlänge des auffallendes Lichtes, so erhält man die Kurve der spektralen Empfindlichkeit. Dabei ist der Fotostrom auf die Einheit der Strahlungsenergie, die in der Zeiteinheit von 1 cm² der Oberfläche der Kathode absorbiert wird, umzurechnen. Oft erweist sich aber die Bestimmung der absorbierten Energie als schwierig. In einem solchen Falle bezieht man den Fotostrom auf die Einheit der auffallenden Strahlungsenergie. Diese Angabe ist ja auch für die Praxis besonders wichtig. Man kann auch den Fotoeffekt durch die Elektrizitätsmenge charakterisieren, die bei Bestrahlung mit der Einheit der Energiemenge aus der Kathode austritt, d. h. in Coulomb pro Kalorie. Unter der Annahme, daß jedes auffallende Lichtquant ein Elektron aus der Kathode befreit, erhalten wir für das Quantenäquivalent

$$\Theta = \frac{e}{h\nu} = \frac{e \cdot \lambda}{h \cdot c} = 3{,}36 \cdot 10^{-4} \cdot \lambda_{\text{Å}} \text{ Coul/cal}.$$

Im sichtbaren Teil des Spektrums ist für $\lambda = 5000$ Å

$$\Theta = 1{,}85 \text{ Coul/cal}.$$

Für reine Metalle beträgt die Quantenausbeute tatsächlich nur ca. 10^{-3} Elektronen pro Quant. Dabei ist zu berücksichtigen, daß die meisten Metalle nur bei sehr kurzen Wellenlängen Fotoelektronen emittieren. Für moderne Antimon–Cäsium-Fotokathoden erreicht man im Maximum der spektralen Empfindlichkeit ($\lambda \sim 4500$ A) eine Quantenausbeute von 0,2 bis 0,3, d. h., jedes fünfte bis dritte Quant löst ein Fotoelektron aus.

Da man die thermischen Kathoden häufig dadurch charakterisiert, daß man den bei der Arbeitstemperatur emittierten Elektronenstrom pro Watt aufgewandter Heizleistung angibt (also in Milliampere pro Watt), ist es lehrreich, dasselbe für Fotokathoden zu tun:

$$\Theta = 3{,}36 \cdot 10^{-4} \cdot \lambda_{\text{Å}} \text{ Coul/cal} = 8 \cdot 10^{-2} \cdot \lambda_{\text{Å}} \text{ mA/Watt}.$$

Im Maximum der spektralen Empfindlichkeit erhalten wir bei einer Quantenausbeute von 0,25 für die Antimon–Cäsium-Kathode 90 mA/W. Bei der Gegenüberstellung dieses Wertes mit den entsprechenden Daten für thermische Kathoden

reines Wolfram	bei 2500°K	4—8 mA/W
thoriertes Wolfram	bei 1850°K	30—50 mA/W
Oxydkathode	bei 1100°K	60—100 mA/W

werden die Erfolge, die bei der Herstellung hochempfindlicher Fotokathoden erzielt wurden, besonders deutlich.

Für die Registrierung schnell mit der Zeit veränderlicher Lichtströme ist die Trägheitslosigkeit des Fotoeffekts von großer Bedeutung. Sehr sorgfältige Versuche haben gezeigt, daß sie kleiner als 10^{-9} sec ist, d. h., mit dieser Verzögerung wird das Fotoelektron nach Absorption des Lichtquants emittiert.

Reine Metalle werden infolge ihrer geringen Ausbeute nur für spezielle Zwecke als Fotokathoden verwendet. Das gleiche gilt für Kathoden, die durch Adsorption von Fremdatomen, meistens von Alkaliatomen, auf metallischen Unterlagen entstehen. Letztere haben heute nur noch historisches oder theoretisches Interesse. Ihre Eigenschaften und Herstellung ebenso wie die Theorie des Fotoeffektes sind eingehend behandelt worden [31 bis 36].

In den modernen Vervielfachern werden zwei Gruppen hochempfindlicher Fotokathoden verwendet: es sind dies die Kathoden des Typs Silber–Sauerstoff–Cäsium und Kathoden, die aus Verbindungen der Alkalimetalle (im wesentlichen Cäsium, Rubidium und Lithium) mit den Elementen der fünften Gruppe des periodischen Systems (im wesentlichen Antimon und Wismut) entstehen. Auf diese soll nun näher eingegangen werden.

B. Herstellung undurchsichtiger Fotokathoden vom Typ [Ag]–Cs_2O, Cs, Ag–Cs

Zur Bezeichnung des Typs [Ag]–Cs_2O, Cs, Ag–Cs benutzen wir die von DE BOER vorgeschlagene Schreibweise. Das chemische Symbol des Unterlagemetalls wird in eckige Klammern eingeschlossen, das Symbol der Zwischenschicht wird von denen des adsorbierten Elements und des Unterlagemetalls durch Bindestriche getrennt. Somit besteht die betrachtete Kathode aus einer silbernen Unterlage, dem Halbleiter Casiumoxyd mit einzelnen in ihn eingebauten Atomen von Cäsium und Silber und aus Cäsiumatomen, die an der Oberfläche des Halbleiters adsorbiert sind. Bis zum Jahre 1935 war diese Kathode die einzige hochempfindliche und wurde in allen fotoelektronischen Geräten, die zu Messungen in sichtbaren und angrenzenden Gebieten des Spektrums bestimmt waren, verwendet. Daher ist bei ihrer Serienherstellung in komplizierten Röhren, wie z.B. SEV, Ikonoskopen verschiedener Typen [33], [37], [38], Sondenröhren [33], [37], [39], [40] und Bildwandlern [33], [37], ein großes Erfahrungsmaterial gesammelt worden. Trotzdem stellte die Fertigung solcher Röhren hoher Qualität lange Zeit eine besondere Kunst dar. Es gab kein sicheres Rezept für die Herstellung einer großen Zahl hochempfindlicher Fotozellen ein und desselben Typs. Wenn auch heute viele Erscheinungen weitgehend aufgeklärt sind, so beobachtet man trotzdem heute noch eine beachtliche Streuung der Eigenschaften der Röhren ein und derselben Serie. Das ist auch verständlich. Wir erinnern nur daran, daß wir es mit Halbleitern sehr komplizierter Zusammensetzung zu tun haben, und jede Änderung der Störstellenkonzentration führt, wie bekannt, oft zu weitgehenden Änderungen ihrer optischen und elektrischen Eigenschaften. Aus demselben Grunde ist es äußerst schwer, die Vor- und Nachteile der verschiedenen zur Diskussion stehenden Herstellungsmethoden gegeneinander abzuwägen, bevor nicht Vergleichsversuche in genügend großer Zahl durchgeführt wurden.

Die Herstellung der Fotokathoden [33], [38], [68] geht in mehreren Etappen vor sich:

Herstellung der metallischen, in unserem Falle silbernen Unterlagen;
Bildung der Silberoxydschicht;
Einbringen des Alkalimetalls und
Formierung der Kathode.

Diese Arbeitsabschnitte werden wir im einzelnen untersuchen. Dabei betrachten wir es nicht als unsere Aufgabe, auf die notwendigen Prozesse der Vakuumtechnik einzugehen. Es ist selbstverständlich, daß vor Beginn der eben angeführten einzelnen Herstellungsstufen die fotoelektrische Röhre sorgfältig ausgepumpt und bei möglichst hoher Temperatur entgast werden muß, um alle adsorbierten Schichten von Wasserdampf und sonstigen leichtflüchtigen Verunreinigungen zu entfernen. Außerdem ist es notwendig, bei der Montage äußerste Sauberkeit und Sorgfalt zu beobachten.

Bekanntlich ist die elektrische Leitfähigkeit von Halbleitern meistens sehr viel kleiner als die der Metalle; dies gilt auch für die die Fotokathode bildenden

Halbleiter. Wenn daher die Fotokathode nicht auf einer metallischen Unterlage genügender Dicke aufgebaut ist, können besonders bei stärkerer Beleuchtung störende Effekte auftreten [41 bis 44]: Die an einem Punkt der Fotokathode emittierten Elektronen bewegen sich nicht zur Anode, sondern fallen unter Umständen auf einen anderen Punkt der Kathode, dessen Potential sich infolge der ungenügenden Leitfähigkeit der Kathode vom Potential ihres Emissionsortes wesentlich unterscheidet, und lösen dort Sekundärelektronen aus. In Abhängigkeit von der Größe dieses Potentialgradienten längs der Kathode und ihren Sekundäremissionseigenschaften ergibt sich eine Änderung des Anodenstromes, wenn ein Lichtstrahl konstanter Intensität über die Kathode geführt wird. Bei Benutzung solcher Kathoden in elektronenoptischen Geräten können untragbare Verzerrungen auftreten. Aber bei dieser Gelegenheit sei auf eine Möglichkeit hingewiesen, durch geschickte Ausnutzung des genannten Effektes die Potentialflächen vor der Fotokathode so zu verzerren, daß die Güte der Abbildung sogar verbessert wird [43]. Das Problem einer genügenden Leitfähigkeit der Kathode wird besonders wichtig bei der Herstellung von durchsichtigen Kathoden des in Kapitel 3, Abschnitt A genannten zweiten Typs.

Als Unterlagemetall dient am besten Silber. Mit keinem anderen Metall sind ähnliche oder gar größere Werte der Fotoempfindlichkeit erzielt worden [45]. Das hängt damit zusammen, daß die Atome des Unterlagemetalls gleichzeitig ein wesentlicher Bestandteil der halbleitenden Zwischenschicht sind. Die physikalischen und chemischen Eigenschaften des Silbers erleichtern seine Anwendung für den genannten Zweck: Man kann es leicht auf Kathoden beliebiger Form aufbringen; besonders komplizierte Formen können aus Silberblech oder durch Galvanoplastik erzeugt werden. Weiterhin ist die Tatsache bemerkenswert, daß seine Oxydation durch Sauerstoffionen in der Gasentladung visuell sehr leicht sowohl in bezug auf die Dicke der Oxydschicht als auch auf ihre Gleichmäßigkeit kontrolliert werden kann.

Die sauberste Methode, Silber auf einen geeigneten Halter aus Glas, Metall oder Keramik, der der Kathode die mechanische Festigkeit gibt, aufzubringen, ist die Verdampfung im Vakuum. Beim Schmelzpunkt von 963° C hat Silber einen Sättigungsdampfdruck von ca. 10^{-3} mm Hg, der groß genug ist, um bei den üblichen Abmessungen der SEV innerhalb kurzer Zeit einen dicken Niederschlag auf dem Träger zu erzielen. Die Dicke soll einige Mikron nicht überschreiten. Wird die Schicht stärker, so springt sie vom Träger infolge mechanischer Spannungen, die bei der weiteren Verarbeitung der Kathode entstehen, leicht ab. Die Bildung der notwendigen Schichtdicke kann natürlich durch Erhöhung der Temperatur der Verdampfungsquelle des Silbers beschleunigt werden. Es ist dabei aber zu bedenken, daß bei zu hohem Dampfdruck die Kondensation des Silbers auch an Orten, wo es nicht erwünscht ist, erfolgen kann. In solchen Fällen kann sich der Isolationswiderstand zwischen den Halterungen der Elektroden verschlechtern. Für die Silberverdampfungsquelle sind mehrere bequeme Konstruktionen bekannt [38]. Sie gleichen sich alle darin, daß sie selbst infolge ihrer kleinen Masse wenig Gas abgeben und somit das Vakuum nicht verschlechtern. Um eine äußerst saubere Oberfläche der Kathode mit maximaler Gleichmäßigkeit der Empfindlichkeit zu erhalten, ist es unbedingt erforderlich, die Verdampfung des Silbers in der schon entgasten Röhre vorzunehmen und danach den Zutritt atmosphärischer Luft nicht mehr zuzulassen. Zur Lösung dieser Aufgabe gibt es zwei Wege. Der erste besteht darin, daß jede Röhre mit einer Silberverdampfungsquelle versehen wird, die für immer in ihr verbleibt. Wesentlich sparsamer ist der zweite Weg: Es wird eine verschiebbare Verdampfungsquelle benutzt, die in die Röhre durch die Abziehkapillare (Innendurchmesser 3—4 mm) eingeführt wird. Nach der Herstellung der Kathode wird sie wieder herausgezogen und von der Röhre abgeschmolzen. Einzelheiten der Konstruktion sind auf Abb. 3 dargestellt.

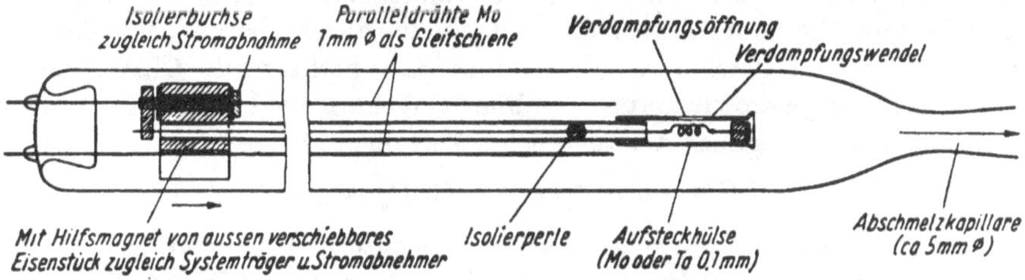

Abb. 3. Verschiebeofen zur Metallverdampfung im Vakuum

Obgleich die Herstellung der Silberschicht durch Verdampfung in bestimmten Fällen unbedingt notwendig ist, hat sie auch ihre Nachteile. Wenn nämlich die Röhre Lichteintrittsfenster haben soll, muß man an der entsprechenden Stelle vor die Verdampfungsquelle Abdeckbleche entsprechender Form anbringen, die den Teil der Röhre, der als Lichteintrittsfenster dienen soll, vor einem Silberniederschlag schützen. Das ist nicht immer leicht oder sogar oft gar nicht durchführbar. In diesem Fall kann mit Erfolg die chemische Versilberung benutzt werden [33], [38], [46]. Wenn nämlich die feuchte Silberschicht noch nicht ausgetrocknet ist, kann man sie leicht von den Stellen entfernen, die zum Lichteinlaß frei bleiben sollen. Die Erfahrung hat gezeigt, daß durch chemische Versilberung hergestellte Kathoden den höchsten Anforderungen bezüglich ihrer Empfindlichkeit genügen [39]; sie sind aber dann völlig unbrauchbar, wenn die Empfindlichkeit über die gesamte Kathodenfläche konstant sein muß. Dies wird z.B. für Bildaufnahmeröhren gefordert. Bei Verwendung von Silberblech muß dies vor der Montage in die Röhre sorgfältig bearbeitet und gesäubert werden [38]. Nachdem es die gewünschte Form erhalten hat, wird es geglüht. Für die nun folgende Ätzung empfiehlt sich die Verwendung eines Gemisches aus Ammoniak und Wasserstoffsuperoxyd. Danach wird die Blechkathode mehrfach in destilliertem Wasser gewaschen und im Elektroofen getrocknet. Auf solche Weise lassen sich z.B. Kathoden großer Abmessungen (10 cm ⌀) zur Verwendung in Bildsondenröhren herstellen. Dabei zeigt die Fotoempfindlichkeit nach der Formierung eine Schwankung von maximal 3% über die Kathodenfläche [38]. Allerdings hat sich gezeigt, daß sich mit solchen Kathoden nicht die höchsten Empfindlichkeiten erzielen lassen [39], [40], [47].

Bei der Serienfabrikation von Röhren, in denen die Kathoden nicht durch Vakuumverdampfung des Silbers hergestellt werden, ist es wichtig, die Oberfläche des Silbers in den verschiedenen Exemplaren in einen physikalisch und chemisch möglichst übereinstimmenden Zustand zu bringen. Das erleichtert verständlicherweise die Massenfertigung in hohem Maße. Um dies zu erreichen, wurde vorgeschlagen, die Silberschicht abwechselnd oxydierenden und reduzierenden Gasentladungen im Sauerstoff zu unterwerfen. Zur Reduktion des oxydierten Silbers muß der Druck von einigen Zehntel Millimetern auf einige Millimeter erhöht werden. Durch die bei dieser Entladung freiwerdende Wärme wird das Oxyd dissoziiert [33], [38], [48].

Nach Herstellung und Bearbeitung der Silberschicht folgt als nächster Schritt die Oxydierung. Sauerstoff wird am einfachsten durch thermischen Zerfall von Kaliumpermanganat gewonnen. Der dieses Salz enthaltende Glaskolben kann mit der Vakuumapparatur dauernd ohne Verschluß verbunden bleiben, denn sowohl Kaliumpermanganat als auch seine Zerfallsprodukte:

$$4\,KMnO_4 = 3\,O_2 + 4\,MnO_2 + 2\,K_2O$$

haben sehr niedrige Dampfdrucke und verschlechtern daher das Vakuum nicht. Es empfiehlt sich aber, den Sauerstoff durch ein Röhrchen mit Natriumhydroxyd zur Bindung von CO_2 zu leiten. Das ist notwendig, weil sich leicht Kaliumkarbonat bildet, wenn häufig feuchte Luft in das Ansatzrohr, z.B. beim Anschmelzen neuer Röhren, gelangt. Zu einer besonderen Reinigung des Sauerstoffes, z.B. durch Diffusion durch ein geheiztes Silberröhrchen, besteht keine Veranlassung.

Wenn Sauerstoff bei Zimmertemperatur auf Silber einwirkt, bildet sich nur eine monomolekulare Oxydschicht, wohingegen bei Anwesenheit von Ozon die Dicke etwa 50—70 Å beträgt [49]. Eine schnelle Oxydation bis zu einer größeren Tiefe erreicht man mit einer Gasentladung. Ihre charakteristischen Parameter sind der Sauerstoffdruck sowie Größe und Frequenz der angelegten Spannung. Meistens werden Druck und Spannung so gewählt, daß die Entladung die ganze Fläche der Silberschicht gleichmäßig bedeckt und somit die Oxydationsgeschwindigkeit für alle Teile der Kathode gleich ist. Aus dem Gesagten geht schon hervor, daß in jedem Falle die optimalen Parameter der Gasentladung im wesentlichen durch die Geometrie der Elektroden bestimmt werden. Charakteristische Daten sind:

Sauerstoffdruck: einige Zehntel mm Hg;
Spannung: 500—800 Volt;
Entladungsstromdichte: $10\,\mu A/cm^2$.

Bei einfachen, symmetrischen Elektrodenformen (konzentrische Kugeln oder Zylinder, parallele Platten) wird mit Erfolg eine Gleichspannung verwendet, wobei die Silberschicht Kathode ist. Bei komplizierten, sehr unsymmetrischen Konfigurationen verwendet man häufig eine Wechselspannung.

Die Dicke der sich bildenden Oxydschicht (Ag_2O) wird entweder durch Abnahme des Sauerstoffdrucks oder sehr einfach durch visuelle Beobachtung der Farbänderung kontrolliert. Die Unterlage verfärbt sich in der Gasentladung fortschreitend von gelb über rot, violett, blau, grün, gelb usw. Bei der Herstellung einer großen Zahl von Röhren des gleichen Typs kann die Oxydation durch Begrenzung der durch die Entladung gehenden Elektrizitätsmenge dosiert werden, z.B. durch eine bestimmte Zahl einzelner Kondensatorentladungen. In der älteren Literatur [38] begegnet man keiner einheitlichen Meinung betreffs der zur Erzielung einer hohen Fotoempfindlichkeit optimalen Dicke der Silberoxydschicht. Es scheint uns, daß für die Erzielung einer guten Empfindlichkeit das Verhältnis der Sauerstoff- und Cäsiummengen wesentlich ist, wenn wir von ganz dünnen Oxydschichten absehen. Nach unseren Erfahrungen werden gute und reproduzierbare Resultate bei einem Sauerstoffverbrauch von 10^{-7} Mol/cm², das entspricht ca. $3\,\mu g/cm^2$, erzielt [38], [48], [50], [51]. Bei einer blauen Färbung besteht die Silberoxydschicht ungefähr aus 150 Molekülschichten. Wenn das vom Sauerstoff vor Beginn der Oxydation eingenommene Volumen V cm³ beträgt, so muß der Druck bei der Oxydation einer Silberfläche von F cm² um

$$\Delta p = \frac{1,9}{V} \cdot F \quad \text{mm Hg}$$

abnehmen.

Bleibt bei der Serienfertigung das Volumen V von Fall zu Fall konstant, so kann die Einstellung des Sauerstoffdrucks beschleunigt werden. Abgewogene Mengen von Kaliumpermanganat werden in kleine Ampullen aus Chromnickel gefüllt und diese zur Erzeugung des Sauerstoffes in einem Ansatzrohr der fotoelektrischen Röhre durch Hochfrequenzheizung erwärmt. Wie die Erfahrung zeigt, ist die gebildete Sauerstoffmenge genügend konstant. Eine andere Methode der Kontrolle des Sauerstoffverbrauchs werden wir bei der Herstellung durchsichtiger Fotokathoden kennenlernen.

Nach Abpumpen des Sauerstoffs und Wiederherstellung eines guten Vakuums von der Größenordnung 10^{-6} mm Hg erfolgt nunmehr die Herstellung des metallischen Cäsiums.

Sein Sättigungsdampfdruck ist bei niederen Temperaturen schon sehr hoch ($\sim$ 0,3 mm Hg bei 200°C). Außerdem reagiert es, wie bekannt, sehr leicht mit Sauerstoff. Aus diesen Gründen ist es unmöglich, es in metallischer Form in einem Ansatzrohr der zu formierenden Röhre vorrätig zu halten. Deshalb muß ein anderer Weg gewählt werden: In einer Vakuumanlage wird Cäsium mit Hilfe einer der unten beschriebenen chemischen Reaktionen gewonnen und im Vakuum in kleine Kugeln oder kurze Kapillaren überdestilliert, die dann abgeschmolzen werden. Wenn man diese Glasampullen in ein Ansatzrohr der zu formierenden Röhre legt, kann man sie gemeinsam mit der Röhre dem Ausheiz- und Entgasungsprozeß unterwerfen. Dabei ist natürlich die Möglichkeit einer Reaktion des Cäsiums mit dem Glas der Ampulle bei der Ausheiztemperatur zu beachten, d. h., die maximal mögliche Temperatur wird durch die verwendete Glassorte bestimmt. Um das Cäsium verwenden zu können, wird die Ampulle durch eine geeignete Vorrichtung zertrümmert. Üblicher ist es jedoch, das Cäsium direkt in der Röhre aus einem Cäsiumsalz durch Reduktion mit einem geeigneten Metall zu gewinnen.

Diese Art der Herstellung hat beachtliche Vorteile:

1. Mit dem Alkalimetall in Form einer Verbindung kann man leicht umgehen.
2. Das Gemisch des Alkalisalzes mit dem Reduktionsmetall kann man eine unbegrenzte Zeit aufbewahren (üblicherweise in Vakuumexsikkatoren).
3. Einige Gemische reagieren erst bei Temperaturen oberhalb der Entgasungstemperatur von 400—500° C und können daher ebenfalls dem Ausheizprozeß unterworfen werden.

Verschiedene Gemische wurden benutzt [38]. Im Sinne des oben Gesagten verwendet man am zweckmäßigsten:

Zusammensetzung			Reaktionstemperatur
4 Gewichtsteile Zirkon	+ 1 Gewichtsteil	Cs_2CrO_4	$T = 725°C$,
6 Gewichtsteile Aluminium	+ 9 Gewichtsteile	$Cs_2Cr_2O_7$	$T = 800°C$.

Das verwendete handelsübliche Aluminiumpulver bedarf einer intensiven Reinigung, zweckmäßig wird es in Äther gewaschen und danach im Vakuum bei erhöhter Temperatur getrocknet. Mit Zirkon läßt sich infolge seines größeren spezifischen Gewichtes besser arbeiten, aber bei der Reaktionstemperatur gibt es eine große Menge Wasserstoff ab. Das Verhältnis der Komponenten in den obenerwähnten Gemischen gewährleistet einen Überschuß des Reduktionsmetalls, so daß die Reaktion keinen explosionsartigen Charakter annehmen kann. Mit dem gut durchmischten Gemenge werden kleine aus Nickel oder Chromnickel hergestellte Ampullen gefüllt, die mit einem Hochfrequenzgenerator bis zur erforderlichen Temperatur erhitzt werden. Bei sauberem Arbeiten und vorschriftsmäßiger Lagerung ist die aus einer bestimmten Gemischmenge freiwerdende Cäsiummenge stets die gleiche. Diese Tatsache erleichtert eine Serienfabrikation außerordentlich. Zur vollständigen Reduktion des durch Bindung von $3\mu g/cm^2$ Sauerstoff gebildeten Silberoxyds werden $50\mu g/cm^2$ Cäsium verbraucht, wie man leicht auf Grund der Reaktionsgleichungen:

$$4\,Ag + O_2 = 2\,Ag_2O \qquad \text{und} \qquad Ag_2O + 2\,Cs = Cs_2O + 2\,Ag$$

berechnet. Tatsächlich aber wird ein gewisser Überschuß an Cäsium benötigt. Im wesentlichen ist dies durch die Tatsache bedingt, daß die gesamte innere Oberfläche der Röhre Cäsium adsorbiert; dies erfolgt in Abhängigkeit von dem Zustand der Oberfläche, wie weit sie nämlich mit Sauerstoff bedeckt ist. Da Silberoxyd sich bei erhöhter Temperatur sehr leicht zersetzt, ist es unmöglich, die Röhre nach der Oxydation des Silbers zur Entfernung der adsorbierten Sauerstoffschichten stark zu erwärmen.

Bei der Reaktionstemperatur ist der Sättigungsdampfdruck von Cäsium sehr hoch (von der Größenordnung 1000 mm Hg). Cäsium tritt also zum größten Teil aus der Ampulle aus und kondensiert auf den kälteren Teilen des Ansatzrohres.

Nach der Entwicklung des Cäsiums beginnt der für die Herstellung der Fotokathode entscheidende und gleichzeitig auch komplizierteste Prozeß, die sogenannte Formierung. Alle bisher beschriebenen Prozesse können leicht quantitativ kontrolliert werden, und wenn nötig, ist es möglich, die Resultate ohne besondere Schwierigkeiten zu korrigieren. Dies alles gilt nicht für die Formierung. Auch aus diesem Grund beobachtet man bei der Herstellung komplizierter fotoelektrischer Geräte eine verhältnismäßig große Streuung der Daten ihrer Fotoempfindlichkeit, selbst bei gleichen äußeren Bedingungen. Die Sachlage wird noch dadurch erschwert, daß sich in komplizierten Röhren nicht nur allein eine Fotokathode befindet, die zu formieren ist; außer ihr können sich in der Röhre noch Dynoden, wie z.B. in SEV oder Superortikons, oder Mosaikelektroden, wie in Superikonoskopen und Ortikons, befinden. In allen Fällen ist man bei der Formierung bestrebt, maximale Werte für die Eigenschaften der Röhre zu erhalten, die ihre Funktion wesentlich bestimmen.

Im Sinne des im Kapitel 2 Dargelegten bedeutet dies für SEV, daß die maximale Empfindlichkeit der Kathode von wesentlich größerer Bedeutung ist als der Sekundäremissionskoeffizient der Dynoden.

Die Aufgabe besteht also darin, die Einwirkung einer bestimmten Cäsiummenge auf die Silberoxydschicht bei geeigneter Temperatur mit optimaler Geschwindigkeit zu steuern. Da sich Silberoxyd bei Temperaturen oberhalb 220°C leicht zersetzt, wird dadurch schon die obere Grenze für die thermische Behandlung bestimmt. Man arbeitet vorzugsweise im Bereich von 180—200°C. Bei Vergleich der Temperaturangaben verschiedener Autoren muß man Vorsicht walten lassen; denn üblicherweise wird die Temperatur des elektrischen Ofens, in dem die Formierung vor sich geht, gemessen. Solange sich kein Gleichgewicht eingestellt hat, braucht diese aber nicht mit der Temperatur der Fotokathode übereinzustimmen. Aus dem gleichen Grunde muß man die für die Formierung geeignetste Temperatur jedesmal für jedes neue fotoelektrische Gerät neu bestimmen. Infolge der Reaktion des Cäsiums mit dem Silberoxyd ändert sich die Färbung der Kathode, und nach Beendigung der Formierung hat sie eine helle, schokoladenbraune Farbe. Es muß aber betont werden, daß die Färbung der Fotokathode kein ausreichendes und zuverlässiges Maß für die Beurteilung der Fotoempfindlichkeit ist. Es sind auch Fotokathoden mit sehr hoher Empfindlichkeit bei anderer, z.B. grüner, Färbung beobachtet worden. Daher ist es notwendig, während der Formierung die fotoelektrische und thermische Emission der Kathode ständig zu messen. Erst wenn eine genügend große Erfahrung bei der Herstellung eines bestimmten Types gesammelt worden ist und man die erforderliche Cäsiummenge kennt, kann man ohne Messungen während der Formierung auskommen. Ungeachtet der geschilderten Schwierigkeiten sind in der Serienherstellung komplizierter fotoelektrischer Geräte schon große Erfolge erzielt worden.

Da die thermoelektrische Austrittsarbeit der Kathoden klein ist, beobachtet man bei 200°C eine thermische Emission von der Größenordnung einiger $\mu A/cm^2$ (für optimal formierte Kathoden). Während der Formierung wird außerdem der Fotostrom, der durch einen bekannten Lichtstrom hervorgerufen wird, ständig gemessen. Hieraus läßt sich die integrale Empfindlichkeit der Kathode abschätzen. Auf eine Schwierigkeit ist dabei hinzuweisen: Während der Formierung ist die Röhre mit Cäsiumdämpfen gefüllt. Zur Messung der fotoelektrischen und thermoelektrischen Ströme der Fotokathode muß zwischen ihr und einer anderen nahe gelegenen Elektrode eine Spannung von 10—50 Volt angelegt werden. Die

Elektronen ionisieren den Cäsiumdampf, und die Ionen ihrerseits fallen auf die Kathode zurück. Bei einer Spannung von ca. 100 Volt, die dauernd angeschaltet bleibt, können die Ionen wesentlich auf die sich bildende Oberflächenschicht der Kathode einwirken (Zerstäubung). Dieser Prozeß kann sogar zur Bildung von fast oder ganz unempfindlichen Zonen führen; daher empfiehlt es sich, eine möglichst niedrige Spannung, und zwar nur für die kurze Zeit der Messung selbst und nicht dauernd, anzulegen.

Grundsätzlich kann man zwei Formierungsmethoden unterscheiden:

1. In die Röhre wird so viel Cäsium eingeführt, wie zur Erzielung einer maximalen Fotoempfindlichkeit notwendig ist.
2. In die Röhre wird Cäsium im Überschuß eingeführt.

Die zweite Methode werden wir nicht eingehend besprechen. Sie ist bei der Herstellung komplizierter fotoelektrischer Röhren nicht anwendbar, denn nach der Formierung muß man das überschüssige Cäsium entfernen. Das geschieht durch langandauerndes Erwärmen bei ununterbrochenem Abpumpen oder durch Adsorption des Überschusses in besonderen Gettern [33], [38].

Viel zuverlässiger ist die erste Methode:

Man muß danach streben, nur so viel Cäsium in die Röhre einzuführen, wie gerade zur Erzielung der gewünschten Resultate notwendig ist. Eine überschüssige Menge kann zum Auftreten von Isolationsströmen und Instabilitäten, besonders bei höheren Temperaturen, führen. Wenn durch irgendwelche Ursachen doch mehr Cäsium, als zur Erreichung der maximalen Fotoempfindlichkeit nötig ist, eingeführt wurde, nimmt die Empfindlichkeit wieder ab. Durch kleine Mengen von Sauerstoff kann man sie wieder steigern. Wenn sich die Röhre dabei auf Zimmertemperatur befindet, so nimmt bei diesem Prozeß die Empfindlichkeit im ersten Augenblick zu, dann aber fällt sie: Zu Beginn oxydiert ein Teil des überschüssigen Cäsiums an der Oberfläche, danach verwandelt sich aber alles Cäsium in Oxyd. Durch nachfolgendes Erwärmen der Röhre auf ca. 160°C kann man höhere Empfindlichkeiten erzielen. Schneller verläuft dieser Prozeß, wenn der Sauerstoff unmittelbar auf die warme Kathode einwirkt. Denn dabei ist die Diffusionsgeschwindigkeit der Cäsiumatome durch die an der Oberfläche gebildete Cäsiumoxydschicht so groß, daß man die Änderung der Fotoempfindlichkeit der Kathode an Hand des Fotostromes unmittelbar während der Einwirkung des Sauerstoffes verfolgen kann.

Es ist bekannt, daß die Empfindlichkeit der schon formierten Kathode noch zunimmt, wenn man auf ihre Oberfläche einige Atomschichten Silber aufdampft und sie dann auf 180—200°C erwärmt. Die optimale Dosierung dieser zusätzlichen Silbermenge ist recht schwierig, weil sie in starkem Maße von der Dicke der Silberoxydschicht und dem Gang der schon durchgeführten Formierung abhängt [45], [52]. Anscheinend erhält man maximale Werte, wenn die Zahl der zusätzlichen Silberatome von derselben Größenordnung wie die Zahl der Cäsiumoxydmoleküle ist. Es muß darauf hingewiesen werden, daß eine Kathode, die schon ohne Anwendung der „Nachsilberung“ eine hohe Empfindlichkeit hatte, durch die Nachsilberung nicht wesentlich empfindlicher wird. Aber im allgemeinen ist die Nachsilberung zu empfehlen, weil die thermische Elektronenemission solcher Kathoden kleiner ist als die gewöhnlicher Kathoden gleicher Empfindlichkeit. Nach dem bisher Gesagten kann man also den Gang der Formierung schematisch folgendermaßen darstellen (Abb. 4): Eine gewisse Zeit nach Beginn der Formierung,

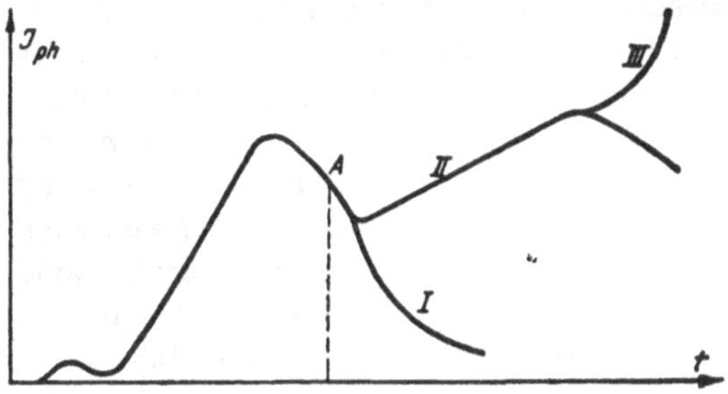

Abb. 4. Verlauf des Fotostromes während der Formierung (schematisch)

d. h. nach Einschalten der Ofenheizung, mißt man einen sehr kleinen Fotostrom. Er rührt vom Fotoeffekt des Cäsiums selbst her. Bei weiterer Einwirkung von Cäsium wächst der Fotostrom stark an. Zweckmäßig führt man die Formierung so weit, daß nach Durchlaufen des Maximums der Fotostrom um ca. 30% abnimmt (Punkt A). Wenn in diesem Augenblick der Ofen von der Röhre genommen wird, so nimmt der Fotostrom noch weiterhin ab, denn die Cäsiumzufuhr hört nicht momentan auf. Danach beginnt die Nachsilberung. Wenn sie bei niederer Temperatur durchgeführt wird, fällt der Fotostrom weiter, denn infolge ungenügender Diffusionsgeschwindigkeit der Atome kann sich auf der Oberfläche und im Inneren des Cäsiumoxyds keine optimale Verteilung bilden (Abb. 4 *I*). Bei höherer Temperatur (ca. 100° C) nimmt die Empfindlichkeit der Kathode zunächst ungefähr proportional mit der aufgedampften Silbermenge zu (Abb. 4 *II*). Nach Durchgang durch ein Maximum wird die Silberverdampfung beendet. Eine anschließende Erwärmung der Röhre auf 150—200° C (Abb. 4 *III*) führt zu einer weiteren Steigerung der Fotoempfindlichkeit, die manchmal zwei- bis fünfmal größer ist als in Punkt A.

Damit ist die Formierung im wesentlichen beendet.

In welchem Moment des gesamten Prozesses es zweckmäßig ist, die Ansatzrohre mit den Ampullen, die das Cäsiumgemisch erhalten, abzuschmelzen, hängt von der Durchführung der Formierung ab. Allgemein gültige Regeln dafür anzugeben, ist unmöglich. Beim Abschmelzen der fertigen Röhre von der Vakuumapparatur ist zu beachten, daß das in der Flamme erweichende Glas Gase abgibt, von denen sich besonders Sauerstoff nachteilig auf die Empfindlichkeit der Kathode auswirkt. Daher muß man oft nach dem Abziehen der Ansatzstutzen die Röhre nochmals auf 150° C erwärmen, wodurch meistens die Empfindlichkeit wieder ihren früheren Wert annimmt. Um die Formierungsdauer abzukürzen, empfiehlt es sich, die Röhre schon nach der Nachsilberung abzuziehen und sie zur Erzielung der endgültigen Empfindlichkeit somit nur einmal auf 150—200° C zu erwärmen.

C. Herstellung durchsichtiger Fotokathoden des Typs [Ag]–Cs_2O, Ag, Cs–Cs

Die bisher beschriebenen Fotokathodentypen sind undurchsichtig und arbeiten daher im auffallenden Licht, d. h., die Elektronen werden zur selben Seite emittiert, von der das Licht auffällt (Abb. 5a). Eine solche Anordnung hat bei einer ganzen Reihe von Anwendungen große Nachteile, die durch Verwendung einer dünnen durchsichtigen Fotokathode vermieden werden können (Abb. 5b).

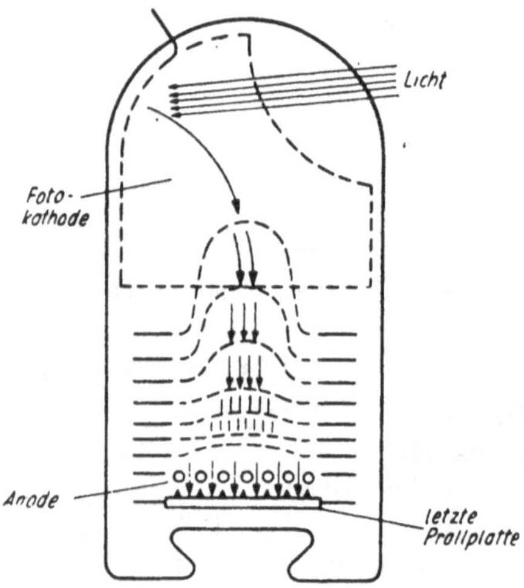

Abb. 5a. Fotovervielfacher mit undurchsichtiger Fotokathode (schematisch)

Durchsichtige Kathoden spielten und spielen besonders dort eine große Rolle, wo eine gute Ausnutzung diffuser Lichtströme gefordert wird, wie z. B. in den Szintillationszählern. Ein SEV mit solcher Kathode besteht aus einer zylindrischen Glasröhre, die am Ende durch eine Glasplatte abgeschlossen ist. Diese Platte wird vorher sorgfältig geschliffen, poliert und vorsichtig aufgeschmolzen, damit sich ihre Form nicht verändert. In besonderen Fällen kann es zweckmäßig sein, die aufeinanderzuschmelzenden Flächen von Glasrohr und Glasplatte sorgfältig zu polieren, da in diesem Falle die Arbeitstemperatur beim Anschmelzprozeß niedriger ist, was wiederum für die Erhaltung

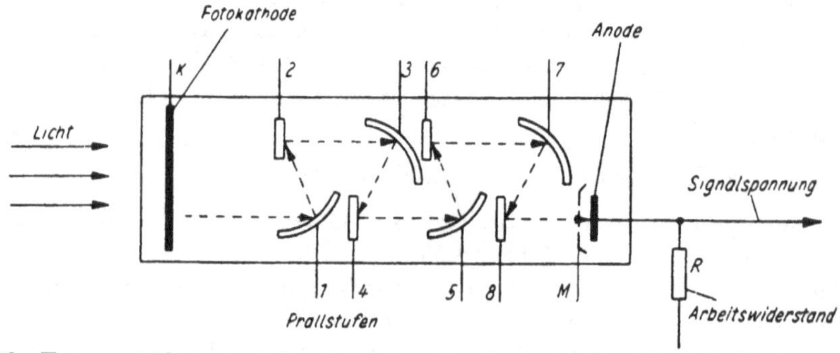

Abb. 5b. Fotovervielfacher mit durchsichtiger Fotokathode (Typ FS–9 der Fernseh-GmbH., Darmstadt, schematisch)

der optischen Eigenschaften der Platte förderlich ist [53]. Auf diese Platte wird die durchsichtige Fotokathode aufgebracht. Die Technologie der Herstellung solcher Kathoden entspricht im wesentlichen der oben für undurchsichtige Kathoden beschriebenen. Allerdings sind einige kleine Unterschiede zu beachten: Um einen guten und zuverlässigen Kontakt der dünnen Kathodenschicht mit dem Einschmelzdraht sicherzustellen, wird zunächst auf die Glasplatte eine die Fotokathode begrenzende dicke Metallschicht aufgebracht, z.B. aus Platin durch Einbrennen von Glanzplatin oder aus Aluminium durch Aufdampfen. Diese Metallschicht gibt einen zuverlässigen Kontakt mit dem Einschmelzdraht und wird durch nachfolgendes Aufdampfen von Silber von diesem bedeckt.

Von der dicken Metallschicht wird nur der für die Kathode wirklich notwendige Platz freigelassen. Die Dicke der aufzudampfenden Silberschicht wird durch zwei Forderungen bestimmt: Einmal soll ihre elektrische Leitfähigkeit ausreichend sein, andererseits darf die Lichtabsorption der Schicht nicht zu groß werden, da sie ja wie ein vorgeschaltetes Filter wirkt. Versuche haben gezeigt, daß eine Durchlässigkeit der Silberschicht von 30—45% entsprechend einer Dicke von 100—150 Å [54] einen guten Kompromiß darstellt. Die Durchlässigkeit der sich während der Aufdampfung bildenden Schicht wird aus der Schwächung eines Lichtstrahles, der die entstehende Schicht durchdringt, gemessen. Wenn eine vollkommen gleichmäßige Schichtdicke über die ganze Kathodenfläche gefordert wird, ist der Anordnung der kleinen Silberverdampfungsquelle besondere Beachtung zu schenken.

Die Oxydation der dünnen Schicht muß mit äußerster Vorsicht durchgeführt werden. Der Strom der Sauerstoff-Gasentladung wird durch einen hohen Widerstand auf kleine Werte begrenzt. Für die Herstellung durchsichtiger Kathoden mit großer Empfindlichkeit im Ultraroten wandte Hartmann mit großem Erfolg folgendes Oxydationsverfahren an: Die Gasentladung im Sauerstoff brennt zwischen zwei Elektroden, im Falle des SEV z.B. zwischen der Silberverdampfungsquelle und der Blende vor dem Dynodensystem. Mit Hilfe einer kleinen negativen Spannung (ca. 10 Volt) zwischen der Kathode der Gasentladung und der dünnen Silberschicht (über einen Widerstand von ca. 1 MOhm) erreicht man, daß ein äußerst schwacher Sauerstoffionenstrom auf das Silber mit sehr geringer Energie auffällt und es langsam und gleichmäßig oyxdiert. Bei einer Durchlässigkeit von 70—80% wird der Prozeß abgebrochen.

Nach dieser Oxydation wird auf das Silberoxyd nochmals Silber aufgedampft, wodurch die Durchlässigkeit der Schicht auf 50—60% sinkt. Dieser letzte Prozeß ist zur Erzielung einer hohen Empfindlichkeit nicht unbedingt notwendig, beschleunigt aber die Formierung. Die Formierung selbst unterscheidet sich von der für dicke undurchsichtige Kathoden nur dadurch, daß es nicht empfehlenswert ist, die Kathode auf eine höhere Temperatur als 170°C zu erhitzen.

D. Die Eigenschaften der Fotokathoden des Typs [Ag]–Cs_2O, Ag, Cs–Cs

Die spektrale Empfindlichkeit, d.h. also die Abhängigkeit des Fotostromes von der Wellenlänge des auffallenden Lichtes, zeichnet sich durch ein ausgeprägtes

Maximum im ultraroten Spektralgebiet bei ca. 8000 Å aus, wobei die Quantenausbeute, d.h. die Zahl der Fotoelektronen pro Quant, ungefähr 0,005 beträgt. Im Mittel schwankt die Lage dieses Maximums von Kathode zu Kathode um ca. $\pm$1000 Å. Für Wellenlängen kleiner als 4500 Å beobachtet man einen erneuten

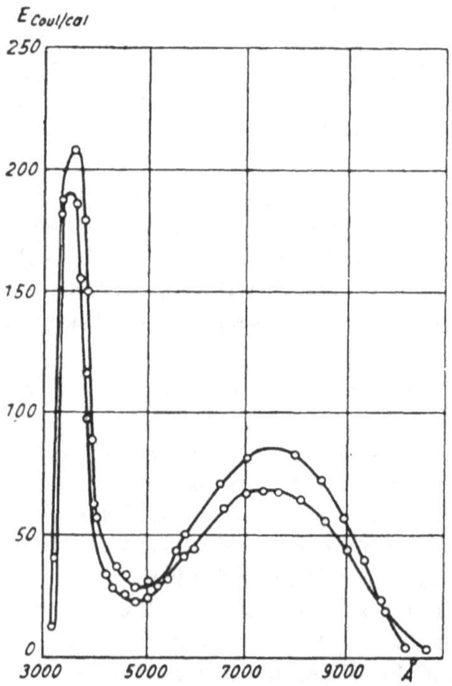

Abb. 6. Spektrale Empfindlichkeitsverteilung der Fotokathode des SEV von Kubetzky [56]

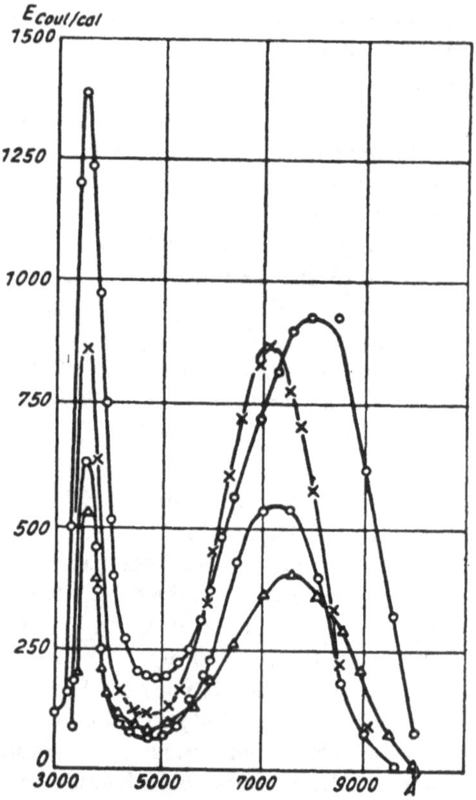

Abb. 7. Spektrale Empfindlichkeitsverteilung der Fotokathode des SEV Typ LS [56]

Anstieg der spektralen Empfindlichkeit. Durch Untersuchungen im Ultraviolett ist die Existenz von 5 Maxima im Bereich 4000—2200 Å nachgewiesen worden [55]. Obgleich also die Empfindlichkeit der Kathode im sichtbaren Gebiet ein Minimum hat, ist sie doch beachtlich groß. Infolge dieser Tatsache hatte der besprochene Kathodentyp auch lange Zeit große Bedeutung. Auf den Abb. 6 u. 7 sind typische spektrale Verteilungen für solche Kathoden in SEV dargestellt [56]. Gleichzeitig geben diese Kurven auch eine Vorstellung von der Streuung der an mehreren SEV gemessenen spektralen Empfindlichkeiten. Abb. 6 bezieht sich auf SEV vom Typ Kubetzky, Abb. 7 auf SEV vom Typ LS der Fernseh-GmbH. [8], [57].

Manchmal wird die Meinung geäußert, daß die Kurven für Kathoden mit Nachsilberung eine weit stärkere Streuung als die für Kathoden ohne Nachsilberung aufweisen. Nach unseren Erfahrungen ist dies unbegründet, auf jeden Fall dann, wenn es sich um Kathoden handelt, die in der Serienfertigung hergestellt wurden. Andererseits beobachtet man unter Umständen große Unterschiede beim Vergleich von Kathoden, die von verschiedenen Autoren hergestellt wurden. Das ist auch verständlich; denn die Nachsilberung unterliegt Faktoren, die nicht leicht quantitativ kontrolliert werden können, wie z. B. Zahl der verdampften Silberatome pro Flächeneinheit der Kathode, Kathodentemperatur während der Nachsilberung usw. Durch Änderung der Einzelheiten des Nachsilberungsprozesses kann sich die Lage des langwelligen Maximums im Bereich von 6000—9000 Å verschieben.

Der Vollständigkeit halber erwähnen wir, daß Kathoden ähnlicher Typen hergestellt worden sind, bei denen durch eine spezielle Bearbeitung die Rotgrenze der Empfindlichkeit bei 17000 Å [31] liegt. Praktische Bedeutung haben diese Kathoden aber nicht erlangt.

Die Aufnahme der spektralen Verteilungskurve für jede Kathode ist sehr mühsam und zeitraubend; daher ist es üblich, die integrale fotoelektrische Emission der Kathode zu messen. Hierzu bestimmt man den Fotostrom, der durch den Lichtstrom einer Lichtquelle, die unter definierten Bedingungen arbeitet, ausgelöst wird. Dabei hat die Angabe des Typs der Lichtquelle erstrangige Bedeutung, weil die spektrale Verteilung der Energie der benutzten Lichtquelle wesentlich ist. Meistens wird eine Wolfram-Glühlampe der Farbtemperatur 2360 °K benutzt. Die Farbtemperatur ist die Temperatur, bei welcher der absolut schwarze Körper Licht ebensolcher Farbe emittiert wie die Oberfläche des Wolframfadens in der Glühlampe bei deren Arbeitstemperatur. Im Ausland benutzt man folgende Werte: in England und UdSSR 2848 °K, in USA 2870 °K.

Die integrale Empfindlichkeit der Fotokathoden wird in μA/Lumen angegeben. Man darf nicht übersehen, daß solche Messungen nur für den Vergleich von Kathoden gleichen Typs verwendet werden dürfen. Ein Vergleich von Kathoden verschiedenen Typs führt zu vollkommen falschen Vorstellungen über ihre relative Empfindlichkeit. Bei der Verwendung einer Glühlampe überwiegt die Strahlung in den roten und ultraroten Spektralgebieten. So kommt es, daß die integrale Empfindlichkeit einer Kathode mit einem Maximum im Ultraroten ungefähr den gleichen Wert in μA/Lumen hat wie ein anderer Kathodentyp mit einem Maximum im blaugrünen Spektralgebiet, ungeachtet dessen, daß die Quantenausbeute des letzteren im Maximum vielmals größer ist.

Wie stark die Angaben der Empfindlichkeit, die mit Glühlampen verschiedener Farbtemperaturen gemessen wurde, für ein und dieselbe Fotokathode voneinander abweichen, ergibt sich aus folgender Gegenüberstellung:

T °K	E_0 μA/Lumen
2360	58
2848	26

Das Verhältnis der Empfindlichkeit in unserem Beispiel darf natürlich nicht als für alle Kathoden des betrachteten Typs gültig angesehen werden (Abb. 8). Es weist nur auf die große Abhängigkeit des Wertes der integralen Empfindlichkeit von der Art der Lichtquelle hin [33], [38], [58]. Bei der Herstellung von Foto-

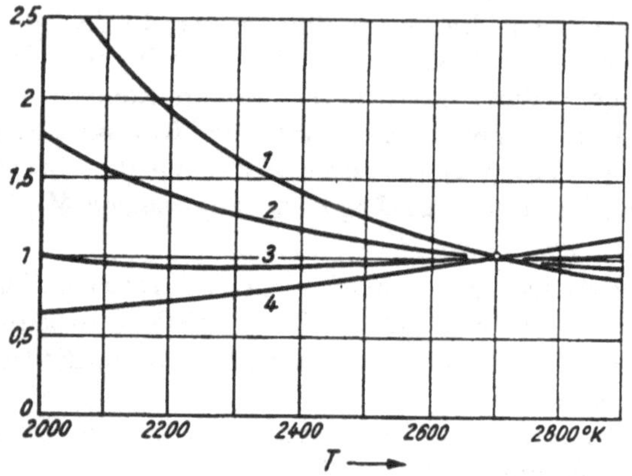

Abb. 8. Abhängigkeit der relativen Empfindlichkeit von Fotokathoden von der Farbtemperatur der Glühlampe [80]

1 Fotokathode des Typs [Ag] — Cs_2O, Ag, Cs — Cs
2 Fotokathode des Typs [Ag] — Rb_2O, Ag, Rb — Rb
3 Fotokathode des Typs [$BiCs_3$] — Cs, O_2
4 Fotokathode des Typs [$SbCs_3$] — Cs

kathoden in komplizierten fotoelektrischen Geräten liegen die üblicherweise erreichten Werte für die Empfindlichkeit zwischen 20 und 60 μA/Lumen. Für durchsichtige Kathoden sind sie im allgemeinen etwas kleiner.

Abb. 9 zeigt die Empfindlichkeiten für hundert SEV vom Typ LS, die mit einer ultrarotempfindlichen Durchsichtskathode versehen waren. Das linke Diagramm zeigt die Meßergebnisse für die integrale Empfindlichkeit (Farbtemperatur 2360 °K), das rechte die Daten bei Zwischenschaltung eines Schottfilters UG 2 2 mm vor die Kathode. Es ist ersichtlich, daß 23 SEV eine Empfindlichkeit von 30 μA/Lm und 54 SEV eine Empfindlichkeit $\geqq 30$ μA/Lm hatten. Ergänzend kann erwähnt werden, daß für Tageslicht (Farbtemperaturen ca. 5000—6000 °K) die Empfindlichkeit bis auf etwa 25% zurückgeht [33]. Eine der wichtigsten Fragen für die Meßtechnik ist die, inwieweit der gesättigte Fotostrom dem auf die Fotokathode fallenden Lichtstrom proportional ist. Nach dem ersten Gesetz des Fotoeffekts sollte ein linearer Zusammenhang ohne Einschränkung gelten. Tatsächlich jedoch wurden in der Praxis Abweichungen von der Linearität beobachtet. Und zwar auch, wenn man solche Effekte ausscheidet, die z. B. mit einem schlechten Vakuum in der Röhre, mit der Möglichkeit der Bildung fluktuierender Ladungen auf Isolatoren in der Röhre, mit einer ungenügenden Absaugspannung oder ähnlichen Mängeln der Konstruktion, der Herstellung und Anwendung zusammenhängen. Unter einwandfreien Bedingungen ist das Proportionalitätsgesetz erfüllt, solange der Fotostrom bei Dauerbelastung den Wert von etwa 1 μA/cm² nicht überschreitet. Es wird aber darauf hingewiesen [59], daß man die Proportionalität in jedem Falle unbedingt nachprüfen muß, wenn eine Meßgenauigkeit von 1% oder besser gefordert wird. Kürzlich wurde gezeigt [60], daß bei einer Impulsbeleuchtung (Impulsdauer 15 μsec) die Impulsfotoströme — bis zu 16 mA — ohne merkliche Verschlechterung der Kathodenempfindlichkeit den Lichtströmen bis zur Größenordnung von 3000 Lumen proportional sind.

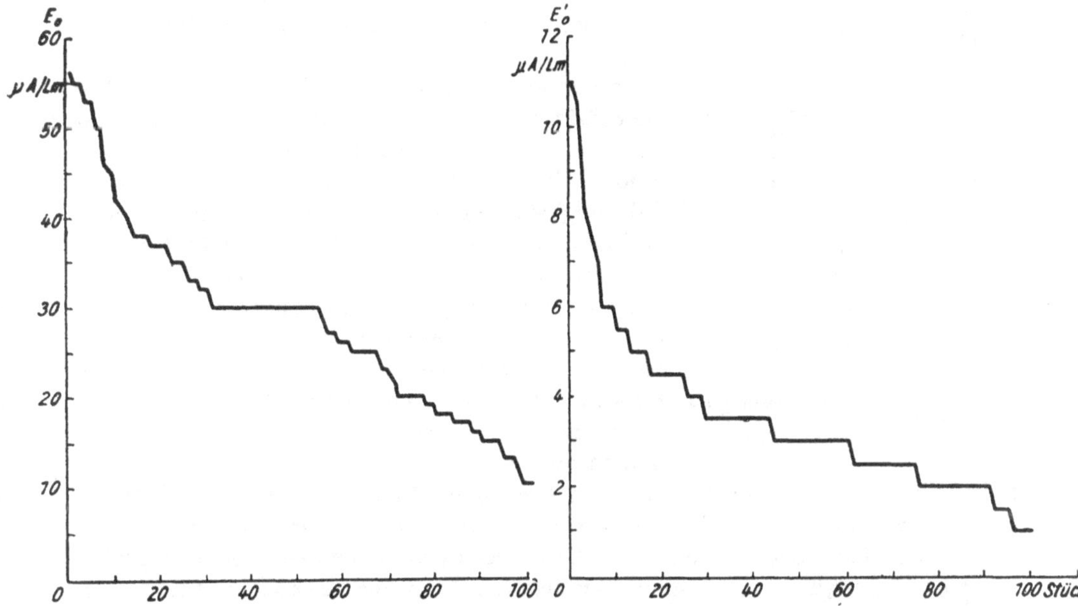

Abb. 9. Übersicht über die Streuung der Empfindlichkeit der Fotokathoden in SEV der gleichen Serie

Langdauernde intensive Beleuchtung der Fotokathode führt zu einem zeitlichen Abfall ihrer Fotoempfindlichkeit. Diese Erscheinung wird „Ermüdung" genannt.

Versuche zeigten [31], [61], [62], [63], daß die „Ermüdung" von der Lichtwellenlänge abhängt (Abb. 10); sie ist besonders für kurzwelliges Licht stark ausgeprägt. Gleichzeitig wird eine kleine Verschiebung des ultraroten Maximums und eine größere Verschiebung der langwelligen Grenze zu kürzeren Wellenlängen beobachtet. Dies weist auf eine Vergrößerung der Austrittsarbeit der Kathode hin. Wenn man die Kathode sich im Dunkeln „erholen" läßt, nimmt die Empfindlichkeit meistens den früheren Wert wieder an. Besonders wirksam ist eine gleichzeitige schwache Erwärmung oder Bestrahlung der Kathode mit Ultrarot. Bei einer sehr starken Belichtung nimmt die Fotoemission schneller ab und erreicht in diesem Falle häufig nach einer Erholungspause nicht mehr den früheren Wert. Solche Effekte beobachtet man besonders dann, wenn gleichzeitig mit einer starken Beleuchtung auch eine große Spannung zum Absaugen des Fotostromes angelegt wird. Die durch Fotoionisation an der Oberfläche der Kathode gebildeten

Cäsiumionen werden nicht immer schnell durch Elektronen neutralisiert, die aus der Tiefe der Kathode nachgeliefert werden müssen. Außerdem diffundieren die Ionen unter der Einwirkung des elektrischen Feldes, das in der relativ schlecht leitenden Halbleiterschicht der Kathode besteht, in die Kathode hinein. Das alles führt ebenfalls zu einer Vergrößerung der Austrittsarbeit. Bei Vergrößerung der Leitfähigkeit der Halbleiterschicht wird dieses Feld verringert. Offensichtlich kann man auf diese Weise die geringere „Ermüdung“ nachversilberter Kathoden erklären, aber völlige Klarheit und Verständnis aller Faktoren, die die Ermüdung beeinflussen, ist noch nicht erreicht worden. Darauf weisen besonders die Resultate von BORSJAK [64] über die Leitfähigkeit der Kathoden unter verschiedenen Bedingungen hin. Wir halten es nicht für notwendig, zur Illustration der Ermüdung weitere Kurven zu zeigen, denn diese hängen äußerst stark von den experimentellen Bedingungen ab und können daher keine weiteren charakteristischen Merkmale des besprochenen Effektes vermitteln.

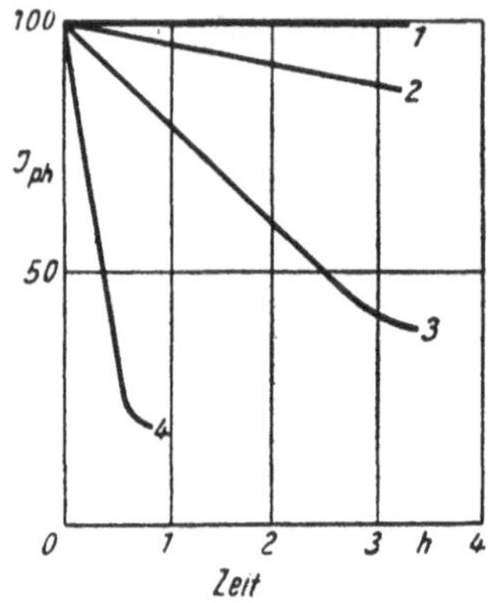

Abb. 10. Ermüdung der Fotokathoden

Abnahme des Fotostromes bei Belichtung mit *1* ultrarotem, *2* rotem, *3* grünem und *4* blauem Licht [31]

Bei im Mittel konstanter, nicht extrem starker Belichtung stellt sich bei einer bestimmten erhöhten Temperatur der Kathode ein Gleichgewichtszustand ein, bei dem die Zahl der von der Oberfläche der Kathode abwandernden Ionen gleich der Zahl der aus der Tiefe der Kathode zur Oberfläche diffundierenden Atome ist. Daher ist es häufig möglich, einen solchen Betriebszustand der Kathode zu finden, der es gestattet, einen stabilen Fotostrom bei noch ausreichender Empfindlichkeit trotz der großen Belastung der Fotokathode zu erzielen.

Wenn die Röhre längere Zeit auf 50° C ohne Entnahme eines Stromes erwärmt wird, beobachtet man selten einen starken Abfall der Empfindlichkeit, im Gegenteil kann man oft eine Vergrößerung der Empfindlichkeit feststellen.

Wie im Kapitel 2 ausführlich dargelegt wurde, ist die thermoelektrische Emission der Fotokathode der wesentliche Faktor, der die Grenzempfindlichkeit des SEV zur Messung schwacher Lichtströme bestimmt. Mit der Empfindlichkeit im Ultraroten ist eine kleine Austrittsarbeit für thermische Elektronen verknüpft. Im Temperaturbereich von +50 ÷ —10° C erhält man dafür 0,70—0,95 eV [57], [65 bis 68], wenn man die Messungen nach dem Gesetz von RICHARDSON auswertet (Gleichung (8)). Man kann in der Literatur für die Stromdichte der thermischen Elektronen sehr stark voneinander abweichende Werte finden; das ist im wesentlichen wohl dadurch bedingt, daß viele der früheren Messungen nicht genügend sorgfältig durchgeführt wurden. Die dabei gemessenen Werte enthielten noch Ströme anderen Ursprunges: Isolationsströme, Ströme kalter Elektronenemission usw. Es kann heute als sicher gelten, daß die Dichte des thermischen Elektronenstromes bei Zimmertemperatur von einer hochempfindlichen Kathode des beschriebenen Types von der Größenordnung $5 \cdot 10^{-14}$ A/cm² ist [57]. SCHWETZOFF [70], [69] erwähnt, daß man durch sehr lange Erwärmung der formierten Kathode bei ununterbrochenem Abpumpen die thermische Stromdichte bis auf 10^{-14} A/cm² senken kann. Im allgemeinen zeigen Fotokathoden mit hoher Fotoempfindlichkeit eine relativ hohe thermische Emission (Abb. 11).

E. Herstellung von Fotokathoden des Typs [$SbCs_3$]–Cs

Zur Zeit werden in SEV fast ausschließlich Fotokathoden verwendet, die aus Verbindungen eines Alkalimetalls: Cäsium, Rubidium, Lithium, mit Elementen der fünften Gruppe des periodischen Systems: Antimon und Wismut, bestehen. Die große Verbreitung dieser Fotokathoden erklärt sich aus einigen Vorteilen ihrer Herstellung gegenüber dem bisher Besprochenen und vor allen Dingen durch ihre Eigenschaften.

Bei dem Versuch, durchsichtige Fotokathoden mit größerer Empfindlichkeit, als man damals mit den Kathoden auf der Grundlage des Silberoxyds erzielen konnte, herzustellen, beobachtete GÖRLICH die große Fotoemission von Antimonschichten, die mit Cäsium behandelt worden waren [71]. Die Technologie der Herstellung solcher Schichten ist sehr einfach [72], [73]. Infolge ihrer viel größeren Wichtigkeit und Verbreitung können wir uns auf die Beschreibung durchsichtiger Kathoden beschränken. Die Herstellung undurchsichtiger Kathoden unterscheidet sich praktisch kaum davon. Hierbei muß man in noch höherem Maße die Überlegungen berücksichtigen, die wir in Kapitel 3, Abschnitt C angestellt haben, denn die Leitfähigkeit der Antimon–Cäsium-Kathoden ist viel kleiner als die der Sauerstoff–Cäsium-Kathoden. Nach Messungen von HARTMANN, VEITH [43] u. a. beträgt der spezifische Oberflächenwiderstand ca. 10^7—10^9 Ohm. Bis zum heutigen Tage wird nicht immer die Notwendigkeit der Verwendung einer leitenden Unterlage für solche Kathoden erkannt, was unausbleiblich zu schlechten Resultaten führt. Eine solche dünne, durchsichtige Unterlage wird am besten durch Verdampfung eines Metalls im Vakuum erzeugt. HARTMANN benutzte Nickel oder Chromnickel mit einer Durchlässigkeit von 80—90%. PRILEJAJEW [35] trug eine dünne amorphe Wolframschicht auf, SCHAETTI [42] empfiehlt, eine Legierung von Silber und Antimon zu gleichen Gewichtsteilen aufzudampfen. Die Verwendung einer Legierung oder Verbindung, die Antimon enthält, kann noch den zusätzlichen Vorteil haben,

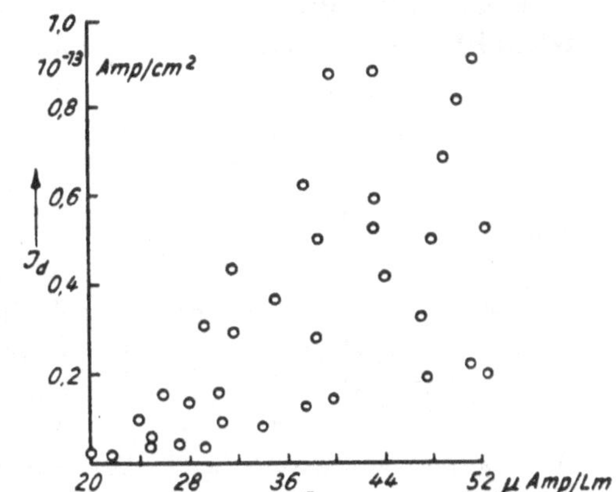

Abb. 11. Zusammenhang von Fotoempfindlichkeit und Dunkelstromdichte

daß man die Röhre dem normalen Ausheizprozeß unterwerfen darf. Die Verwendung von Antimon als Element läßt dies nicht zu, denn bei der Temperatur von 400° C ist der Dampfdruck schon zu groß, und daher muß die Ausheiztemperatur auf 270—300° C begrenzt werden. Um dies zu vermeiden, wurde vorgeschlagen [74], Antimon z. B. aus Platin- oder Palladiumantimonid zu verdampfen.

Die auf die metallische Unterlage aufzudampfende Antimonschicht hat eine Durchlässigkeit von ca. 30—40%. Nach den Versuchen von Hartmann entspricht dies ungefähr 60 Atomschichten ($6 \cdot 10^{16}$ Atome/cm² $\approx 10^{-5}$ g/cm²) oder einer Dicke von 200 Å. Ähnliche Daten führt Lukjanoff [33] an. Die Antimonschicht hat metallischen Glanz und eine silbrige Farbe. Die maximale Formierungstemperatur hängt von der Schichtdicke ab und wird meistens nicht höher als 180° C gewählt. Da die thermische Elektronenemission der Schicht sehr klein ist (s. u.), kann während der Formierung nur die Entstehung und Veränderung des Fotostromes bei Belichtung der Kathode durch einen konstanten und bekannten Lichtstrom gemessen werden. Chlebnikoff zeigte [75], daß optimale Werte mit der Verbindung $SbCs_3$ bei einem Überschuß von 10% Cäsium erzielt werden. Die Rolle der Verbindung $SbCs_3$ war vorher schon von Sommer festgestellt und untersucht worden [76]. Menschikow wies auf die Möglichkeit der Bildung auch anderer Antimon-Cäsium-Verbindungen, z. B. Sb_3Cs_5 und Sb_3Cs_7 [77], hin.

Die Empfindlichkeiten solcher Kathoden hängen nicht sehr stark von der genauen Dosierung des Cäsiums ab. Gerade diese Tatsache erleichtert ihre Herstellung in besonderem Maße. Die Formierung kann als beendet betrachtet werden, wenn bei der gegebenen Formierungstemperatur ein bestimmter Fotostrom erreicht ist (Abb. 12). Wenn etwa zu viel Cäsium auf die Kathode gelangte, so daß also die Fotoempfindlichkeit wieder stark abnahm, kann die maximale Empfindlichkeit durch eine zusätzliche Bedampfung der Kathode mit Antimon oder durch Einwirkung kleiner Sauerstoffmengen wieder erreicht werden. Auch durch wiederholtes, abwechselndes Verdampfen von Antimon und Bearbeitung der Schicht mit Cäsium erhält man äußerst empfindliche Kathoden, die aber infolge ihrer größeren Dicke nur im auffallenden Licht benutzt werden können. Die Empfindlichkeit erreicht Werte bis zu 180 μA/Lumen. Bei der Wiederherstellung der Empfindlichkeit mit Sauerstoff sollte man vorsichtig vorgehen, weil sie mit einer nicht unwesentlichen Verschiebung der Rotgrenze zu längeren Wellenlängen und somit einer Vergrößerung der thermoelektrischen Emission verbunden ist. Durch langsame, dosierte Oxydation einer mit Cäsium übersättigten Kathode konnte Sommer [32] nachweisen, daß die Fotoempfindlichkeit für größere Lichtwellenlängen noch weiter ansteigt, während die Empfind-

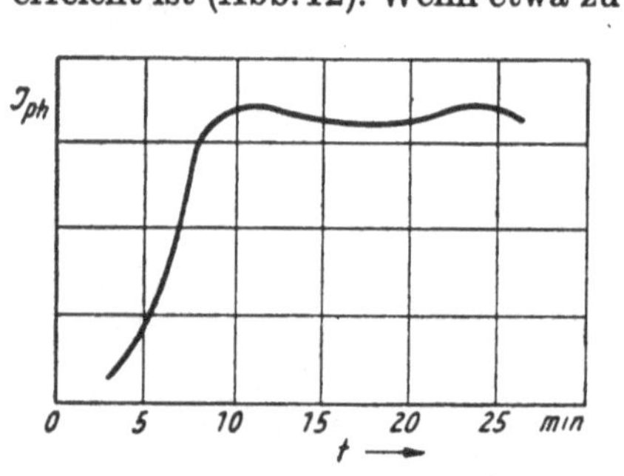

Abb. 12. Formierung von [$SbCs_3$]–Cs-Fotokathoden

lichkeit für kürzere Wellen nach Durchschreiten eines Maximums schon wieder abnimmt:

Sauerstoffmenge	Empfindlichkeit für $\lambda > 5700$ Å	$\lambda < 5700$ Å
0	3,5	59
1	4,0	64
2	5,0	70
3	8,5	75
4	22	94
5	55	100
6	100	82
7	93	62
8	86	46
9	41	25
10	38	16

Die Empfindlichkeit der Fotokathode ist für beide Spektralbereiche im Maximum gleich 100 gesetzt worden. Somit ist es bei genügender Vorsicht möglich, die integrale Empfindlichkeit durch Sauerstoffzufuhr, ohne eine wesentliche Verschiebung der Rotgrenze, zu vergrößern [78]. Eine mit Cäsium übersättigte Kathode kann auf diese Weise in der Empfindlichkeit unter Umständen mehrere Male verbessert werden. Unter günstigsten Umständen, die aber nicht als charakteristisch betrachtet werden können, erhält man auch hierbei Empfindlichkeiten von 180 μA/Lumen.

Die formierte Fotokathode hat im durchfallenden Licht eine dunkelrote Farbe, was auf eine starke Absorption im blauen Spektralbereich hinweist.

Außer der Kombination Antimon–Cäsium sind auch andere Verbindungen des Antimons mit Alkalimetallen untersucht worden. Aber keine dieser Kathoden hat eine ähnliche hohe Empfindlichkeit wie die Antimon–Cäsium-Kathode. Mit abnehmender Empfindlichkeit folgen Schichten mit Rubidium, Kalium und Natrium. Die Verbindung mit Lithium hat ungefähr dieselbe Empfindlichkeit wie die mit Rubidium [35]. Die Antimon–Lithium-Kathode zeichnet sich durch eine sehr geringe thermoelektrische Emission aus. Daher wurden Versuche unternommen, sie in SEV zu verwenden. Schaetti [79] beschreibt die Herstellung solcher Kathoden folgendermaßen: Zunächst muß das verwandte Lithium von seinem Oxyd durch eine Vakuumdestillation befreit werden. Es wird dann, ähnlich wie oben bei der Herstellung von Cäsiumampullen geschildert, in Glasröhrchen in die zu formierende Röhre eingebracht. Mit Hilfe eines Handgebläses wird Lithium unmittelbar auf die vorher aufgedampfte dünne Antimonschicht (Durchlässigkeit ca. 80%) überdestilliert. Unter der Einwirkung des Lithiums nimmt die Schicht eine rotviolette Färbung an. Um Lithium gleichmäßig über die ganze Kathode zu verteilen, muß diese periodisch mit dem Handgebläse erwärmt werden. Danach wird die Röhre durch ein Glasventil von der Pumpleitung abgesperrt und in einem Ofen schnell auf 240°C erwärmt. Nach Abkühlung hat die Kathode eine gelbliche Färbung. Nun wird noch einmal mit dem Handgebläse eine kleine Menge Lithium auf die Kathode überdestilliert. Im Vergleich zur Antimon–Cäsium-Kathode ist die Herstellung bedeutend schwieriger, weil die Kathode sehr empfindlich gegenüber der Dosierung des Lithiums ist. Überschüssiges Lithium zu entfernen, macht ebenfalls große Schwierigkeiten.

F. Die Eigenschaften der Fotokathoden vom Typ $[SbCs_3]$–Cs

Abb. 13 zeigt die spektrale Verteilung der Antimon–Cäsium-Fotokathode. Dem Maximum im blauen Spektralgebiet entspricht bei guten Kathoden eine Quanten-

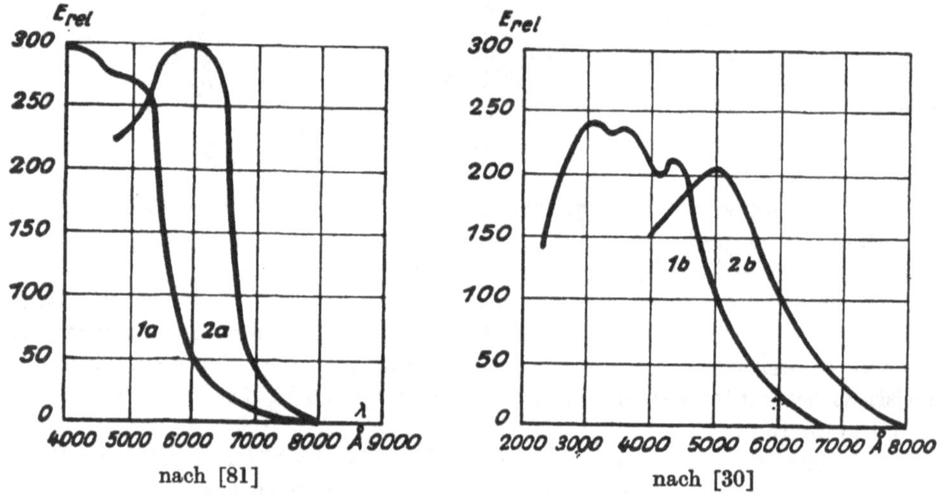

Abb. 13. Spektrale Empfindlichkeitsverteilung von $[SbCs_3]$–Cs-Fotokathoden
1 ohne Sauerstoffbehandlung; *2* mit Sauerstoffbehandlung

ausbeute von 25—30%. Die Empfindlichkeit kommt somit schon nahe an den theoretisch maximal möglichen Wert heran, wenn man berücksichtigt, daß ja die Hälfte der Fotoelektronen in das Innere der Kathode emittiert wird und somit an der Bildung des äußeren Fotostromes keinen Anteil hat. Im roten Spektralgebiet ist die Empfindlichkeit bedeutend geringer. Die Rotgrenze liegt bei etwa 6000—7000 Å. Auch im ultravioletten Spektralbereich wird eine hohe Ausbeute beobachtet [34], [181], [182]. Aus diesem Grunde findet die Kathode neuerdings auch in SEV mit Quarzfenstern Verwendung [119], [173], [183], [184]. Die Werte für die integrale Empfindlichkeit sind im Mittel höher als bei Sauerstoff–Cäsium-Kathoden und erreichen 120 μA/Lumen. Die Kathode zeichnet sich durch eine relativ kleine Thermoelektronenemission von der Größenordnung 10^{-16}—10^{-14} A/cm^2 aus; die Austrittsarbeit beträgt ungefähr 1,3 eV.

In der amerikanischen Literatur sind die einzelnen Typen der Fotokathoden normiert (Abb. 14). Wenn die Kathode auf einer dicken, undurchsichtigen Nickelunterlage aufgebaut ist, so wird sie mit S–4 bezeichnet. Die Kathode S–5 ist mit S–4 identisch, befindet sich aber in einem Glaskolben aus ultraviolettdurchlässigem Glase. S–9 bezeichnet eine durchsichtige Fotokathode auf Glas. Die Kathode S–4 hat ihr Empfindlichkeitsmaximum bei der Wellenlänge von 4000 Å.

Dabei beträgt die Quantenausbeute ca. 0,003/μA/Lumen. Somit emittiert eine Fotokathode mit der Empfindlichkeit 30 μA/Lumen ein Fotoelektron für je 11 Lichtquanten. Die Eigenschaften der Kathode S–9 unterscheiden sich etwas von denen der Kathode S–4. Das liegt daran, daß die dünne metallische Unterlage und die Fotokathodenschicht für das auf die Kathode fallende Licht als Filter wirken. Da die Kathode selbst Licht kurzer Wellenlänge absorbiert, ist das Maxi-

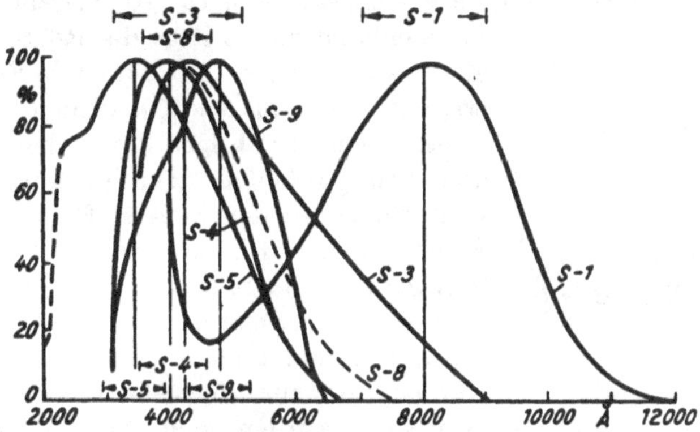

Abb. 14. Spektrale Empfindlichkeitsverteilungen von Fotokathoden
Bezeichnung der Radio Corporation of America, USA

mum der Empfindlichkeit, im Vergleich zur S–4-Kathode, zu längeren Wellenlängen verschoben. In der Fertigung beträgt die Schwankung der Lage des Maximums ca. ± 500 Å, d. h. etwa zweimal weniger als für Sauerstoff–Cäsium-Kathoden. Der Vollständigkeit halber weisen wir darauf hin, daß S–1 der zu Anfang dieses Kapitels besprochenen Sauerstoff–Cäsium-Kathode und S–3 der Sauerstoff–Rubidium-Kathode entspricht. Andere, auf der Abbildung nicht angegebene spektrale Verteilungen (S–10, S–11) betreffen ebenfalls Antimon–Cäsium-Fotokathoden in SEV.

Wenn Antimon durch Wismut ersetzt wird, erhält man eine Fotokathode $[BiCs_3]$–Cs mit einer etwas veränderten Empfindlichkeitsverteilung (Abb. 15).

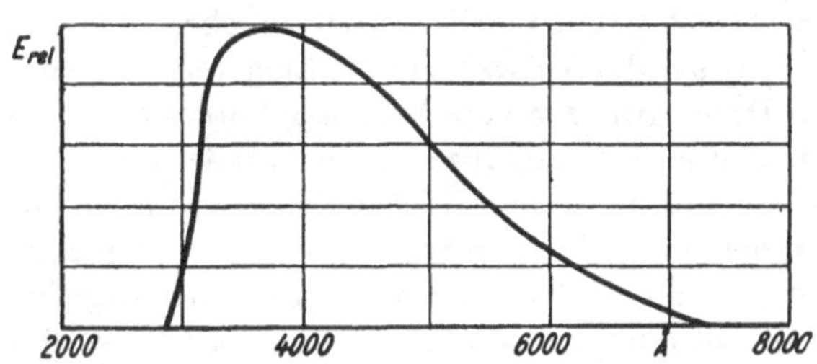

Abb. 15. Spektrale Empfindlichkeitsverteilung der $[BiCs_3]$–Cs-Fotokathode

Im wesentlichen ist diese Kathode im Roten empfindlicher als die entsprechende Antimon–Cäsium-Kathode. Die integrale Empfindlichkeit ist allerdings sehr viel kleiner und übersteigt nicht 15 μA/Lumen. Die Sensibilisierung durch Sauerstoff führt ebenfalls zu einer Vergrößerung der integralen Empfindlichkeit und zu einer Verschiebung der Rotgrenze zu längeren Wellen [71], [86], [179]. Besonders hervorzuheben ist, daß hier der Wert für die integrale Empfindlichkeit praktisch nicht von der Farbtemperatur der Glühlampe abhängt.

Wie schon erwähnt, zeichnet sich die Antimon–Lithium-Fotokathode durch eine sehr kleine thermoelektrische Emission von ca. 10^{-17} A/cm^2 aus. Im Zusammenhang damit liegt die Rotgrenze des Fotoeffektes bei 5500 Å. Die integrale Empfindlichkeit erreicht Werte bis zu 20 μA/Lumen (Abb. 16).

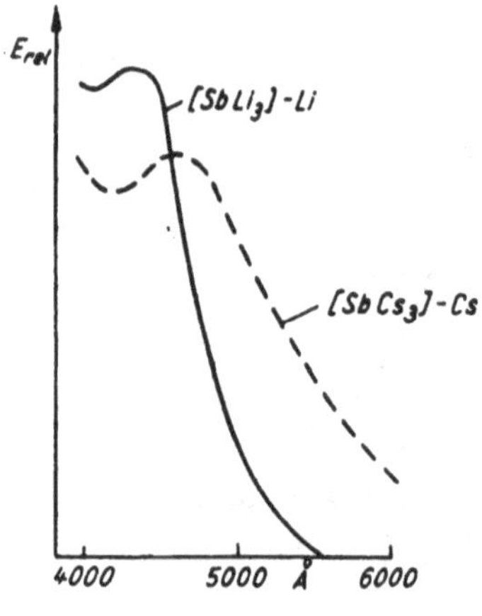

Abb. 16. Spektrale Empfindlichkeitsverteilung der [SbLi$_3$]–Li-Fotokathode [79]

Bezüglich der übrigen Eigenschaften unterscheiden sich Kathoden des Types [SbCs$_3$]–Cs nicht wesentlich von den Sauerstoff–Cäsium-Kathoden. Es ist nur darauf hinzuweisen, daß die Ermüdung weniger ausgeprägt ist.

Unsere Übersicht wäre unvollständig, wenn wir nicht noch auf andere Kombinationen hinweisen würden, die zur Herstellung von Fotokathoden verwendet worden sind. Es wurden u. a. Verbindungen von Arsen [82], Thallium [71], Blei [71], Gold [83] und Tellur [84] mit Alkalimetallen, im wesentlichen mit Cäsium, untersucht. Sie haben aber bisher keine praktische Anwendung gefunden. Bemerkenswert ist vielleicht noch die große Quantenausbeute der Tellur–Cäsium- und Tellur–Rubidium-Kathoden, die bei einer Wellenlänge $\lambda < 3000$ Å Werte bis zu 30% erreicht. Solche Kathoden werden mit Vorteil zu Spektralmessungen im ultravioletten Spektralgebiet verwendet, da sie gegen Licht größerer Wellenlängen unempfindlich sind. Um Fotokathoden mit einer im sichtbaren Spektralgebiet gleichmäßigen Empfindlichkeit herzustellen, wurden kombinierte Kathoden hergestellt. Das einfachste Verfahren besteht darin, daß auf das Lichteintrittsfenster einer Fotozelle mit einer Silber–Sauerstoff–Cäsium-Kathode eine durchsichtige Antimon–Cäsium-Kathode aufgebracht wird [57], [85]. Allerdings haben die Schwierigkeiten der Herstellung eine allgemeine Verwendung bisher verhindert. Durch Anlegen verschiedener Potentiale an die beiden Kathoden kann außerdem die Spektralkurve der Fotozelle verändert werden, indem man nämlich die eine der Kathoden gleichzeitig als sekundäremittierende Dynode für die Fotoelektronen der anderen Kathode benutzt. Ähnliche Resultate können erzielt werden, wenn unmittelbar auf eine undurchsichtige Sauerstoff–Cäsium-Schicht eine dünne Antimon–Cäsiumschicht aufgebracht wird [71], [86].

Zu dieser Klasse der Mehrkomponenten-Kathoden muß auch die von Sommer [32] beschriebene Wismut–Cäsium-Kathode gezählt werden, die mit Sauerstoff und Silber sensibilisiert wird. Diese Kathode hat praktisch die gleiche Empfindlichkeit wie die Antimon–Cäsium-Kathoden, wobei sich aber die Spektralverteilung bis zu größeren Wellenlängen erstreckt. In neuester Zeit haben Mehrkomponenten-Fotokathoden bedeutend an Interesse gewonnen wie die von SOMMER [87] angegebene „Mehrfachalkali-Kathode". Kathoden, die aus Antimon und gleichzeitig mehreren Alkalien aufgebaut sind, zeigen nämlich eine vielfach höhere Empfindlichkeit als bei der Kombination von Antimon mit nur einem Alkalielement, wie es bisher üblich war. Abb. 17 und die Tabelle lassen die erzielten Fortschritte besonders deutlich erkennen.

Kathodentyp		E_0 µA/Lm bei 2870° K
I	$(SbNa_3)$–Na	1
II	(SbK_3)–K	5
III	$(SbCs_3)$–Cs	40
IV	Sb–K–Na	50
V	Sb–K–Na–Cs	180

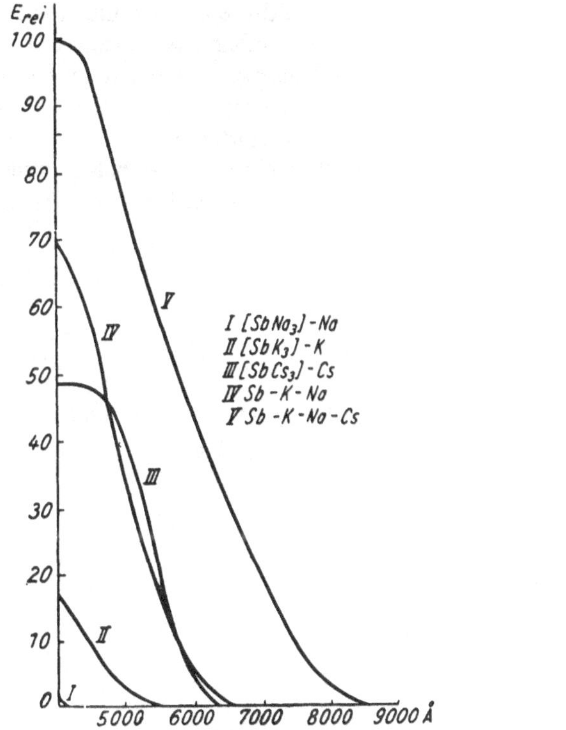

Abb. 17. Spektrale Verteilung verschiedener Fotokathoden [87]

Da die Struktur der Mehrfachalkali-Kathoden noch nicht völlig geklärt ist, haben wir für sie die sonst benutzte symbolische Schreibweise nicht verwendet. Nach bisher vorliegenden Messungen muß angenommen werden, daß bei dem letzten Typ unter Benutzung von drei Alkalielementen Cäsium nur als einatomare Schicht an der Oberfläche adsorbiert ist. Einwirkung von Sauerstoff führt immer zu einem sofortigen Abfall der Empfindlichkeit. Von diesen Kathoden erscheint besonders der Typ Sb–K–Na dazu berufen zu sein, die bisher übliche $[SbCs_3]$–Cs-Kathode abzulösen. Bei praktisch gleicher spektraler Verteilung und ähnlichem Absolutwert der Empfindlichkeit liegt ihr großer Vorzug darin, daß kein Cäsium benutzt wird. Die Anwesenheit von Cäsium führt nämlich in SEV häufig zu unerwünschten parasitären Elektronenemissionseffekten u. ä., besonders bei erhöhten Spannungen zwischen den Dynoden, wie man sie zur Erzielung besserer Auflösung verwenden muß.

Wie wir im Kapitel 2 gesehen haben, kann es manchmal notwendig werden, die Fotokathode des SEV zu kühlen, um dadurch die thermische Elektronenemission herabzusetzen. Es ist also sinnvoll, die Frage nach der Abhängigkeit der Fotoempfindlichkeit von der Temperatur zu stellen. Völlige Klarheit ist darin noch nicht erreicht. Messungen von LUKJANOFF [33], GÖRLICH [35] und ENGSTRÖM [21] führen zu dem Schluß, daß sich die Empfindlichkeit solcher Kathoden von Zimmertemperatur bis zur Temperatur der flüssigen Luft nicht merkbar ändert, sofern sekundäre Effekte, wie die Vergrößerung des Querwiderstandes der Kathode infolge Fehlens einer leitenden Unterlage, ausgeschlossen werden. In letzter Zeit allerdings wurden Arbeiten veröffentlicht, in denen sich Hinweise auf eine merkliche Temperaturabhängigkeit der Empfindlichkeit finden. Chasanoff und Jurow [88] messen im Bereich von —20° C bis +60° C die gleiche integrale Empfindlichkeit, beobachten aber eine Abnahme für Wellenlängen größer als 5500 Å und eine Zunahme der Empfindlichkeit für Wellenlängen unterhalb 5500 Å.

Ähnliche Resultate teilen Schaetti und Baumgartner [89] mit: Bei Kühlung einer durchsichtigen Kathode bis zur Temperatur der flüssigen Luft verschiebt sich die Rotgrenze in Richtung kürzerer Wellenlängen. Aber außerdem nimmt auch das Maximum der Empfindlichkeit um ca. 30—60% ab. Zur Deutung dieser Unklarheiten sind offensichtlich noch weitere Untersuchungen mit genauer Beschreibung der Herstellung der benutzten Fotokathoden notwendig.

KAPITEL 4

Sekundäremissionselektroden

A. Allgemeine Gesetzmäßigkeiten der Sekundärelektronenemission

Den Austritt von Elektronen aus einem Stoff unter der Einwirkung von auf die Oberfläche auffallenden Teilchen nennt man „Sekundärelektronenemission". Sie wird durch den Sekundäremissionskoeffizienten δ charakterisiert: in unserem Fall bedeutet δ das Verhältnis der Summe der reflektierten primären und der aus-

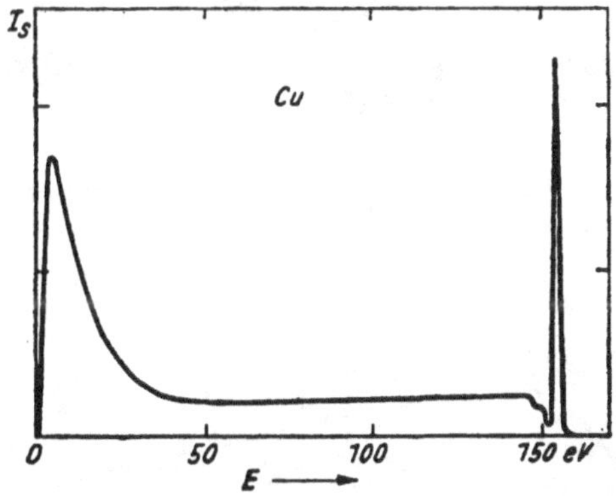

Abb. 18. Energieverteilung der Sekundärelektronen von Kupfer. Energie der Primärelektronen 150 eV [90]

gelösten Sekundärelektronen zur Zahl der auftreffenden Primärelektronen. δ hängt bei einem bestimmten Material von der Energie der Primärelektronen, ihrem Auftreffwinkel auf die Oberfläche, dem Zustand der Oberfläche und manchmal auch von der Stromdichte der Primärelektronen ab. Ein Teil der Primärelektronen wird unmittelbar reflektiert, andere werden mit einem gewissen Energieverlust zurückgestreut. Das sind nicht die echten Sekundärelektronen, die tatsächlich aus dem Material herausgeschlagen wurden, aber es ist unmöglich, sie von Primärelektronen, die Energieverluste erlitten haben, zu unterscheiden. Für praktische Zwecke besteht hierfür auch keine Notwendigkeit. Betrachten wir eine Kurve, die die Energieverteilung der Sekundärelektronen aus Kupfer darstellt (Abb. 18).

Das Maximum der Kurve bei der Energie der Primärelektronen von 150 eV entspricht den elastisch reflektierten Elektronen. Die echten Sekundärelektronen dagegen bilden das Maximum bei Energien von einigen Elektron-Volt. Zwischen beiden Maxima erstreckt sich das Energiespektrum der unelastisch gestreuten Elektronen.

Für die Abhängigkeit des Sekundäremissionskoeffizienten von der Energie der Primärelektronen erhält man für alle bekannten Materialien im wesentlichen dieselbe charakteristische Kurve (Abb. 19 für Nickel). δ wächst bis zu einem Maximum an, das bei einer Energie E_{max} der Primärelektronen von 400—600 eV erreicht wird, und fällt dann sehr langsam ab. Oft wird der Wert δ_{max} angegeben,

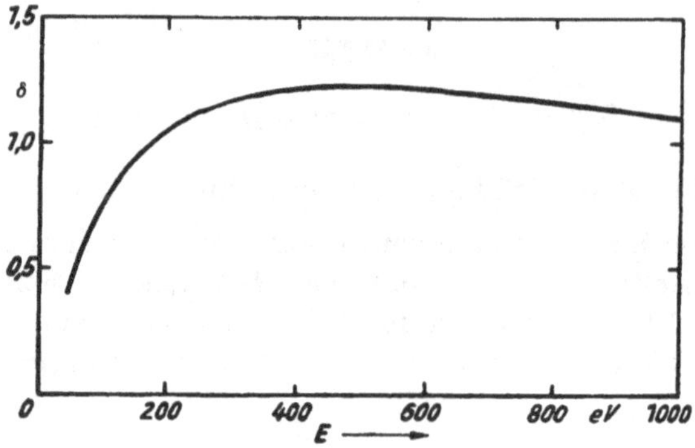

Abb. 19. Sekundäremissionskoeffizient von Nickel in Abhängigkeit von der Energie der Primärelektronen [90]

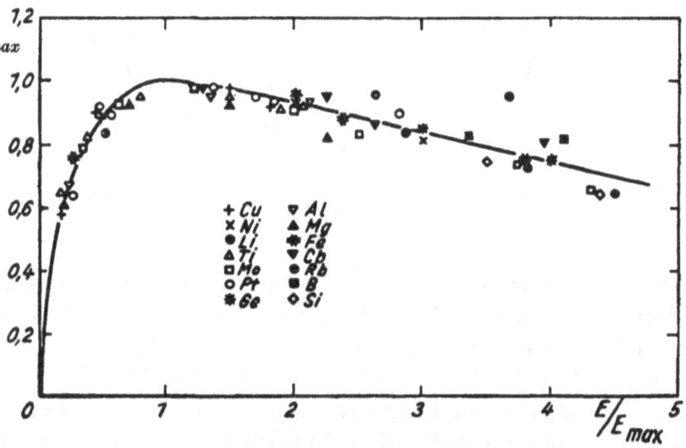

Abb. 20. Kurve des normierten Sekundäremissionskoeffizienten [90]

weil er die Möglichkeit von Vergleichen verschiedener Materialien gestattet. Für die Verwendung in SEV ist dies nicht zweckmäßig, wie wir weiter unten sehen werden. Wenn man eine Normierung einführt, d. h. δ/δ_{max} in Abhängigkeit von E/E_{max} aufträgt, erhält man für alle Metalle eine gemeinsame Kurve (Abb. 20) [90], [91], [92].

Die auf den Abbildungen angegebenen Werte wurden bei senkrechtem Auffall des Primärelektronenstrahls auf die Oberfläche des untersuchten Materials erhalten. Wenn der Elektronenstrahl unter einem kleineren Winkel auffällt, beobachtet man eine Vergrößerung von δ, da die Sekundärelektronen dichter unter der Oberfläche des Materials entstehen und daher eine größere Austrittswahrscheinlichkeit haben. Allerdings wird für kleine Primärenergien bis zu 100 eV eine merkbare Abhängigkeit vom Auftreffwinkel nicht beobachtet.

Lukjanow [33] gibt hierfür folgende empirische Formel an:

$$\ln \delta = \ln A - B \cdot \cos \alpha,$$

wobei α der Winkel zwischen dem Primärelektronenstrahl und der Flächennormalen ist.

Die Verteilung der emittierten Sekundärelektronen über den Austrittswinkel wird mit genügender Genauigkeit durch ein Kosinusgesetz beschrieben, d.h., senkrecht zur Oberfläche treten mehr Elektronen als in jeder anderen Richtung aus.

Messungen der Verzögerung der Emission des Sekundärelektrons gegenüber dem Auftreffen des Primärelektrons wurden erst kürzlich durchgeführt [93]. Es zeigte sich, daß sie kleiner als $7 \cdot 10^{-11}$ sec ist. Ähnliche Resultate konnten auch aus der Analyse des Verhaltens von Elektronenvervielfachern bei sehr hohen Frequenzen gewonnen werden [94].

Im Vergleich zu anderen Arten der Elektronenemission (thermische Emission, Fotoeffekt usw.) nimmt die Sekundärelektronenemission infolge ihrer relativ großen Unabhängigkeit von der Art des untersuchten Materials eine Ausnahmestellung ein. Während sich z. B. die Werte für die Dichte des thermischen Emissionsstromes verschiedener Materialien um viele Größenordnungen voneinander unterscheiden, bewegen sich die Werte für δ_{max} aller bekannten Materialien einschließlich der kompliziertesten zwischen etwa 0,5 und 20. Die geringe Abhängigkeit von der Austrittsarbeit erklärt sich aus der großen Energie der Primärelektronen und der großen mittleren Energie der Sekundärelektronen. Letztere erleiden auf dem Wege zur Oberfläche Energieverluste, die größer als die Austrittsarbeit sind. Im Gegensatz dazu liegt die mittlere Energie der thermischen Elektronen wenigstens um eine Größenordnung unterhalb der Austrittsarbeit. Wenn man allerdings bei Beibehaltung des Grundmaterials dessen Austrittsarbeit etwa durch Adsorption einer monoatomaren Alkaliatomschicht verringert, beobachtet man ebenfalls eine Änderung des Sekundäremissionskoeffizienten.

Diese Ausführungen mögen zur Charakterisierung des Wesens der Sekundärelektronenemission genügen. Zum eingehenderen Studium ihrer Eigenschaften verweisen wir auf die Lehrbücher und Monographien [30], [33], [35], [36], [95] und auf Originalarbeiten [96 bis 102].

Welche Eigenschaften soll ein Sekundäremissionsmaterial haben, das in einem SEV optimale Resultate zu erzielen gestattet? Man kann sie folgendermaßen formulieren:

1. Es muß sich einfach und leicht reproduzierbar herstellen lassen; es ist besonders wünschenswert, wenn seine Formierung außerhalb des SEV, d. h. vor dem Zusammenbau, durchgeführt werden kann.
2. Der Sekundäremissionskoeffizient δ soll schon bei kleinen Werten der Energie der Primärelektronen (60—100 eV) möglichst groß sein. Man kann dann eine große Vervielfachung mit einer kleinen Zahl von Dynoden und niedriger Gesamtspannung erreichen.
3. Unter den angegebenen Umständen soll δ möglichst wenig von der Energie der Primärelektronen abhängen. Dies ist wesentlich für eine Stabilisierung der Vervielfachung bei Schwankungen der den SEV speisenden Spannungsquelle.
4. Das Material soll keine fotoelektrische oder thermoelektrische Elektronenemission aufweisen. Wie in Kapitel 2 ausgeführt, führt dies zu einer Vergrößerung des Signal/Rausch-Verhältnisses.
5. Das Material soll temperaturbeständig sein und eine möglichst große Elektronenstromdichte über lange Zeiten zulassen, ohne seine Eigenschaften zu ändern. Dies ermöglicht die Entnahme großer Ausgangsströme aus dem SEV und somit die Erzielung großer Ausgangssignale bei kleinen Arbeitswiderständen.

Im folgenden werden wir die zur Zeit für Dynoden gebräuchlichsten Materialien besprechen und dabei untersuchen, wie weit sie den aufgestellten Forderungen genügen.

B. Dynoden vom Typ [Ag]–Cs_2O, Ag, Cs–Cs

Lange Zeit wurde die Schicht [Ag]–Cs_2O, Ag, Cs–Cs nicht nur zur Herstellung von Fotokathoden, sondern auch von sekundäremittierenden Dynoden verwendet. Denn außer einer hohen Fotoempfindlichkeit hat sie einen hohen Sekundäremissionskoeffizienten. Sorgfältige Untersuchungen zeigten allerdings, daß in der optimalen Struktur der Schicht für fotoelektrische und sekundäre Emission ein gewisser Unterschied besteht. Für die letztere spielt der Oberflächenzustand der Schicht nur eine zweitrangige Rolle, und zur Erzielung maximaler Sekundäremission wird etwas weniger Cäsium benötigt [103 bis 105]. Dadurch wird offensichtlich die Formierung von SEV, die gemeinsam eine Fotokathode und Dynoden dieser Zusammensetzung enthalten, erschwert. Wie aber im Kapitel 2 auseinandergesetzt wurde, ist es zur Erzielung eines großen Signal/Rausch-Verhältnisses wichtiger, eine möglichst große Zahl von Fotoelektronen zur Verfügung zu haben; der Sekundäremissionskoeffizient ist in dieser Beziehung von geringerer Bedeutung, wenn er nur genügend groß ist. Auf Grund dieser Überlegungen wird man bei der Herstellung von SEV mit derartigen Dynoden die Hauptaufmerksamkeit auf die Formierung der Fotokathode richten.

Im wesentlichen wird die Formierung ebenso wie die der Fotokathode durchgeführt (siehe Kapitel 3). Bei genügender Erfahrung erreicht man auch in der Serienherstellung gute Ergebnisse. Um den jeweils erreichten Sekundäremissionskoeffizienten unmittelbar während der Herstellung kontrollieren zu können, werden einige Dynoden angeschaltet und die Veränderungen der von ihnen vervielfachten fotoelektrischen und thermoelektrischen Ströme der Fotokathode messend verfolgt. Da während der Formierung der Dampfdruck des Cäsiums in der Röhre ca. 0,3 mm Hg beträgt, ist es unmöglich, alle Dynoden des Vervielfachers anzuschalten, denn bei der hierfür notwendigen Spannung würde im Cäsiumdampf eine Gasentladung zünden, welche auf die Güte der zu formierenden Dynoden einen nachteiligen Einfluß ausüben würde.

Abb. 21 zeigt die Abhängigkeit des Sekundäremissionskoeffizienten δ von der Energie E der Primärelektronen. Das Maximum $\delta = 10 \div 12$ wird bei 400 bis

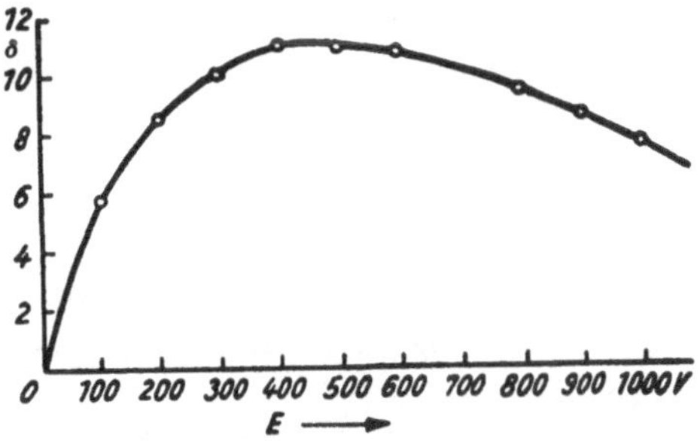

Abb. 21. Abhängigkeit des Sekundäremissionskoeffizienten von der Energie der Primärelektronen für [Ag]–Cs_2O, Ag, Cs–Cs

600 eV erreicht, bei $E = 100$ eV ist δ ca. 4,5. Obgleich die Kurven aller Autoren etwa die gleiche Form haben, weisen die absoluten Werte relativ große Unterschiede auf. Diese sind, ebenso wie bei den Fotokathoden, durch Verschiedenheiten des technologischen Prozesses bedingt.

Bei der Ähnlichkeit dieses Materials mit dem für Fotokathoden verwendeten ist seine große Foto- und Thermoemission nicht erstaunlich. Ein anderer Nachteil ist die mangelnde Beständigkeit bei erhöhten Temperaturen und Stromdichten. Nach den Versuchen von HARTMANN führt eine Belastung von 300 mW/cm² im Laufe von 200 Stunden zu einer Verminderung von δ um 20%. Diese Werte sind verständlicherweise in starkem Maße von der Abführung der Wärme von der belasteten Dynode, d. h. also, von der Konstruktion des SEV und von der Temperatur der Umgebung, abhängig. Die angeführten Werte beziehen sich auf SEV vom Typ LS [8], [57]. In den modernen Röhren wird das Material wegen der Schwierigkeit der Herstellung und der angeführten wesentlichen Nachteile nur noch selten verwendet.

C. Dynoden vom Typ [$SbCs_3$]–Cs

Nach der Entdeckung der Antimon–Cäsium-Fotokathode wurden auch bald ihre guten Sekundäremissionseigenschaften entdeckt. Wie wir schon im Kapitel 3 bemerkten, zeichnet sich dieses Material durch einfache Herstellung und eine um etwa zwei Größenordnungen kleinere thermische Elektronenemission aus. Diese

Vorzüge führten dazu, daß die Antimon–Cäsium-Schicht bis heute in SEV häufig angewendet wird. Abb. 22 zeigt δ in Abhängigkeit von der Energie der Primärelektronen. Die Schicht ist auch nicht so empfindlich gegen mäßige Temperaturerhöhungen, zeigt aber einen Ermüdungseffekt. Nach Angaben von MARSHALL, COLTMAN und HUNTER [106] für den SEV vom Typ RCA 1P21 (siehe Kapitel 6) nimmt während 2stündiger Belastung ein Ausgangsstrom von 10 μA um 50%, ein Strom von 100 μA um 70% und ein Strom von 1 mA um 88% ab.

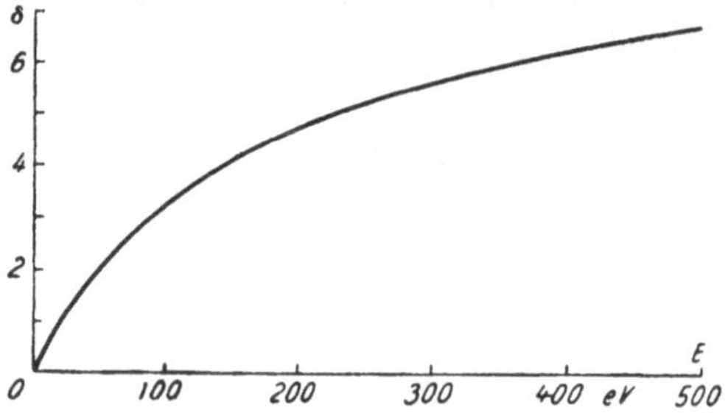

Abb. 22. Abhängigkeit des Sekundäremissionskoeffizienten von der Energie der Primärelektronen für $[SbCs_3]$–Cs

Läßt man den SEV sich im Dunkeln „erholen", so erreicht er seine ursprüngliche Vervielfachung wieder vollständig. Anscheinend wird während der Elektronenbombardierung die Verbindung $SbCs_3$ zerstört; sie baut sich während der Erholung wieder auf. Damit ist auch verständlich, daß dieser Effekt für die letzten Dynoden eines SEV, die die größte Strombelastung erfahren, besonders merkbar wird. Es ist darauf hinzuweisen, daß man sich nicht unbedingt auf die in der Literatur veröffentlichten Daten bezüglich der maximal zulässigen Belastung verlassen kann. Letztere hängt außerordentlich stark von der Konstruktion, Herstellung und Vorgeschichte des betreffenden SEV ab. Dadurch wird auch die große Streuung der von verschiedenen Autoren erhaltenen Werte verständlich.

In jedem einzelnen Falle ist es unbedingt notwendig, das Problem der zulässigen Belastung genau zu untersuchen. Allgemein kann man wohl nur sagen, daß bei Ausgangsströmen, die kleiner als 0,1 μA sind, eine Ermüdung mit Sicherheit nicht auftritt. Dynoden mit einer Antimon–Cäsium-Schicht werden in vielen Typen von SEV verwendet, so z.B. von den Firmen RCA (USA) und EMI (England).

D. Andere Dynoden, die Alkali- oder Erdalkalimetalle enthalten

Im SEV von KUBETZKY wurde ein Material auf kupferner Unterlage verwendet: [Cu]–Cu_2S–Cs, das speziell mit dem Ziele entwickelt wurde, temperaturbeständig zu sein. Die Technologie besteht aus folgenden Etappen [78], [107], [108]:

1. Auf elektrolytischem Wege wird auf die innere Oberfläche einer Glasröhre Silber aufgebracht. Die Silberschicht dient als Unterlage für die sekundär-

emittierende Schicht und bewirkt den Kontakt mit den in das Glas eingeschmolzenen Platindrähten.

2. Auf das Silber wird ebenfalls durch Elektrolyse Kupfer aufgebracht und dieses mit Schwefelwasserstoff behandelt. Dadurch bildet sich Kupfersulfid auf metallischem Kupfer.

Bei der Formierung der Fotokathode mit Cäsium werden gleichzeitig auch die Dynoden formiert. Der Koeffizient δ hat schon bei kleinen Primärelektronenenergien hohe Werte (Abb. 23). Das Material hat aber auch eine gewisse Fotoempfindlichkeit von der Größenordnung einiger μA/Lumen [108]. Die Rotgrenze des Fotoeffektes liegt bei 11000 Å [109], d. h. bei noch längeren Wellen als bei der Antimon–Cäsium-Kathode. Damit ist auch eine relativ große thermische Emission von ca. 10^{-14} A/cm^2 verbunden.

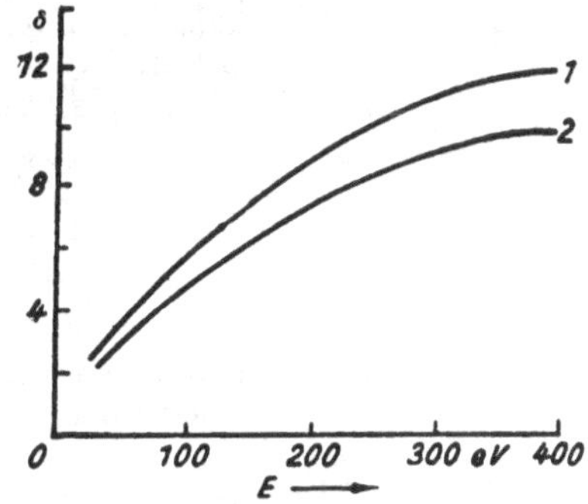

Abb. 23. Abhängigkeit des Sekundäremissionskoeffizienten von der Energie der Primärelektronen für 2 Schichten Cu–Cu_2S–Cs [107]

Noch einige andere Materialien komplizierter Zusammensetzung müssen erwähnt werden, obgleich diese bisher in der Serienfertigung keine Anwendung gefunden haben:

Morilleau [110] erwähnt kurz eine Schicht [CuO]–Cs mit $\delta = 4$ bei $E = 110$ eV. Dieselbe Schicht wurde in den Jalousievervielfachern von Wekschinsky verwendet.

Chorosch [111] beschreibt Dynoden, die auf der Grundlage von Aluminiumoxyd mit einer Nachbehandlung durch Cäsium hergestellt wurden. Eine Aluminiumfolie von 0,1 mm Dicke wurde folgendermaßen formiert: Nach dem üblichen Ausheizprozeß wird das Aluminium in einer Gasentladung in Sauerstoff (1—2 mm Hg Druck und einzelne Impulse von 0,5—1 sec Dauer) oxydiert. Bei einer Primärelektronenenergie von 500 eV ist δ zunächst 2,5 $\div$ 3,8. Nach der Behandlung mit Cäsium bei 130—140° C wächst δ auf 6,5 bis 8,5. Der wesentliche Nachteil dieses Materials ist der zu kleine Wert von δ bei niederen Primärelektronenenergien.

Tasulachow [112] geht bei der Herstellung eines temperaturbeständigen Materials von der Überlegung aus, daß eine stabile Adsorptionsschicht des aktiven Metalls auf einer halbleitenden Oberfläche für eine hohe Stabilität erforderlich ist. Die Desorptionstemperatur einer solchen Kombination ist um so höher und die Schicht somit um so stabiler, je größer die Adsorptionsenergie der Atome des aktiven Metalls auf der betreffenden Oberfläche ist. Als aktives Metall zeigt Barium große Vorteile, weil es bei einer genügend kleinen Austrittsarbeit die größte Verdampfungswärme aller Alkali- und Erdalkalielemente hat. Als Unterlage wählt der Autor ein Metall, das ein Oxyd mit hoher Siedetemperatur bildet. Zur Auflockerung der Oberfläche wird das bekannte Verfahren abwechselnder Oxydation und Reduktion verwendet (siehe Kapitel 3). Von den untersuchten Schichten erwiesen sich [Ni]–NiO–Ba und [Mo]–MoO_3–Ba auf Unterlagen von Kupfer, Silber, Chromnickel, Tantal, Nickel und Molybdän bis zu Temperaturen von 700 bzw. 800°C als am beständigsten. Wie aus Abb. 24 hervorgeht, sind die maximalen Werte von δ sehr hoch, aber bei Primärelektronenenergien von 100 eV ist δ kleiner als 2. Andererseits aber können die Schichten einer großen Strombelastung ausgesetzt werden: bei einer Stromstärke der Primärelektronen

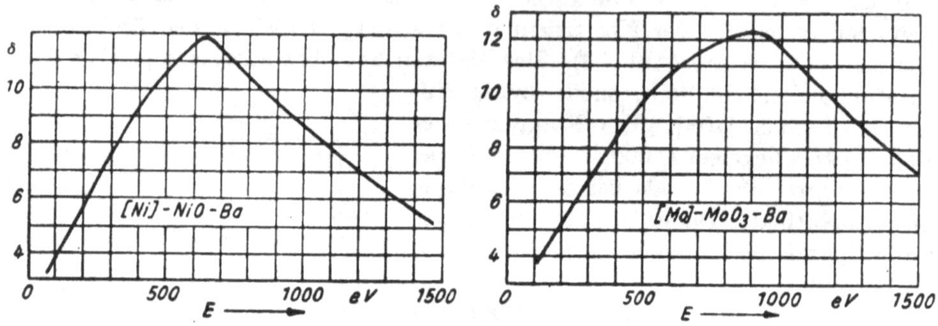

Abb. 24. Abhängigkeit des Sekundäremissionskoeffizienten von der Energie der Primärelektronen für [Ni]–NiO–Ba, [Mo]–MoO_3–Ba [112]

von 6 mA und 900 Volt Beschleunigungsspannung ergab sich ein Sekundäremissionsstrom von 60 mA. Tasulachow weist darauf hin, daß sich der Sekundäremissionskoeffizient nach drei Stunden ununterbrochener Belastung um nicht mehr als 5—10% verringerte, und nach einer Erholung die Anfangswerte wieder erreicht wurden. Seine Resultate stimmen gut mit den Messungen von Bay [113] überein.

E. Legierungen mit Beryllium

Bald nach den ersten Erfolgen des Prinzips der Sekundärelektronenvervielfachung untersuchte man auch die Möglichkeit, die Steilheit von Verstärkerröhren durch Anwendung der Sekundäremission zu vergrößern. Es ist hier nicht der Ort, um auf diese Probleme im einzelnen einzugehen. Wir weisen nur darauf hin, daß ein Sekundäremissionsmaterial, welches in Radioröhren verwendet werden soll, außer einem hohen Sekundäremissionskoeffizienten und guter Temperaturbeständigkeit auch gegenüber dem aus der Oxydkathode frei werdenden Sauerstoff unempfindlich sein muß. Es ist vollkommen klar, daß die bisher beschriebenen Materialien, die zur Formierung Alkali- oder Erdalkalielemente benötigen, für diese Zwecke nicht benutzt werden können. Daher suchte man andere Stoffe, die die von uns aufgestellten Forderungen ohne Mitwirkung von Alkali- oder Erdalkalimetallen erfüllen.

Schon im Jahre 1936 schlug Warnecke [114] eine Legierung aus Kupfer und Beryllium vor. Später wurden solche und ähnliche Legierungen eingehend untersucht. Sie zeichnen sich durch wesentliche Vorteile aus: Ihre fotoelektrische Empfindlichkeit im sichtbaren und langwelligen ultravioletten Spektralgebiet und, im Zusammenhang damit, ihre thermoelektrische Emission bei Zimmertemperatur sind praktisch gleich Null; die Elektroden können außerhalb der Röhre hergestellt und formiert werden, denn sie verändern ihre Eigenschaften bei nicht zu langem Lagern an Luft (ca. zwei Stunden) nur unwesentlich. Dies erleichtert die Serienherstellung in entscheidender Weise, und man kann sich während der Formierung ausschließlich auf die Erreichung einer guten Fotoempfindlichkeit konzentrieren. Im Jahre 1938 wies KOLLATH [115] auf den hohen Sekundäremissionskoeffizienten von Beryllium nach entsprechender Behandlung hin. GILLE und MATHES [116], [117] untersuchten die Legierungen Cu + 2% Be und Ni + 0,5—2,5% Be besonders sorgfältig. Die besten Werte des Sekundäremissionskoeffizienten ergaben sich nach einer Erwärmung im Hochvakuum (Druck kleiner als 10^{-5} mm Hg) auf 500—550° C für Kupferberyllium und auf 600—700° für Nickelberyllium. δ steigt dabei von 1,5 auf 6—7 bei 600 eV. Eine weitere Erhöhung von δ bis zu ca. 10 kann man erreichen, wenn man die Schicht bei $1 \div 5 \cdot 10^{-4}$ mm Hg erhitzt. Vorteilhafter erwies sich jedoch die Formierung durch Oxydation der Schichten in einer Gasentladung. δ erreichte im Maximum noch höhere Werte, und die Bearbeitungszeit konnte wesentlich verkürzt werden. Die Gasentladung brannte bei einem Druck von 10^{-2} bis 10^{-1} mm Hg während 10 sec, der Entladungsstrom betrug 30 mA. Diese Werte hängen natürlich stark von den jeweiligen Versuchsbedingungen ab. Wir führen sie trotzdem an, um eine Vorstellung von ihrer Größenordnung zu geben.

Eine nachträgliche Erwärmung der Schicht bis nahe zur Formierungstemperatur bewirkt keine Veränderung ihrer Eigenschaften. Das ist eine sehr

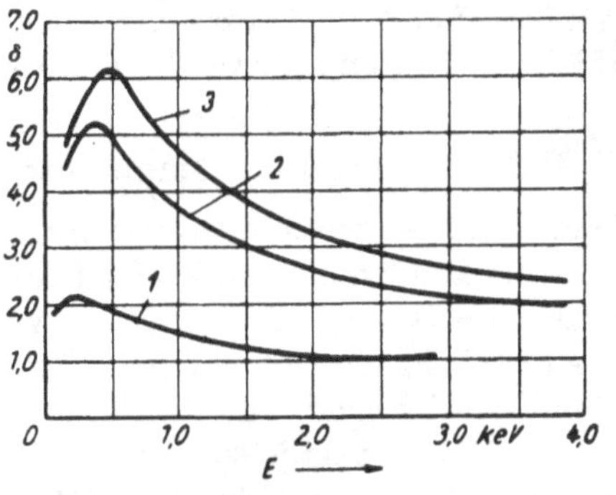

Abb. 25. Abhängigkeit des Sekundäremissionskoeffizienten von der Energie der Primärelektronen für Cu–Be [117]

1 unaktivierte Legierung *2* nach Erwärmung in Sauerstoff *3* nach nochmaliger Aktivierung

wichtige Tatsache: Der Ausheizprozeß bei 400° C, wie er üblicherweise durchgeführt wird, ruft keine Verschlechterung des Sekundäremissionskoeffizienten hervor! Leider weisen die besprochenen Schichten einen Nachteil auf. Man braucht nämlich eine relativ hohe Primärelektronenenergie von 200—300 eV, um einen großen Wert von δ zu erzielen (Abb. 25). Das führt dazu, daß die Gesamtspannung eines vielstufigen SEV 2—4 kV beträgt. Dafür überwiegen aber nach SCHAETTI, der die Legierung Kupfer–Beryllium in seinen SEV verwendet, ihre Vorteile [79]. Sie bestehen in folgendem:

1. Gute Reproduzierbarkeit des Sekundäremissionskoeffizienten.
2. Gute Stabilität und vernachlässigbare Ermüdung; bei 24stündiger Belastung mit einem Ausgangsstrom von $100 \mu A$ wurden keine Anzeichen einer Ermüdung beobachtet.
3. An Luft bewahren sie ihre Eigenschaften nach der Formierung relativ lange.
4. Formierung ist sehr einfach.
5. Foto- und Thermoemission ist unwesentlich.
6. Äußerst schwache Fluoreszenz bei starker Belastung.

Die Legierung Cu–Be wurde ebenfalls von ALLEN [118] in Elektronenvervielfachern zur Zählung von Elementarteilchen und Ionen verwendet. Er schlägt folgendes einfache Formierungsverfahren vor: Das fertig montierte Dynodensystem wird in gutem Vakuum zehn Minuten lang mit Hilfe eines Hochfrequenzgenerators auf Rotglut (600—800°C) erhitzt. Es ist empfehlenswert, den Vervielfacher nach der Formierung in das für ihn vorgesehene Gehäuse zu bringen und dieses auszupumpen, und zwar nicht später als eine Stunde nach der Formierung, obgleich eine Lufteinwirkung während sechs Stunden den Gesamtvervielfachungsfaktor nur auf die Hälfte erniedrigt.

Allgemein scheinen jedoch die auf diese Weise formierten Vervielfacher kleinere Werte für δ zu ergeben als bei Benutzung des zuerst beschriebenen Verfahrens.

In neuerer Zeit finden weitere Legierungen in industriell gefertigten SEV Verwendung, so z. B. Aluminium–Beryllium in SEV der Fa. Allen B. DuMont Laboratories, USA [119], und Silber–Beryllium durch die Fernseh-G.m.b.H., Darmstadt.

F. Legierungen mit Magnesium

Schon lange ist bekannt, daß Magnesiumverbindungen, besonders Magnesiumoxyd (MgO), einen großen Sekundäremissionskoeffizienten besitzen. Wenn z. B. Magnesium in Gegenwart von Sauerstoff verdampft wird, so erhält man nach BRUINING und DE BOER [120] ein $\delta = 8{,}4$ und nach SCHNITTGER [121] $\delta > 10$. Aber die so hergestellten Dynoden sind sehr empfindlich gegen Wasserstoff und häufig nicht stabil. Aller Wahrscheinlichkeit nach ist das damit verbunden, daß Erscheinungen vom Typ des MALTER-Effektes [108], [122], [123] auftreten: MALTER erhielt im Jahre 1936 bei der Untersuchung der Sekundärelektronenemission von Aluminiumfolien, die zunächst auf elektrolytischem Wege oxydiert, dann mit Cäsium behandelt und danach wiederum mit Sauerstoff oxydiert worden waren, sehr hohe Werte für den Sekundäremissionskoeffizienten, in einigen Fällen > 1000.

Ohne auf diese Versuche näher einzugehen, soll nur erwähnt werden, daß diese großen Werte auf folgende Weise zustande kommen: Durch die Primärelektronen werden aus der halbleitenden Oberfläche (mit $\delta > 1$) mehr Sekundärelektronen herausgeschlagen. Daher entstehen auf der Oberfläche positiv geladene Gebiete, die eine relativ große Lebensdauer haben, da ja der Widerstand der Zwischenschicht sehr hoch ist. Diese Ladungen rufen an der Oberfläche des Unterlagemetalls eine starke elektrische Feldstärke hervor, die ihrerseits zu einer zusätzlichen kalten Elektronenemission Anlaß gibt. Da die positiven Oberflächenladungen, wie erwähnt, nur langsam abfließen, zeigt der MALTER-Effekt eine große Trägheit, die seine Verwendung für Dynoden in SEV unmöglich macht.

Durch diesen Mechanismus werden auch die hohen Werte erklärt, die TIMOFEJEW und ARANOWITSCH [124] an Magnesium–Sauerstoff-Dynoden erhielten.

Ausgehend von diesen Erfahrungstatsachen wurden u. a. auch Magnesiumlegierungen untersucht. Als zweite Komponente diente Silber, Kupfer, Gold und Aluminium (z. B. in sowjetischen SEV). Die besten Resultate erzielten ZWORYKIN, RUEDY und PIKE mit der Silbermagnesiumlegierung [125]. Der Magnesiumgehalt ist nicht höher als etwa 6%. Zur Vermeidung einer Oxydierung des Magnesiums durch den Luftsauerstoff werden die Komponenten unter einer Salzschicht, z.B. Kaliumchlorid, in Graphittiegeln geschmolzen. Die Legierung muß in mehrfachen Gängen ausgewalzt und dazwischen jedesmal im Hochvakuum bei 650° C getempert werden. Lange Zeit fand man in der Literatur verschiedene Beschreibungen des Herstellungsverfahrens, wobei häufig darauf hingewiesen wurde, daß infolge nicht genau bekannter Ursachen der Sekundäremissionskoeffizient bei einer Primärelektronenenergie von 200 eV häufig nur 1,5—2,5 betrug, an Stelle von 3,5—5 bei einem „guten“ Material. Die kürzlich erschienene Arbeit von RAPPAPORT [126] schuf eine gewisse Klarheit in bezug auf die zweckmäßigste Herstellung wirksamer Sekundäremissionsschichten dieses Types. RAPPAPORT benutzte eine Legierung von Silber mit 1,7% Magnesium und bearbeitete sie auf verschiedene Weise. Es zeigte sich, daß eine Erwärmung (bei 550° C für 30 Minuten) in Gasen mit Sauerstoffgehalt stets niedrige Werte für δ ergab, während in sauerstoffreien Gasen (Vakuum, Helium, Wasserstoff) mit einem kleinen Wasserdampfgehalt hohe Werte für δ erzielt werden konnten. Dieses Ergebnis kann auf folgende Weise verstanden werden: Es ist schon seit langer Zeit bekannt, daß Sauerstoff relativ gut durch erwärmtes Silber diffundiert. Dieser Effekt wurde z. B. früher zur Erzeugung von äußerst reinem Sauerstoff benutzt. Die Zugabe einer sehr kleinen Menge Magnesium hat keinen wesentlichen Einfluß auf die Diffusionsgeschwindigkeit des Sauerstoffs im Silber. Magnesium selbst diffundiert ebenfalls durch Silber, aber mit wesentlich kleinerer Geschwindigkeit; die Diffusionsgeschwindigkeit der Moleküle MgO und H_2O ist infolge ihrer großen Abmessungen vernachlässigbar klein. Wenn also die Legierung in Anwesenheit von Sauerstoff erwärmt wird, so diffundiert dieser viel schneller ins Innere der Legierung als Magnesium an die Oberfläche. Im Inneren reagiert er mit jedem Magnesiumatom, das er auf seinem Wege trifft. Die so gebildeten Moleküle MgO sind aber entsprechend dem oben Gesagten am Bildungsort praktisch „eingefroren“ und können somit an der Oberfläche der Legierung keinen dichten Magnesiumoxydfilm bilden. Die Versuche ergaben, daß auf diese Weise zwar das ganze Magnesium in Oxyd überführt wird, aber ein brauchbarer Wert für δ läßt sich nicht erreichen. Wenn andererseits die Legierung in einem Gas ohne Sauerstoff, aber mit einem kleinen Wasserdampfgehalt erwärmt wird, beobachtet man ein anderes Bild; da die Wassermoleküle nicht wesentlich in das Innere der Legierung hineindiffundieren, bilden sie mit den zur Oberfläche diffundierten Magnesiumatomen eine dünne oberflächliche Schicht von Magnesiumoxyd (ca. 1250 Å). Diese Schicht weist einen hohen Wert für δ auf. Es kann gezeigt werden, daß sich trotzdem immer noch eine große Menge nichtoxydierten Magnesiums in der Legierung befindet, welches bei Erwärmung auf 775°C für 15 Sekunden größtenteils herausdampft. Wenn eine Dynode aus einem auf diese Weise hergestellten Material längere Zeit auf eine zu hohe Temperatur erwärmt wird, kann das Magnesium aus ihr verdampfen und so die Isolation zwischen den Einführungsdrähten verschlechtern. Diesen äußerst unerwünschten Effekt kann man durch eine zusätzliche Erwärmung des Materials in Sauerstoff verhindern (5 Minuten bei 700°C bei einem Sauerstoffdruck von 760 mm Hg). Der Sauerstoff dringt durch die oberflächliche Magnesiumoxydschicht hindurch und oxydiert den überwiegenden Teil des im Inneren der Legierung befindlichen Magnesiums so, daß bei einer Überhitzung ein metallischer Magnesiumbeschlag auf benachbarten Elektroden nicht mehr gebildet werden kann. Folgendes Verfahren zur Formierung wird besonders empfohlen: Die 0,125 mm dicke Folie der Legierung wird zunächst poliert und danach hintereinander in Seifenwasser, destilliertem Wasser und einem Gemisch von Azeton mit Methylalkohol gewaschen. Danach erwärmt man die Folie in einem Quarzofen bei einem Vakuum von 10^{-5} mm Hg während 30 Minuten auf 550°C. Dabei muß eine mit einem Trockeneis–Azeton-Gemisch gefüllte Falle benutzt werden. Bevor das Ofenrohr aus Quarz geschlossen und die Falle mit dem erwähnten Gemisch gefüllt wird, läßt man in das Gefäß Luft durch Wasser hindurch einströmen.

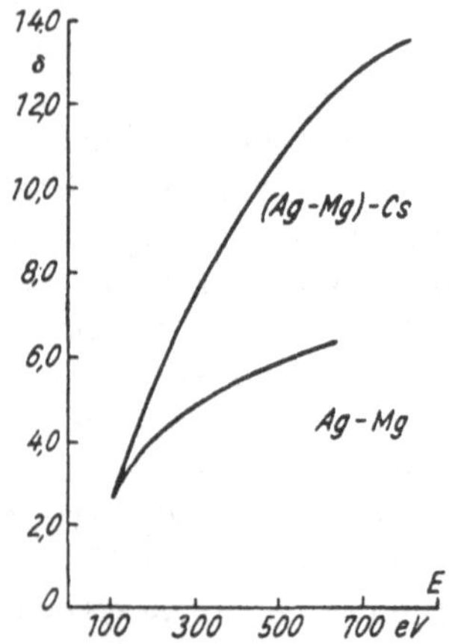

Abb. 26. Abhängigkeit des Sekundäremissionskoeffizienten von der Energie der Primärelektronen für Ag–Mg bzw. Ag–Mg–Cs [42]

Auf die beschriebene Weise erhält man Materialien mit äußerst gut reproduzierbaren Daten. Abb. 26 zeigt δ in Abhängigkeit von der Energie der Primärelektronen. Auch hier sei darauf hingewiesen, daß in der Literatur von anderen Autoren stark davon abweichende Werte angegeben werden, z. B. erreicht Lallemand [81] bei 120 eV ein $\delta = 5$. Das bei der Formierung der Fotokathode benutzte Cäsium steigert den Sekundäremissionskoeffizienten wesentlich [42] (Abb. 26). Aber häufig bleibt dieser hohe Wert nicht erhalten, sondern fällt im Betrieb bis zu Größen ab, die den vor der Einwirkung des Cäsiums beobachteten entsprechen.

In letzter Zeit findet eine Aluminium–Magnesium-Legierung Verwendung [127], [128], die 4—5% Magnesium enthält. Nach dem Biegen der Dynoden ist die Oberfläche durch Sandstrahlen mit reinem Edelkorund, keinesfalls aber durch chemische Mittel zu säubern. Nach dem Einbau in den SEV erwärmen Biermann und Krüger [127] die Röhre während des Ausheizprozesses für zwei Stunden bei einem Sauerstoffdruck von $9 \cdot 10^{-2}$ mm Hg und erhalten Werte für $\delta \sim 4$ bei 300 eV.

Nach der Formierung der Fotokathode mit Cäsium erreicht man bereits bei etwa einer Primärelektronenenergie von 150 eV die gleichen Werte.

Eckart [128] empfiehlt eine Sauerstoffglimmentladung nach acht- bis zehnstündigem Ausheizen bei 300° C, die die Dynodenoberfläche dunkelgrün verfärbt. Die nach der Formierung der Kathode erhaltenen Werte sind von ähnlicher Größe wie bei obigem Verfahren.

In der folgenden Tabelle sind die Eigenschaften einiger häufig für Dynoden verwandter Materialien zusammengestellt.

Material	$[Ag]-Cs_2O$, Ag, Cs–Cs	$[SbCs_3]-Cs$	CuBe	AgMg
Herstellung	schwierig; nur im Vakuum stabil	weniger schwierig; nur im Vakuum stabil	einfach; an Luft stabil	einfach; an Luft stabil
δ (100 eV)	ca. 4	ca. 3	ca. 1,5 ÷ 2	ca. 2,5
Fotoemission	groß	groß	praktisch null	praktisch null
Thermoemission	$\sim 5 \cdot 10^{-14}$ A/cm²	$\sim 10^{-15}$ A/cm²	praktisch null	praktisch null
Temperaturbeständigkeit	≦ 50° C	≦ 50° C	≦ 400° C	≦ 400° C
Ermüdung bei starker Belastung	sehr stark	stark	unmerklich	merklich

KAPITEL 5

Formgebung der Dynoden

A. Allgemeine Gesichtspunkte

Eine gewisse Zahl Z_0 von primären Fotoelektronen trifft unter dem Einfluß eines elektrischen und manchmal eines zusätzlichen magnetischen Feldes auf die erste Dynode auf und löst an ihr $\delta_1 \cdot Z_0$ Sekundärelektronen aus. Die Sekundärelektronen ihrerseits fallen nach Beschleunigung auf die nächste Dynode, an der sich der Vervielfachungsprozeß wiederholt. Diese zweite Dynode verlassen also $\delta_2 \cdot \delta_1 \cdot Z_0$ Elektronen usw. Für die Konstruktion des Gesamtvervielfachers muß man sich die Frage vorlegen, welchen Forderungen Form und Anordnung der Dynoden genügen müssen. Man kann sie auf folgende Weise kennzeichnen:

1. Die von der $(r - 1)$-ten Dynode kommenden Elektronen müssen alle auf die r-te Dynode auffallen und sie nicht verfehlen.
2. Die aus der r-ten Dynode ausgelösten Elektronen sollen alle zur $(r + 1)$-ten Dynode überführt werden.
3. Die Laufzeit aller Elektronen von einer Dynode zur nächsten soll gleich sein.

In einem Vervielfacher unterscheiden sich außerdem die Ströme in den ersten und letzten Stufen um viele Größenordnungen. Wenn sich Raumladungserscheinungen bemerkbar machen, so bewirken sie eine Abweichung von der Linearität zwischen dem auf die Fotokathode auffallenden Lichtstrom und dem Ausgangsstrom des SEV, was für Meßzwecke äußerst unerwünscht ist. Daher muß gefordert werden, daß das die Sekundärelektronen absaugende elektrische Feld zwischen zwei aufeinanderfolgenden Dynoden genügend groß ist. Mit anderen Worten kann man sagen, daß eine solche Anordnung und Formgebung der Dynoden anzustreben ist, bei der die r-te Dynode elektronenoptisch auf die $(r + 1)$-te Dynode abgebildet wird. Dabei braucht verständlicherweise die Güte dieser Abbildung nicht besonders hoch zu sein. Zur Befriedigung dieser Forderung wurden mehrere Varianten vorgeschlagen, welche man nach der Art der Elektronenführung von Dynode zu Dynode charakterisieren kann. Diese Führung kann unter dem Einfluß von

1. magnetischen und hochfrequenten elektrischen Feldern,
2. von magnetischen und elektrostatischen Feldern und
3. von elektrostatischen Feldern allein erfolgen.

B. Dynamische Vervielfacher

Da die zur ersten Klasse gehörenden sogenannten dynamischen SEV bis heute keine größere Anwendung gefunden haben, beschränken wir uns auf eine kurze Beschreibung ihrer Wirkungsweise.

Ein dynamischer SEV arbeitet mit einem hochfrequenten elektrischen Feld zwischen zwei Dynoden. Da das Hochfrequenzfeld die Elektronen hin- und herbeschleunigen soll, muß offensichtlich eine bestimmte Beziehung zwischen der Frequenz des Feldes und der Laufzeit der Elektronen zwischen den Dynoden erfüllt sein.

Farnsworth [129] schlug als erster solche Vervielfacher vor und benutzte sie in Bildsondenröhren (Abb. 27). Zwischen den Dynoden befindet sich eine zylindrische Anode auf positivem Potential. Eine lange Spule, die ein magnetisches

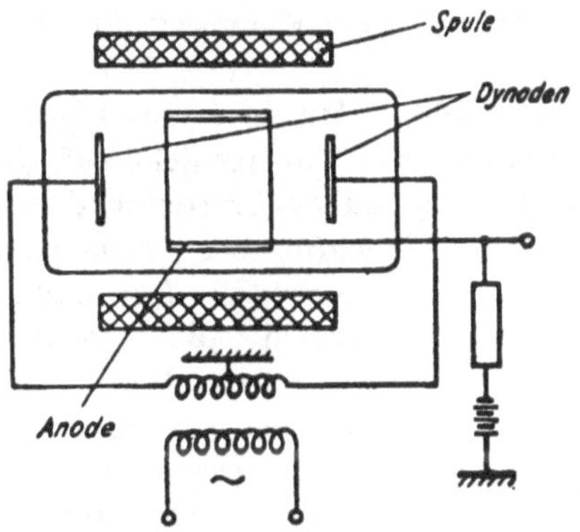

Abb. 27. Dynamischer SEV (schematisch) [129]

Längsfeld erzeugt, dient zur Fokussierung der Elektronen von einer Dynode auf die andere. Die z. B. von einer Dynode emittierten Elektronen werden beschleunigt und fallen auf die andere Dynode. Die an ihr ausgelösten Sekundärelektronen werden bei entsprechender Phase der Hochfrequenzspannung auf die erste Dynode zurück beschleunigt usw. Infolge der Anwesenheit des absaugenden elektrischen Feldes der Anode gelangen die Sekundärelektronenwolken nach einigen Perioden auf die Anode. Der Vervielfachungskoeffizient pflegt von der Größenordnung einiger Tausend zu sein. Eine ausführliche Analyse der Wirkungsweise des dynamischen Vervielfachers wurde von Henneberger, Orthuber und Steudel [130] und ebenfalls von Benerking [131] durchgeführt. Okabe [132] verwirklichte eine andere Variante. In neuerer Zeit beschrieb Greenblatt [94], [133], [134] einen Vervielfacher, der bei der Frequenz 3000 MHz arbeitet.

C. SEV unter Verwendung magnetischer und elektrischer Felder

Mit SEV der zweiten Klasse kann man sehr hohe Vervielfachungskoeffizienten erzielen. Ihrer praktischen Anwendung steht aber der Nachteil entgegen, daß zur Erzeugung des Magnetfeldes eine mit stabilisiertem Gleichstrom gespeiste Spule oder ein Permanentmagnet erforderlich ist. Beide Varianten bedingen eine Reihe von Unbequemlichkeiten. Wie leicht verständlich, hängt die Verstärkung des SEV in starkem Maße von der Feldstärke und Anordnung des Magnetfeldes in bezug auf die elektrischen Felder zwischen den Dynoden ab. Das führt zu der Notwendigkeit einer sehr kompakten und starren Konstruktion, die nicht immer leicht zu verwirklichen ist, wenn das gesamte Gerät nicht zu schwer und unhandlich werden soll. Als Beispiel für einen solchen SEV nennen wir den SEV von Kubetzky [2 bis 4], der im Jahre 1934 zum erstenmal gebaut wurde. Abb. 28

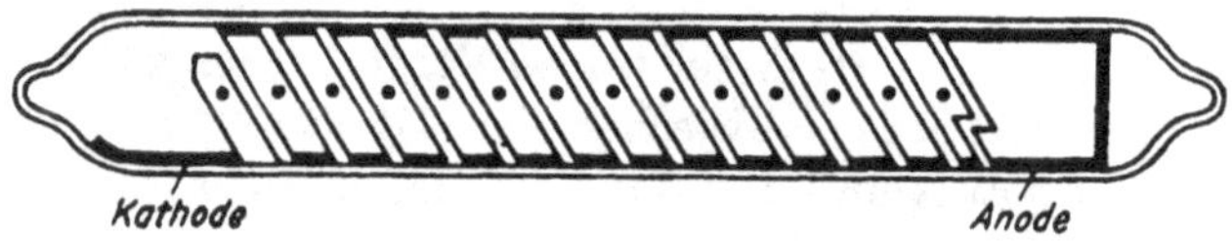

Abb. 28. SEV nach Kubetzky [2], [3], [4]

zeigt die Konstruktion der Röhre. Auf die innere Oberfläche einer zylindrischen Glasröhre bringt man zunächst eine Silberschicht auf, die mit Hilfe einer besonderen Apparatur in einzelne Ringe aufgeschnitten wird. Die Formierung der Ringe wurde bereits im Kapitel 4, Abschnitt D beschrieben. Der erste Ring dient als Fotokathode, die folgenden als Dynoden und der letzte als Anode. Die ganze Röhre wird zwischen die Polschuhe eines Permanentmagneten geschoben. Auf die durch den Lichtstrom aus der Fotokathode (erster Ring) ausgelösten Fotoelektronen wirken zwei Kräfte: die Kraft des elektrischen Feldes, das im wesentlichen durch den benachbarten Ring hervorgerufen wird und ungefähr die Richtung der Normalen zur emittierenden Oberfläche hat, und die Kraft des magnetischen Feldes, welches senkrecht zum elektrischen Feld gerichtet ist. Die Elektronenbewegung erfolgt somit auf Trochoiden. Offensichtlich kann man bei vorgegebenem elektrischen Feld, d. h. also bei einer bestimmten Potentialdifferenz zwischen benachbarten Dynoden, die magnetische Feldstärke so wählen, daß die Elektronen von der r-ten zur $(r+1)$-ten Dynode fliegen usw. Der Gesamtvervielfachungskoeffizient hängt stark vom Magnetfeld ab (Abb. 29), das eine Größe von ca. 50—100 Oersted hat. Außer der Notwendigkeit des Vorhandenseins eines Magnetfeldes ist noch auf folgende Nachteile dieser SEV hinzuweisen: Infolge der Anordnung der Dynoden nebeneinander auf Glas ist es äußerst schwer, bei der Formierung durch Cäsium eine genügend hohe Isolation zwischen benachbarten Dynoden aufrechtzuerhalten.

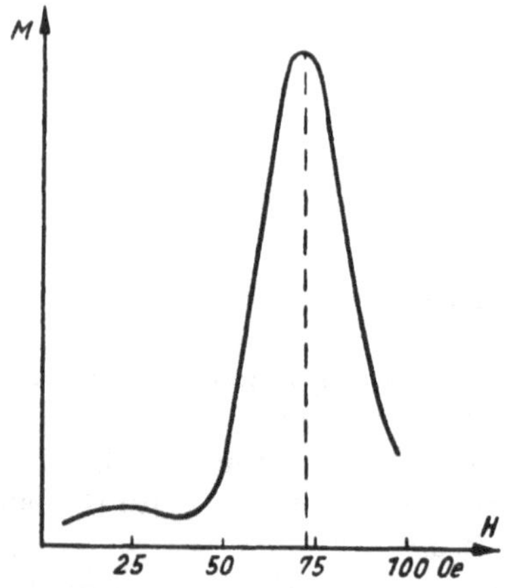

Abb. 29. Abhängigkeit des Vervielfachungsfaktors des SEV nach Kubetzky von der Stärke des Magnetfeldes [2], [3], [4]

Das alles führte dazu, daß SEV vom Typ KUBETZKY zur Zeit kaum noch verwendet werden. Eine ähnliche Konstruktion wurde von ZWORYKIN [13] ausgearbeitet.

D. SEV mit ausschließlich elektrischen Feldern

Am wichtigsten ist die dritte Klasse von SEV, deren Wirkungsweise ausschließlich auf der Bewegung der Elektronen in elektrostatischen Feldern beruht. Infolge der damit zu erzielenden Vereinfachung waren die Bestrebungen vieler Forscher darauf gerichtet, sie zu Geräten zu machen, die ebenso reproduzierbar in der Herstellung wie zuverlässig in der Anwendung sind. Alle zur Zeit hergestellten Vervielfacher gehören ausnahmslos zu dieser Klasse.

Auf die Typen, die zu Beginn der Entwicklung ausgearbeitet wurden, werden wir nicht näher eingehen. Eine frühe Form nach einem Vorschlag von JARVIS und BLAIR [135] zeigt Abb. 30. Die Blenden zwischen den Dynoden sollen ver-

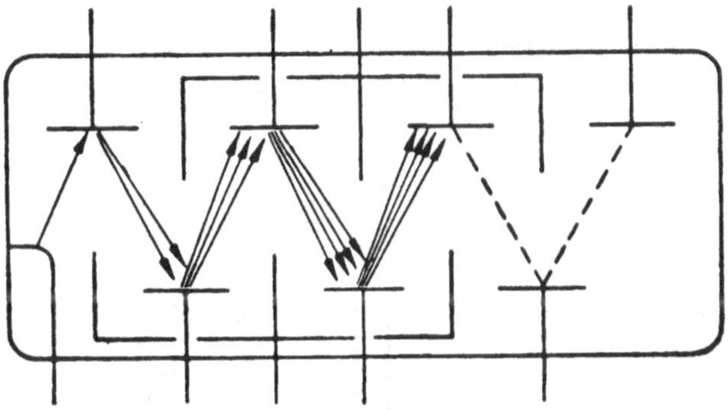

Abb. 30. SEV nach JARVIS und BLAIR [135]

hindern, daß die Sekundärelektronen, ohne auf die Dynoden zu fallen, direkt die Anode erreichen. Eine Fokussierung — so wird häufig in der Literatur, wenn auch nicht ganz richtig, eine 100prozentige Überführung der Elektronen von Dynode zu Dynode genannt — wird dabei nur ungenügend erreicht, und der SEV hat daher keine praktische Anwendung gefunden.

Eine verbesserte Variante wurde von FARNSWORTH [136] vorgeschlagen. Auf der Innenseite eines zylindrischen Glasrohres wird eine Schicht mit hohem Sekundäremissionsvermögen aufgetragen, die gleichzeitig einen hohen Widerstand aufweist, so daß man zwischen ihren Enden eine genügend große Potentialdifferenz aufrechterhalten kann. Längs der Achse der Röhre ist ein dünner Draht ausgespannt (Abb. 31). Die am linken Ende der Schicht ausgelösten Elektronen werden auf ein weiter rechts liegendes Gebiet der Schicht mit höherem Potential beschleunigt und lösen dort Sekundärelektronen aus. Durch den dünnen Draht wird nur ein kleiner Teil von ihnen weggefangen.

Eine ähnliche Konstruktion ist auch von KUBETZKY [4] angegeben worden. An Stelle der Schicht mit hohem Widerstand schlägt er die Benutzung einzelner

Dynoden vor. Eine zufriedenstellendere Konstruktion wurde von TIMOFEJEW [19] ausgearbeitet (Abb. 32). Vor jeder Dynode befinden sich feine Netze, die mit der nächsten Dynode verbunden sind, so daß an der Dynodenoberfläche ein starkes

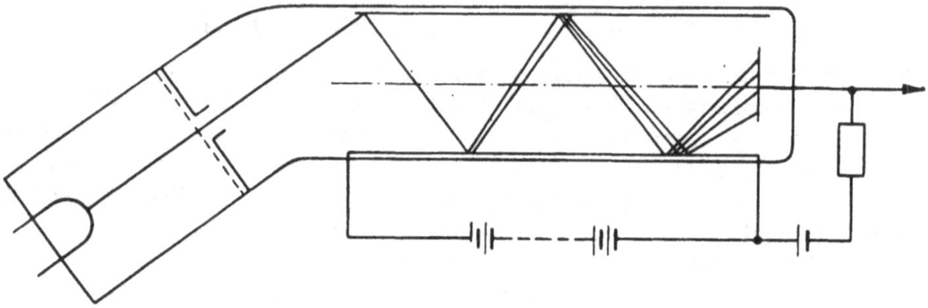

Abb. 31. SEV nach FARNSWORTH [136]

elektrisches Feld herrscht. Nach Durchtritt durch das Netz werden die Elektronen zum Netz vor der nächsten Dynode beschleunigt, das seinerseits mit der dritten

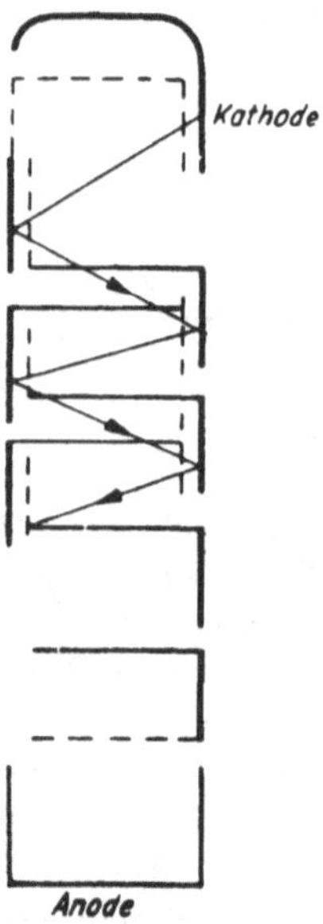

Abb. 32. SEV nach TIMOFEJEW [19]

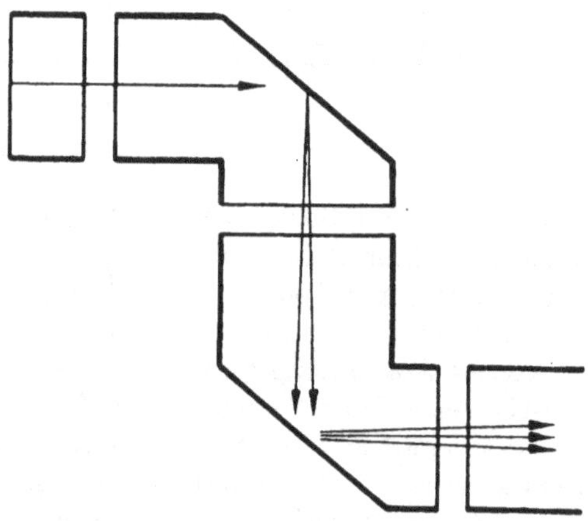

Abb. 33. SEV nach ZWORYKIN [13]

Dynode verbunden ist. Auf diese Weise wiederholt sich der Prozeß von Dynode zu Dynode. Um einen befriedigenden Vervielfachungsfaktor zu erzielen, müssen offensichtlich bestimmte Beziehungen zwischen den geometrischen Daten erfüllt sein. Eine eingehende Analyse der elektrischen Felder führt zum Schluß, daß die

Länge einer Dynode l und der Abstand zwischen den Netzen d die Beziehung $d = 1{,}2 \cdot l$ erfüllen muß. Dieses Resultat wurde auch experimentell bestätigt.

Eine echte elektronenoptische Abbildung benutzte erstmalig Zworykin [13] in den SEV des Typs L und T (Abb. 33). Die elektronenoptische Vergrößerung von Dynode zu Dynode ist gleich Eins. Da bei dieser Konstruktion leicht Raumladungseffekte auftreten, können dem SEV nur sehr kleine Ausgangsströme entnommen werden. Weiterhin erweist sich ihre mechanische Fertigung und die Formierung bei einer größeren Dynodenzahl als sehr schwierig. Daher konnten sie sich gegenüber einfacheren, aber dennoch wirksameren Konstruktionen nicht behaupten.

In Deutschland wurden von Weiss [137], [138] SEV sehr einfacher Konstruktion mit netzförmigen Dynoden vorgeschlagen. Die von der Fotokathode emittierten Elektronen werden zur ersten Netzdynode beschleunigt. Die auf die Netzdrähte auffallenden Elektronen lösen hier Sekundärelektronen aus, die nach Durchtritt durch das Netz zur nächsten Netzdynode abgesaugt werden usw. (Abb. 34). Hinter der Anode, einem sehr feinen Netz, befindet sich eine plattenförmige Dynode. Die von der letzten Netzdynode herkommenden Elektronen durchfliegen zum größten Teil das Anodennetz und werden an der Plattendynode vervielfacht. Die an ihr ausgelösten Sekundärelektronen werden von der Anode, die sich auf dem höchsten positiven Potential befindet, aufgenommen. Prinzipiell kann man einen Vervielfacher aus einer beliebig großen Zahl von Netzdynoden herstellen und somit sehr große Verstärkungen erzielen. Tatsächlich ist das nicht ganz richtig. Bei einer sehr großen Zahl von Dynoden, etwa größer als 20, wird es notwendig, die Elektronen auf die Netze zu konzentrieren, um Verluste zu vermeiden, oder aber die Durchmesser der letzten Dynoden zu vergrößern. Zur Konzentrierung wurden ringförmige Blenden, die als Elektronenlinsen wirken, zwischen den Dynoden verwendet. Gute Resultate ließen sich auch mit Zwischenringen aus Glas oder Keramik erzielen, die gleichzeitig den Abstand zwischen den einzelnen Netzdynoden bestimmen. Die sich auf diesen Ringen bildenden Ladungen konzentrieren die Elektronen zur Achse des SEV hin. Ein Nachteil dieser Konstruktion besteht darin, daß dadurch der Zutritt des Cäsiums zu den Dynoden bei der Formierung sehr erschwert wird. Einfacher, aber mit gutem Erfolg, kann man eine Konzentrierung der Elektronen in

Abb. 34. SEV mit Netzdynoden [57]

Richtung der Achse durch fingerhutartig gewölbte Dynoden und kleine Abstände (ca. 1 mm bei einem Durchmesser von 8 mm) zwischen ihnen erzielen (Abb. 34).

Der wesentliche Nachteil der Netzvervielfacher besteht darin, daß nur ein Teil der Primärelektronen auf die Netzdrähte fällt und vervielfacht wird. Die übrigen durchfliegen die Netzöffnungen, und ein Teil von ihnen wiederum trifft auf die nächste Dynode mit doppelter Energie auf, wenn die Spannung zwischen den Dynoden überall den gleichen Wert hat. Somit kann man mit dem Netzvervielfacher nur eine wesentlich kleinere Gesamtvervielfachung erzielen als mit einem Plattenvervielfacher bei derselben Dynodenzahl und gleichen Gesamtspannung.

Betrachten wir kurz die Bedingungen, denen die Netze genügen müssen. Die Primärelektronen fallen auf die Netzdrähte von der Seite der vorhergehenden Dynode her, die Sekundärelektronen müssen also durch die Netzmaschen zur nächsten Dynode abgesaugt werden. Sie werden also offensichtlich in einem Bremsfeld emittiert. Infolge ihrer Anfangsenergie von 3—5 eV bewegt sich ein Teil von ihnen dem primären Elektronenstrom entgegen und kehrt dann um, und ein Teil von diesen wiederum wird den Weg durch die Maschen des Netzes finden. Die übrigen aber fallen auf das Netz zurück. Da der Reflektionskoeffizient für langsame Elektronen sehr groß ist, haben auch diese noch eine große Wahrscheinlichkeit, nach der Reflektion an den Netzdrähten die nächste Dynode zu erreichen. Diese Vorstellung wird in erster Näherung durch die experimentellen Resultate bestätigt, wenn man dabei berücksichtigt, daß der Sekundäremissionskoeffizient bei Elektronenenergien bis etwa 100 eV vom Auftreffwinkel auf die Oberfläche praktisch nicht abhängt. Wenn F der z.B. durch Schattenwurf bestimmte Bedeckungsgrad des Netzes ist, kann man in grober Näherung für den effektiven Vervielfachungskoeffizienten schreiben:

$$\delta_{eff} = F \cdot \delta + (1 - F) .$$

Das erste Glied auf der rechten Seite des Ausdruckes, rührt von den auf die Netzdrähte auftreffenden Primärelektronen, das zweite von den durchfliegenden Elektronen her. Bei SEV vom Typ LS wurde diese Beziehung immer annähernd erfüllt. Das bestätigt die Annahme, daß tatsächlich der größte Teil der Sekundärelektronen zur nächsten Dynode gelangt. Die Untersuchung der optimalen Abmessungen der Netze führt zu folgenden Bedingungen [47]:

1. Bei gleichem Bedeckungsgrad der Netze nimmt der effektive Sekundäremissionskoeffizient mit Erhöhung der Maschenzahl zu,
2. die besten Werte erhält man mit $F = 0{,}4 \div 0{,}6$.

In SEV vom Typ LS wurden Netze verwandt, die bei einem Bedeckungsfaktor von 42% aus Silberdrähten mit einem Durchmesser von 0,04 mm hergestellt waren. Bei einer Stufenspannung zwischen den Dynoden von 100 Volt ist $\delta_{eff} = 2{,}2 \div 2{,}4$. Der Wirkungsgrad eines Netzes ist somit ca. 50%.

In der Gegenwart werden Netzvervielfacher nur noch selten hergestellt und verwendet [68], [128], 139].

Schon bald nach der Verwirklichung der Netzvervielfacher wurden Versuche unternommen, ihre einfache Konstruktion mit einer maximalen Ausnutzung des Primärelektronenstromes zu verbinden. Um dies zu erreichen, wurden die Dynoden aus dünnen Leisten hergestellt, die, unter einem bestimmten Winkel zur Achse des SEV geneigt, zu mehreren zusammengefaßt eine Dynode in Jalousieform bilden. Als Beispiele solcher Konstruktionen kann der SEV–13 von Weckschinski und eine Versuchsausführung von Hartmann (1937) dienen (Abb. 35). Besonders in der letzten Zeit haben SEV mit Jalousiedynoden eine weite Verbreitung gefunden

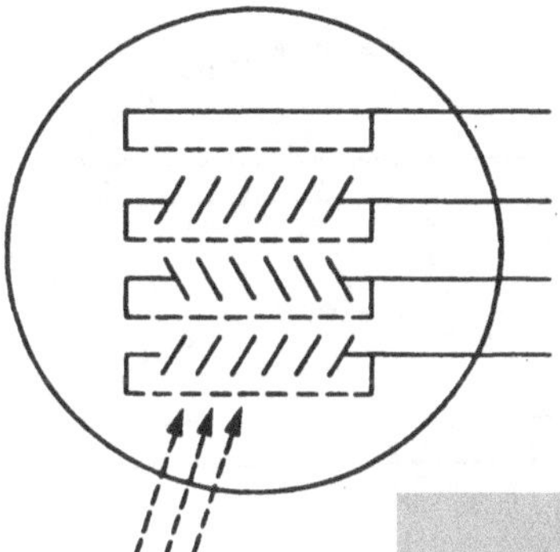

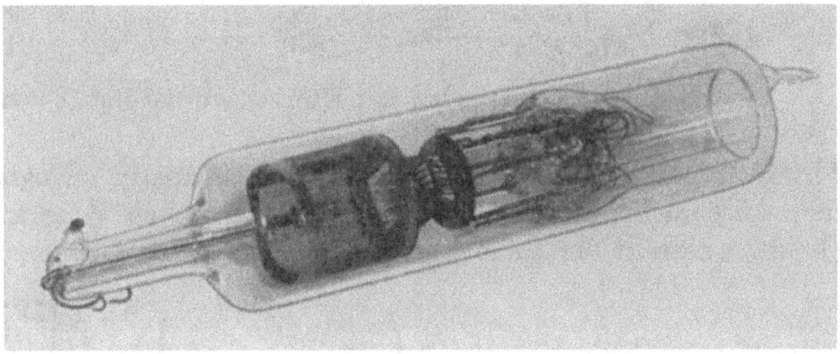

Abb. 35. SEV mit Jalousiedynoden

[128], [140 bis 145]. Das Problem der Emission der Sekundärelektronen in einem Bremsfeld spielt bei dieser Konstruktion eine wesentliche Rolle. Auf Abb. 36 sind die Äquipotentiallinien für solche Dynoden eingezeichnet. Man

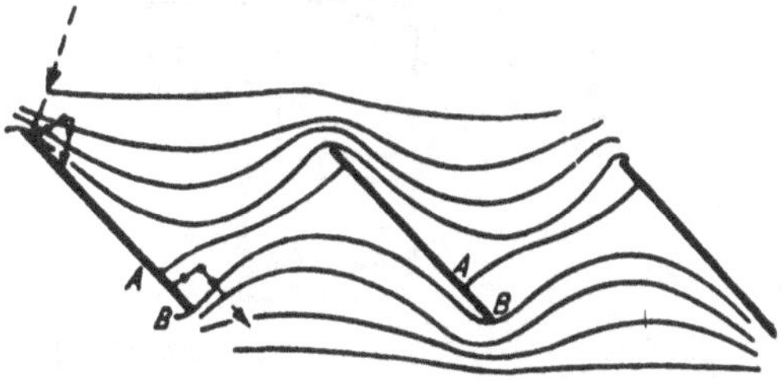

Abb. 36. Äquipotentiallinien für Jalousiedynoden [143]

sieht, daß nur von einem sehr kleinen Teil (AB) der Oberfläche der Dynoden die Sekundärelektronen in ein Beschleunigungsfeld emittiert werden. Durch Verwendung eines sehr feinen Netzes (Bedeckungsfaktor ca. 10%), das mit der folgenden Dynode verbunden ist (Abb. 37), gelingt es, die wirksame Dynodenoberfläche wesentlich zu vergrößern. Wenn man dem Netz eine konvexe Form gibt, konzentriert es die Elektronen außerdem in Richtung auf die Achse des Vervielfachers und verringert somit die Verluste. In [144] wurde die Wirksamkeit solcher Dynoden mit auf ihnen befestigten flachen Netzen, wie sie in der Serie von SEV der

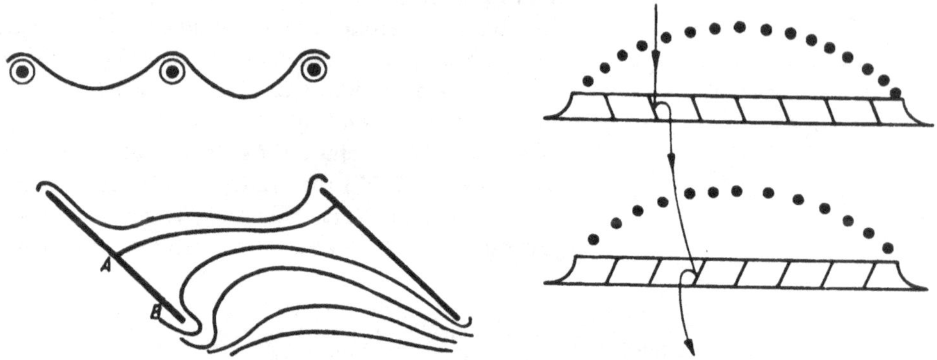

Abb. 37. Jalousiedynoden mit Hilfsnetzen und ihre Potentiallinien [143]

Firma „Elektrical and Musical Industries Company", England, Verwendung finden, untersucht. Abweichend von dem optischen Bedeckungsfaktor der Netze (7—8%) beträgt der tatsächliche elektronenoptische Bedeckungsfaktor ca. 15%.

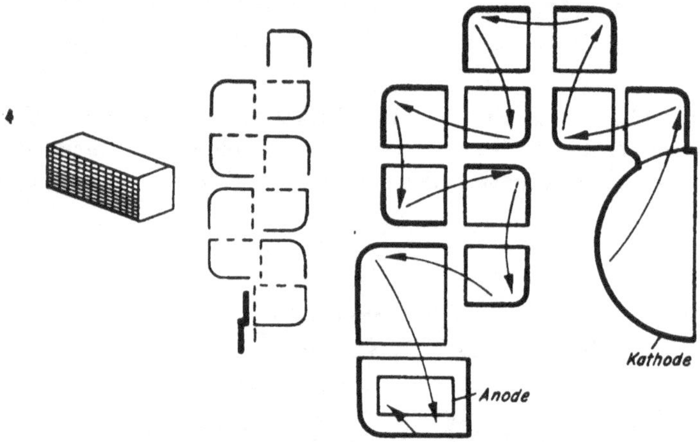

Abb. 38. SEV nach Larson und Salinger [147], [148]

Durch diesen Effekt wird die Ausbeute der Dynode somit auf 85% erniedrigt. Weiterhin werden die Sekundärelektronen bei einer Stufenspannung zwischen den Dynoden von 150 Volt nur zu 85% abgesaugt, so daß wir für den Gesamtwirkungsgrad einer Dynode ca. 70% erhalten. Sie erweisen sich somit als wirksamer als die oben beschriebenen Netzdynoden. — Ähnliche Jalousieformen wurden von Barut [146] untersucht. Dabei ergab sich, daß eine Jalousieform, bestehend aus viertelkreisförmig gebogenen Blechstreifen, den höchsten Wirkungsgrad hat.

In neuen Untersuchungen des Westinghouse Forschungslaboratoriums [185] wird von der Tatsache Gebrauch gemacht, daß Sekundärelektronen aus dünnen Folien auch auf der Rückseite austreten. Eine etwa $5 \cdot 10^{-6}$ cm dicke Schicht von Kaliumchlorid wird auf eine dünne, mit Gold (~ 20 Å) bedampfte glasähnliche Trägerschicht aufgebracht. Dieser Dreischichten-Sandwich wird aus Gründen mechanischer Festigkeit auf ein Kupfernetz aufgelegt. Man hofft, mit einem aus derartigen Dynoden aufgebauten SEV ein Auflösungsvermögen von 10^{-11} sec zu erzielen. Nähere Angaben liegen noch nicht vor.

LARSON, GARDENER und SALINGER [147], [148] entwickelten einen SEV mit kästchenförmigen Dynoden. Diese Form ermöglicht einen äußerst gedrängten Aufbau (Abb. 38). Den gleichen Typ verwendete MLODSEJEWSKY [149], und ähnliche Vervielfacher werden serienmäßig in Deutschland von GÖRLICH und SCHMIDT [173] und von MAURER [150] hergestellt (Abb. 39). Der Wirkungsgrad einer Dynode hat den hohen Wert von 95%. Während die SEV von MAURER mit einer sehr kleinen undurchsichtigen Fotokathode versehen sind, haben SEV ähnlichen Typs der Firma DuMont (USA) durchsichtige Fotokathoden [44], [119] (Abb. 40).

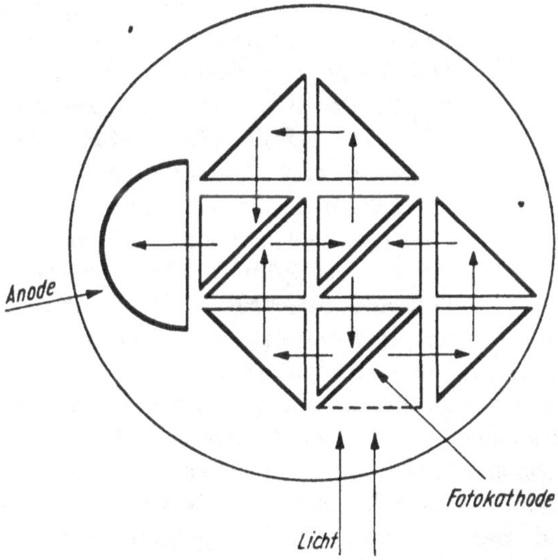

Abb. 39. SEV nach MAURER [150]

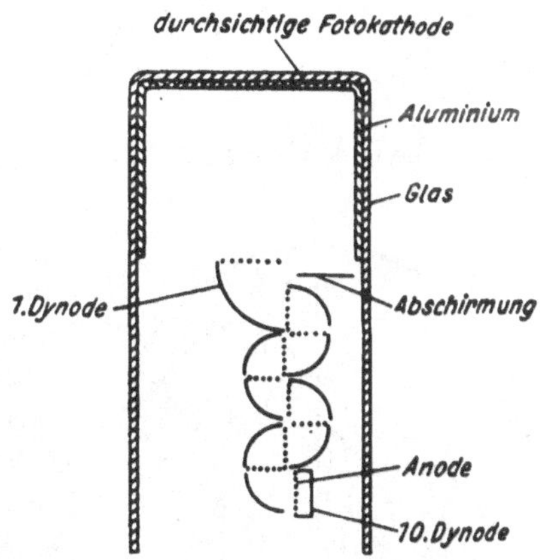

Abb. 40. SEV der Fa. DuMont Laboratories, USA [44]

Die elektrischen Felder und Elektronenbahnen bei verschiedenen Dynodenformen wurden besonders systematisch und eingehend von RAJCHMAN [66], [151] untersucht (Abb. 41). Die Bestimmung der Äquipotentiallinien erfolgte mit Hilfe des elektrolytischen Troges. In ihm entsprechen die Stromlinien im Elektrolyten zwischen den Modellelektroden den elektrostatischen Kraftlinien zwischen den entsprechenden Dynoden im Vakuum bei Abwesenheit von Raumladungen [66], [152 bis 156]. Die Elektronenbahnen wurden mit Hilfe einer rollenden Kugel auf einer Gummimembran ermittelt. Die Verwendung dieses Modells beruht darauf, daß die die Bewegung des Elektrons im elektrostatischen Feld beschreibende Differentialgleichung mit der für die Bewegung der Kugel auf der Gummimembran im Gravitationsfeld identisch ist, wenn gewisse Bedingungen beachtet werden: Die Membranspannung muß gleichmäßig und groß sein gegen die zusätzliche Spannung, die durch die Kugel hervorgerufen wird, und außerdem darf die Neigung der Membran in keinem Punkte ein bestimmtes Maß überschreiten (nicht mehr als ca. 15°). Im Rahmen dieses Buches können wir nicht auf die Einzelheiten dieser Methode eingehen und verweisen auf Originalarbeiten, z.B. [151], [157], [158].

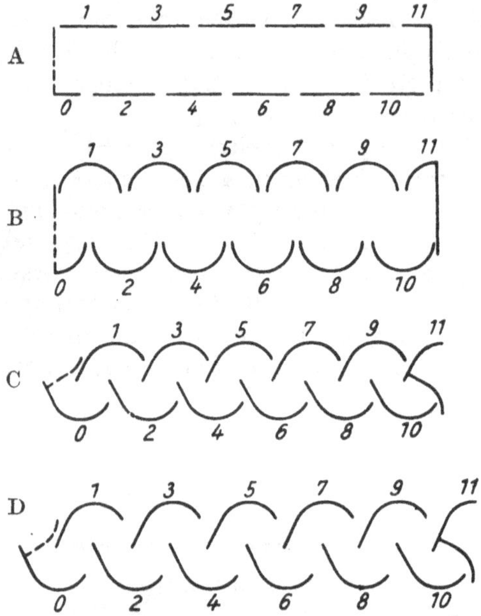

Abb. 41. Dynodenformen nach Rajchman [151]

Auf diese Weise wurde eine sehr einfache und gleichzeitig wirksame Dynodenform gefunden, die alle zu Beginn des Kapitels erhobenen Forderungen erfüllt (Abb. 41B). Die Dynoden sind als Halbzylinder ausgebildet und in zwei einander gegenüberliegenden Reihen, die um die Größe des Zylinderradius gegeneinander verschoben sind, angeordnet. Die Anode hat eine solche Form, daß das elektrische Feld der vorhergehenden Dynoden nicht gestört wird.

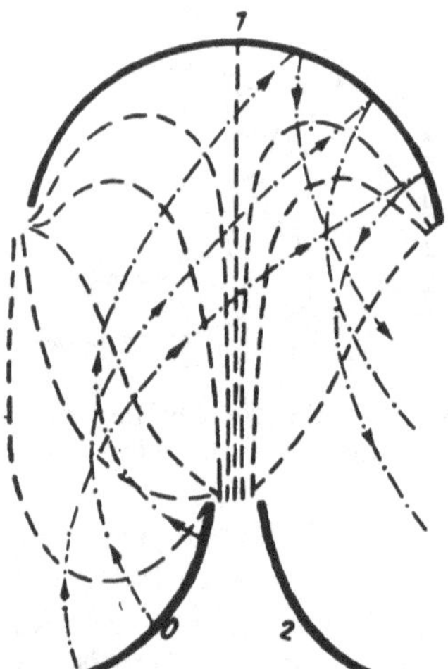

Abb. 42. Potentiallinien und Elektronenbahnen in Dynoden Typ B nach Rajchman [151]

Abb. 42 zeigt die Äquipotentiallinien eines Ausschnitts aus einem solchen Dynodensystem mit drei Elektronenbahnen. Ein technischer Nachteil dieser Dynodenform besteht darin, daß Ionen, die in der Gegend der letzten Dynoden gebildet wurden, ungehindert längs der Symmetrieebene die Fotokathode erreichen können. Dadurch findet eine störende Rückkopplung zwischen Eingang und Ausgang des SEV statt (siehe Kapitel 6).

Aus diesem Grunde wurden Dynodenformen entwickelt, die dieses verhindern Typ C und D (Abb. 41). Typ D unterscheidet sich von Typ C nur dadurch, daß die Abstände zwischen den Dynoden größer sind; das verringert die Gefahr kalter Elektronenemission von den Kanten der Dynodenbleche und erleichtert die Formierung im Falle der Verwendung von Alkalimetallen. Aus Abb.43 ist klar ersichtlich, daß das die Sekundärelektronen absaugende elektrische Feld vor einem großen Bereich der Dynode genügend stark und homogen ist. Messungen der

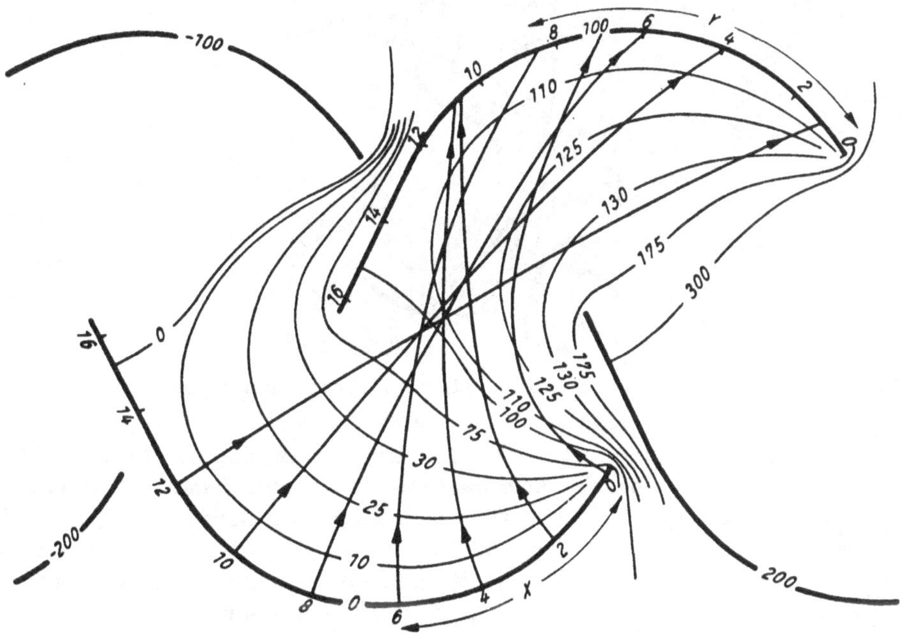

Abb. 43. Potentiallinien und Elektronenbahnen in Dynoden Typ C nach RAJCHMAN [151]

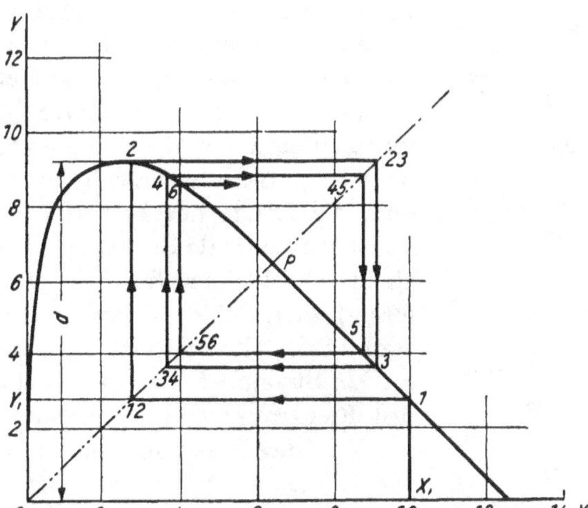

Abb. 44. Konzentrierung der Elektronen in Dynoden Typ C nach RAJCHMAN [151]

Abhängigkeit der Lage des Auftreffpunktes auf der $(r+1)$-te Dynode vom Ort ihres Startes von der r-ten Dynode zeigen, daß sich die Elektronen bei ihrem Durchgang durch viele Stufen des Vervielfachers immer mehr auf die inneren Bereiche

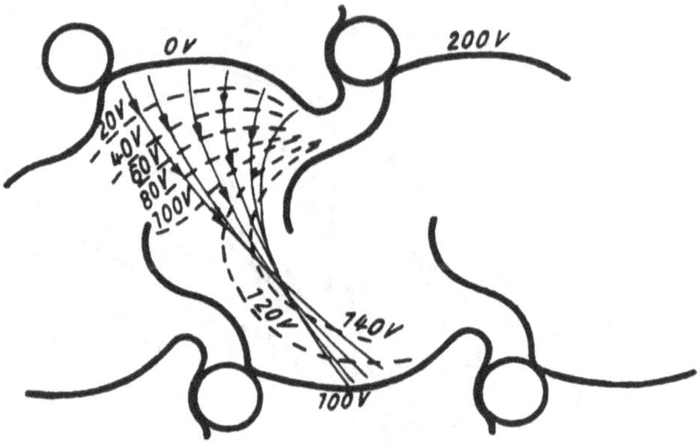

Abb. 45. Dynodenform zur Erzielung annähernd gleicher Laufzeit der Elektronen [24]

der Dynoden konzentrieren (Abb. 44). Nehmen wir an, daß das Primärelektron von der ersten Dynode bei der Koordinate $x_1 = 10$ startet, dann trifft es also auf die zweite Dynode bei der Koordinate $y_2 = 2{,}8$. Da das ganze System völlig symmetrisch ist, ergibt sich für die Koordinate des Auftreffpunktes auf der dritten Dynode unter Annahme eines Startpunktes von der zweiten Dynode $x_2 = 2{,}8$ ein $y_3 = 9{,}2$ usw. Man kann die Koordinaten aller Auftreffpunkte auf die weiteren Dynoden durch eine gebrochene Linie verbinden, welche im Punkt P endet. Mit anderen Worten, der Elektronenstrom wird sich auf einer Dynode niemals auf einen größeren Bereich, als er der Koordinate y_{max} entspricht, erstrecken, und dies unabhängig von den Koordinaten der Startpunkte der Primärelektronen. Wenn außerdem die Länge der Dynoden doppelt so groß ist wie ihre maximale Breite, so üben Randeffekte nur einen sehr kleinen Einfluß auf die Verteilung des elektrischen Feldes in der Symmetrieebene des Systems aus. Allerdings ist zu bedenken, daß bei sehr großen Stromdichten eine so starke Verbreiterung des Elektronenstrahls auftreten kann, daß doch ein Teil der Elektronen an den Dynoden vorbeifliegt. Dadurch nimmt der effektive Vervielfachungskoeffizient bei hohen Stromdichten ab, und das Proportionalitätsgesetz zwischen Ausgangsstrom und einfallendem Lichtstrom ist nicht mehr gültig. Diesen

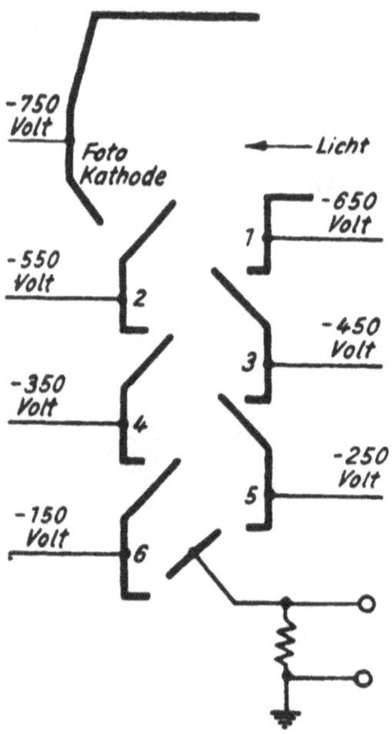

Abb. 46. SEV nach Winans und Pierce [20]

unerwünschten Effekt kann man vermeiden, wenn die Seiten der Dynoden nicht offen sind, sondern ebenfalls aus leitenden Flächen bestehen. Bei offenen Dynoden kann man, wie schon weiter oben beschrieben wurde, durch Montage auf zwei isolierende Platten, z. B. auf Glimmer, eine Konzentration der Elektronen erzielen. Experimentell wurde festgestellt, daß bei Anwendung einer der erwähnten Maßnahmen das Proportionalitätsgesetz bis zu Ausgangsstromdichten von 7—10 mA/cm^2 erfüllt ist. Bei Verwendung von Dynoden, die aus einer Kupfer–Beryllium-Legierung hergestellt waren, beobachtete SCHAETTI [42] bis zu Ausgangsströmen von 25 mA keine Abweichungen von der Linearität.

Eine von RAJCHMAN etwas abgeänderte Dynodenform (Abb. 45) gestattet, die Flugzeit der Elektronen von allen Punkten einer Dynode zur nächsten untereinander im wesentlichen gleich zu machen, wodurch sich die zeitliche Verschmierung des Ausgangsimpulses, der durch ein einzelnes primäres Fotoelektron ausgelöst wird, stark verringert [24], [159]. Von WINANS und PIERCE [20] wurden ähnliche Dynodenformen verwandt (Abb. 46).

KAPITEL 6

Die Konstruktion der Vervielfacher und ihre Eigenschaften

In den vorhergehenden Kapiteln haben wir eingehend die Konstruktionselemente der SEV: Fotokathoden, Dynoden und die zu ihrer Herstellung verwendeten Materialien, betrachtet. Die Güte und Wirkungsweise der SEV aber hängt offensichtlich nicht nur von der einwandfreien Herstellung der Konstruktionselemente, sondern in nicht geringerem Maße auch davon ab, inwieweit es gelingt, sie zu maximaler Wirksamkeit des SEV zu vereinen.

A. Die Fotokathode und das System Kathode–erste Dynode

In den ersten SEV-Konstruktionen wurden dicke, undurchsichtige Fotokathoden verwendet. Als Beispiele dafür können der SEV von Kubetzky (Abb. 28), die deutschen SEV vom Typ LS (Abb. 47), die amerikanischen der Firma RCA vom Typ 931–A (Abb. 48) und die ihm ähnlichen Typen (1 P21, 1 P28) dienen. Dabei haben besonders die amerikanischen Typen den großen Nachteil, daß infolge der Tatsache, daß die Fotokathode in einer gewissen Tiefe hinter der Glaswand des Kolbens liegt, der von einem diffusen Lichtstrom ausgenutzte Raumwinkel nur ca. $0{,}2 \cdot 2\,\pi$ beträgt. Nachdem es gelungen war, durchsichtige Fotokathoden mit zufriedenstellender Empfindlichkeit herzustellen, wurden auch die Vorteile ihrer Verwendung für SEV erkannt. Das führte schon sehr bald zur Herstellung von SEV mit durchsichtigen Fotokathoden beider Typen (Hartmann, 1943). Die Fotokathode nahm die ganze Fläche des oberen Teils des Glaskolbens bis zur Einschnürung ein. In den letzten Jahren führte die Anwendung der SEV in Szintillationszählern dazu, daß der größte Teil der serienmäßig hergestellten Typen durchsichtige Antimon–Cäsium-Kathoden hat, die auf eine flache oder linsenförmig gewölbte Glasfläche aufgebracht sind.

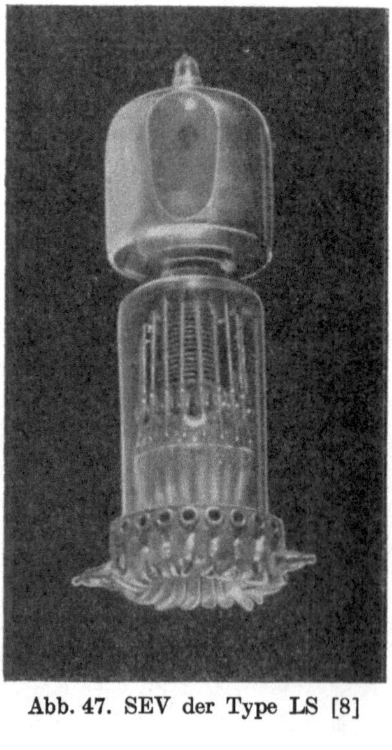

Abb. 47. SEV der Type LS [8]

Nur mit einer solchen Konstruktion kann man die im Phosphor unter der Einwirkung eines Elementarteilchens oder Quants entstehenden Szintillationen mit maximalem Nutzeffekt nachweisen.

Dieser Vorteil wiegt die etwas geringere Empfindlichkeit durchsichtiger Kathoden im Vergleich zu undurchsichtigen auf. Es gibt aber gewisse Einzelfälle, bei denen die größere Empfindlichkeit undurchsichtiger Kathoden eine wesentliche Rolle spielt.

Zur stabilen Wirkungsweise des SEV ist es wesentlich, daß sich in dem Raum zwischen Fotokathode und Dynodensystem keine Isolatoren befinden. In Abhängigkeit von ihrem Oberflächenzustand, d.h. also vom Sekundäremissionskoeffizienten und der Leitfähigkeit, nehmen die Isolatoren verschiedene Potentiale bezüglich der Kathode an und wirken auf diese Weise auf das die Fotoelektronen absaugende elektrische Feld ein. Der Effekt wirkt besonders störend, wenn sich die Aufladungen der Isolatoren in Abhängigkeit von der Intensität der Belichtung der Fotokathode ändern. Derartige Erscheinungen wurden erstmalig im Jahre 1935 von Penning und Moubis [160] untersucht. Daher müssen alle Oberflächen, die sich in dem genannten Raum befinden, eine Schicht genügender Leitfähigkeit besitzen, damit man ihnen ein definiertes Potential, z.B. durch ihre Verbindung mit einer der Elektroden des SEV, geben kann. Aber selbst heute noch wird dieser Notwendigkeit nicht immer genügende Aufmerksamkeit geschenkt. Der Isolator, um den es sich im wesentlichen handelt, ist der nicht von der Fotokathode bedeckte Teil der Glasoberfläche bei SEV mit Durchsichtkathode oder aber das Lichteintrittsfenster bei Auflichtkathoden. Abb.5b zeigt schematisch die Anordnung des Systems Kathode–Dynoden für den ersten Fall. Die Seitenwand des Zylinders muß auf jeden Fall mit einer dicken metallischen Schicht bedeckt werden, z.B. aus Aluminium oder Platin, die vor dem Zusammenbau des SEV aufgetragen und mit der Kathodenzuführung verbunden wird. Im Falle undurchsichtiger Kathoden, die auf Glas aufgebracht sind, wie z.B. beim SEV vom Typ LS ist es zweckmäßig, auf das Lichteintrittsfenster, falls es eine große Fläche einnimmt, eine durchsichtige Fotokathode des gleichen oder auch eines anderen Typs aufzubringen. Hartmann [57] stellte SEV her, bei denen auf die eine Hälfte der Oberfläche des kugelförmigen Kolbens (22 cm ∅) eine dicke Kathode vom Typ Silber–Sauerstoff–Cäsium und auf die andere Halbkugel eine durchsichtige Fotokathode vom Typ Antimon–Cäsium aufgetragen wurde. Eine solche Lösung ist sicher in vielen Fällen technologisch schwierig und unwirtschaftlich. Stets empfiehlt es sich, auf das Glas eine dünne Metallschicht, z.B. durch Verdampfung von Nickel oder Molybdän, aufzubringen. Diese Schicht steht in Kontakt mit der Unterlage der Fotokathode und hat somit auch ihr Potential. Manchmal wird auch im Innern vor dem Lichteintrittsfenster ein mit der Kathode verbundenes feines Netz angebracht (Abb.48), was aber bei Messung kollimierter Lichtstrahlen zu Meßfehlern infolge von Schattenbildung Anlaß geben kann.

Die Aufgabe des Systems Fotokathode–erste Dynode besteht darin, alle Fotoelektronen, an welcher Stelle der Fotokathode sie auch ausgelöst werden, auf die erste Dynode zu überführen. Der Überführungskoeffizient soll im Idealfall gleich 1 sein. Es ist verständlich, daß zwei Vervielfacher, die die gleiche Empfindlichkeit der Fotokathode und den gleichen Vervielfachungsfaktor haben, bei Belichtung mit der gleichen Intensität doch eine verschiedene Streuung der

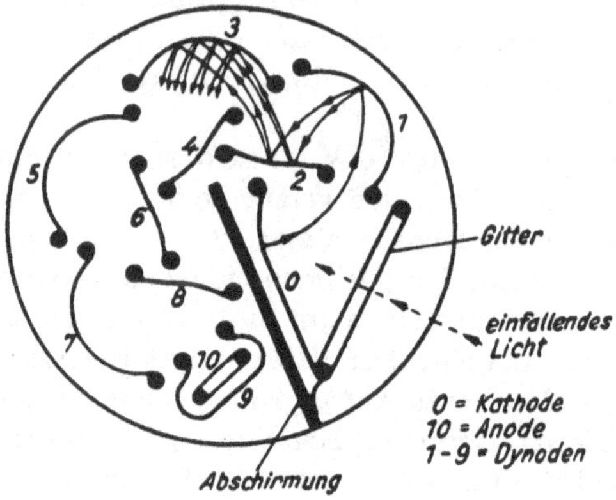

Abb. 48. Elektronenanordnung im SEV Typ RCA 931–A (schematisch)

Amplituden der Ausgangsimpulse zeigen werden, wenn der eine von ihnen einen großen Überführungskoeffizienten, der andere dagegen einen kleinen aufweist.

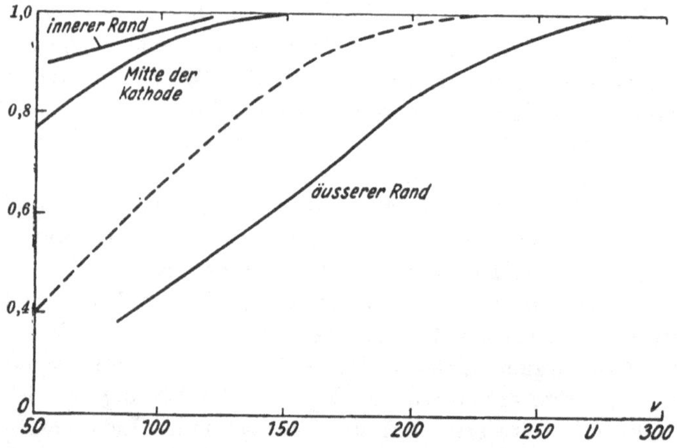

Abb. 49. Elektronensammlung im System Fotokathode–erste Dynode im SEV Typ RCA 931–A [24]

Das geht klar aus der Gleichung (37) hervor. Unter Z_0 müssen wir jetzt die Zahl der Fotoelektronen verstehen, die tatsächlich auf die erste Dynode auftreffen. Wie wir im Kapitel 2 sahen, ist die relative Streuung der Amplituden der Ausgangsimpulse umgekehrt proportional zu dieser Zahl.

In Systemen mit Dynoden, die als Netze oder Jalousien ausgeführt sind, stellt die Erzielung einer vollständigen Überführung der Elektronen keine besonderen

Schwierigkeiten dar. Im ersten Fall kann man der ersten Dynode z. B. eine fingerhutförmige Wölbung geben, die in den Kathodenraum hineinragt [57], [140]. Aber auch mit einer ebenen ersten Dynode, z. B. einer Jalousiedynode, erhält man

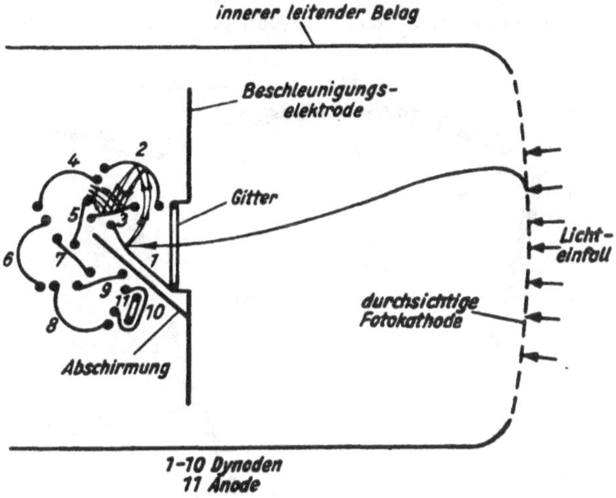

Abb. 50. SEV Typ RCA 5819 (schematisch)

gute Resultate [144], [141]. Morton [24] zeigte, daß für die amerikanischen SEV vom Typ RCA 931–A eine vollständige Überführung der Fotoelektronen von allen

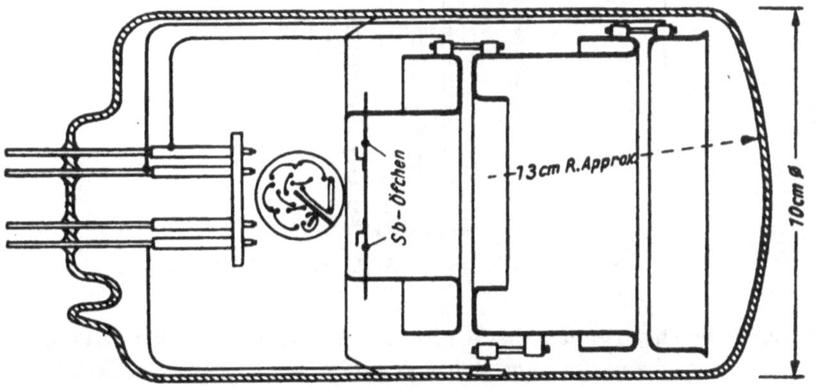

Abb. 51. SEV Typ RCA H–5037 (schematisch)

Stellen der Fotokathode erst bei einer Spannung von ca. 300 Volt zwischen Fotokathode und erster Dynode erreicht wird (Abb. 49).

Schwierigkeiten entstehen in Systemen besonders dann, wenn die Ausdehnung der Fotokathode wesentlich größer als die der ersten Dynode ist. Das ist z. B. bei den SEV-Typen RCA 5819 (Abb. 50), RCA H–5037 (Abb. 51), RCA H–6699 (Abb. 52) und DuMont 6292 (Abb. 40) der Fall.

Man muß auch auf die Möglichkeit hinweisen, daß die Fotoelektronen zwar die erste Dynode erreichen, aber nicht auf die Stellen maximaler Wirksamkeit im Sinne einer weiteren Verstärkung auftreffen. Besondere Aufmerksamkeit ist in allen Fällen auf eine saubere und stabile Montage des Dynodensystems bezüglich der Fotokathode innerhalb des SEV zu richten. Die Erfüllung dieser Aufgabe

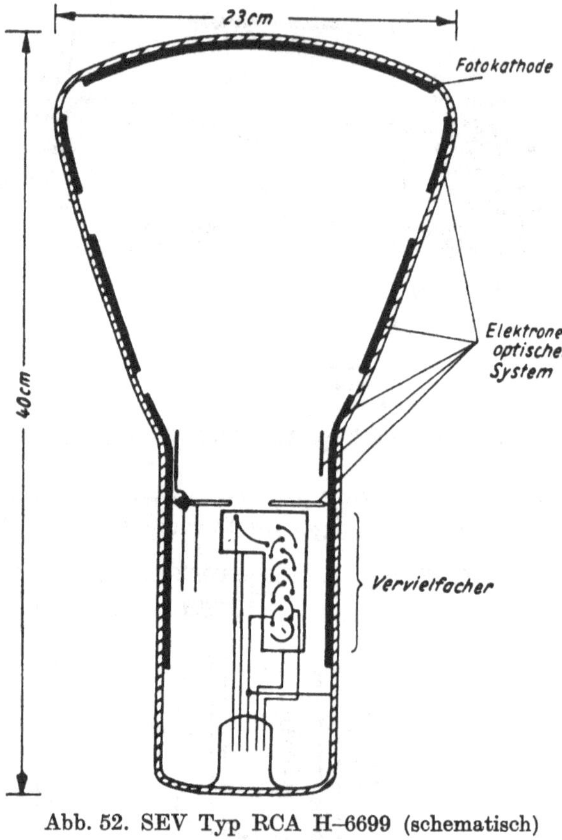

Abb. 52. SEV Typ RCA H–6699 (schematisch)

wird dadurch erschwert, daß die Kathode unmittelbar auf den Glaskolben aufgetragen wird, während die Dynoden als ein System auf einem Glasfuß montiert sind, der in den Glaskolben auf dem der Fotokathode gegenüberliegenden Ende eingeschmolzen wird.

Um den Überführungskoeffizienten zu messen, muß man zunächst die Verteilung der Empfindlichkeit auf der ganzen Fläche der Fotokathode kennen. In Kapitel 3 wurde schon darauf hingewiesen, und Erfahrungen bei der Herstellung von Fernsehaufnahmeröhren bestätigen dies, daß es durchaus möglich ist, eine hohe Gleichmäßigkeit der Empfindlichkeit über die Fotokathode zu erzielen. Wichtig ist dabei eine geschickte Anordnung der Verdampfungsquellen des Unterlagemetalls und des Antimons. Zur Messung werden die ersten zwei oder drei Dynoden miteinander und außerdem mit dem bei einigen SEV-Konstruktionen vor dem Dynodensystem befindlichen Abschirmblech verbunden und die Kathode von Punkt zu Punkt mit einem schmalen Lichtbündel abgetastet.

Das einfachste Verfahren zur Messung des Überführungskoeffizienten ist der oben beschriebenen Methodik analog. An Abschirmblech und erste Dynode (mit der ersten Dynode werden zweckmäßig noch einige weitere verbunden) werden die für normalen Betrieb des SEV notwendigen Spannungen gelegt. Das Verhältnis der Ströme bei der zweiten und ersten Messung ergibt unmittelbar den gewünschten Überführungskoeffizienten für jedes Flächenelement der Fotokathode.

Obgleich eine solche detaillierte Untersuchung bei der Entwicklung neuer Typen unbedingt erforderlich ist, wird man sie zu Reihenuntersuchungen wohl selten verwenden, da sie sehr viel Zeit in Anspruch nimmt.

Eine andere Methode zur Bestimmung des Überführungskoeffizienten ist unmittelbar mit der Bestimmung des Signal/Rausch-Verhältnisses verbunden. Man bestrahlt die Fotokathode mit einem schwachen Lichtstrom von z. B. $\Phi = 10^{-7}$ Lm. Der emittierte Fotostrom ist von der Größenordnung 10^{-11} A und somit wesentlich größer als der Thermoelektronenstrom der Fotokathode. Daher können wir Formel (32) für das Signal/Rausch-Verhältnis in der Form:

$$\eta = \sqrt{\frac{I_0}{2\,e \cdot \alpha^2 \cdot \Delta f}}$$

anwenden, wobei I_0 der Teil des von der Fotokathode emittierten Stromes ist, der tatsächlich auf die erste Dynode auftrifft. Bei einem Überführungskoeffizienten K kann man also schreiben

$$I_0 = K \cdot E_0 \cdot \Phi \qquad \text{und} \qquad K = \frac{2\,e\,\alpha^2 \cdot \Delta f \cdot \eta^2}{E_0 \cdot \Phi},$$

wenn die Empfindlichkeit der Fotokathode E_0 bekannt ist. Bei vorgegebenen Werten von Φ und Δf und bekanntem α^2 (für den vorliegenden SEV-Typ) erhalten wir aus der Messung von η die gesuchte Größe des Überführungskoeffizienten [161]. Abb. 53 zeigt die Ergebnisse solcher Messungen an einer großen Zahl von Vervielfachern des Typs RCA 5819. Die Tatsache, daß einige Meßpunkte oberhalb der Linie liegen, die eine 100prozentige Überführung bedeutet, gestattet, die Genauigkeit der Messungen abzuschätzen.

Außer von der Güte elektronenoptischer Abbildung ist der Überführungskoeffizient stark von äußeren magnetischen Feldern abhängig. Da das Potential der ersten Dynode bezüglich der Kathode nicht sehr hoch (von der Größenordnung 150—300 Volt) ist, werden die Elektronenbahnen schon im Magnetfeld der Erde (ca. 0,8 Oersted) zusätzlich gekrümmt, wenn der Abstand von der Kathode zur ersten Dynode nicht sehr klein ist. Daher muß man häufig eine magnetische Abschirmung anwenden. Weniger anfällig gegen magnetische Felder sind SEV vom Typ RCA H–5037 (Abb. 51). Eine nahezu 100prozentige Überführung der Elektronen von sehr großen Fotokathoden erreicht man durch Verwendung einer aus der Konstruktion von Bildwandlern bekannten Elektronenoptik. Dabei hat die

Potentialdifferenz zwischen Kathode und erster Dynode den Wert 1000 Volt. Gleichzeitig mit der Verbesserung des Überführungsfaktors, der 95—100% beträgt, kann unter Umständen dadurch auch eine Verbesserung der statistischen Eigenschaften des SEV infolge Vergrößerung des Sekundäremissionskoeffizienten der ersten Synode erreicht werden, denn letzterer beträgt bei 1000 Volt ca. $\delta = 10$.

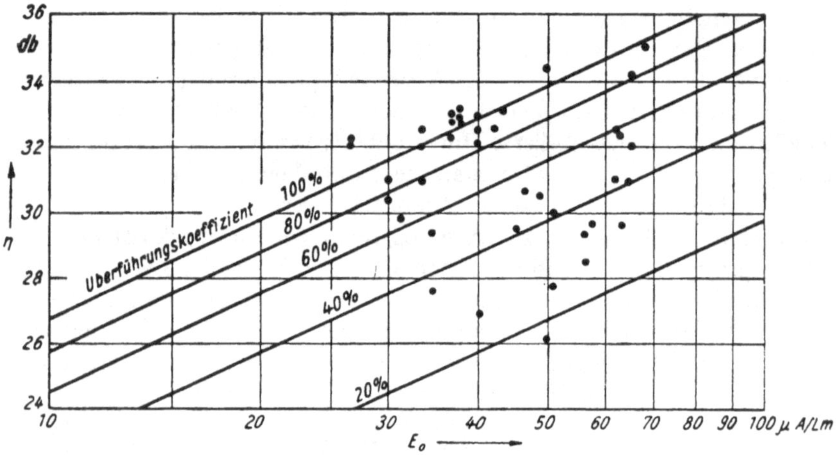

Abb. 53. Überführungskoeffizient für SEV Typ RCA 5819 [161]

Elektronenoptische Systeme sind auch bei anderen SEV mit sehr großen Fotokathoden verwendet worden, z. B. bei SEV, Typ RCA H-6699 (Abb. 52) und einem SEV des Instituts für technische Physik der ETH Zürich (Abb. 54) nach Baumgartner.

B. Das Dynodensystem

Nachdem eine bestimmte Dynodenkonstruktion ausgewählt wurde, muß die Zahl n der Dynoden und die zwischen ihnen anzulegende Potentialdifferenz u zur Erzielung der gewünschten Vervielfachung bestimmt werden. Wir wollen die maximal mögliche Vervielfachung bei vorgegebener Gesamtspannung U berechnen. U enthält nicht die Spannung zwischen der letzten Dynode und der Anode. Von der Größe dieser Spannung werden wir weiter unten sprechen. Ist $\delta = f(u)$ der Vervielfachungskoeffizient des Dynodenmaterials, so ergeben sich folgende Gleichungen:

$$n = \frac{U}{u} \qquad M = \delta^n = \delta^{\frac{U}{u}}.$$

Wie man leicht errechnet, erzielt man das Maximum der Vervielfachung bei Erfüllung der Beziehung:

$$\frac{du}{u} = \frac{1}{\ln \delta_{opt}} \cdot \frac{d\delta}{\delta_{opt}}.$$

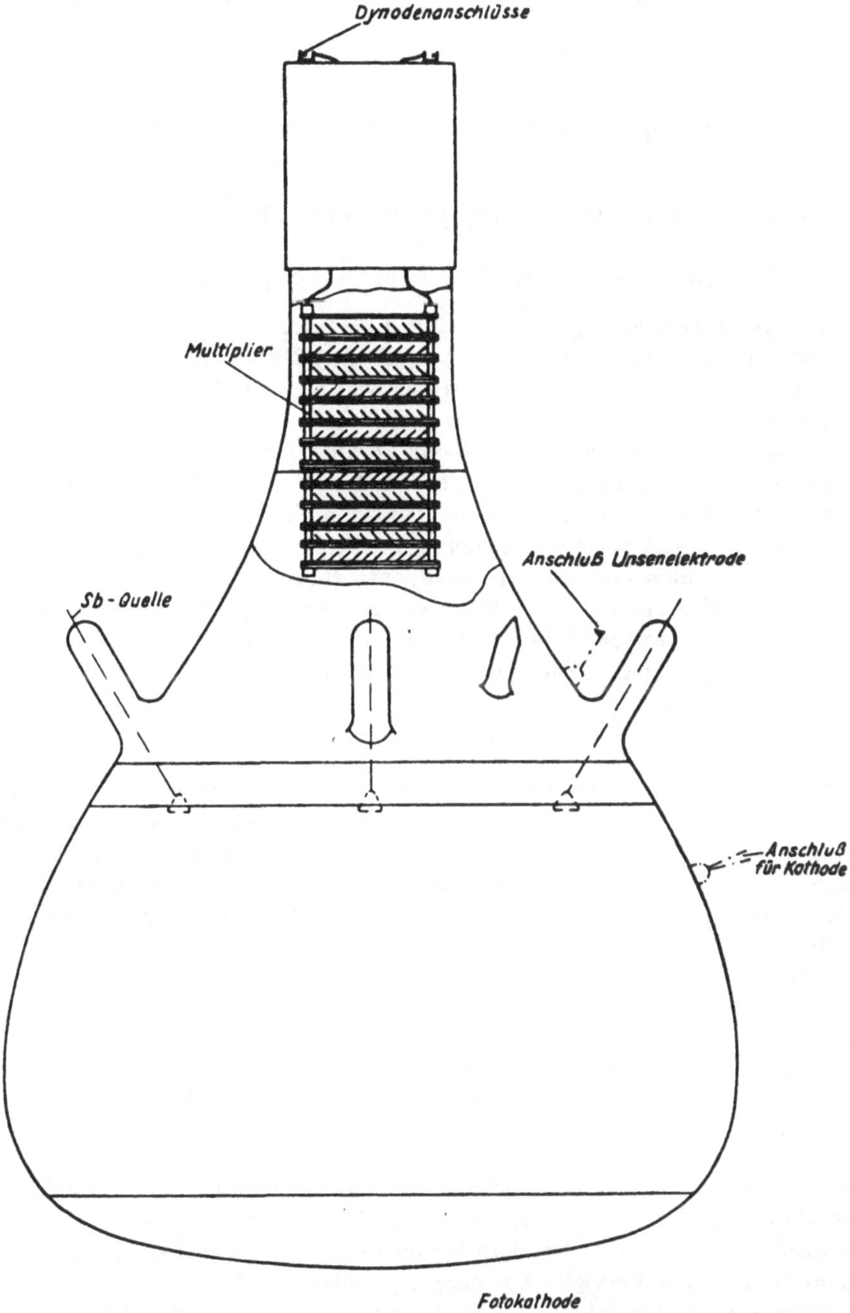

Abb. 54. SEV mit Fotokathode von 26 cm ⌀ nach BAUMGARTNER, ETH Zürich

In einem nicht zu großen Bereich für u, etwa bis zu 80 Volt, kann man mit ausreichender Genauigkeit für δ ansetzen:

$$\delta = \frac{u}{u_1},$$

wobei u_1 diejenige Spannung ist, bei der $\delta = 1$ wird. Wir erhalten dann:

$$\ln \delta_{opt} = 1 \qquad \delta_{opt} = e \approx 2{,}7\,.$$

Somit kommen wir zu dem Schluß, daß die optimalen Werte folgende sind:

$$\delta_{opt} = 2{,}7 \qquad u_{opt} = 2{,}7 \cdot u_1 \qquad n_{opt} = \frac{U}{2{,}7 \cdot u_1}\,.$$

Für das Dynodenmaterial [Ag]–Cs_2O, Ag, Cs–Cs ist $u_1 = 20$ Volt. Bei einer Gesamtspannung $U = 1000$ Volt versieht man also den SEV am zweckmäßigsten mit 18 Dynoden bei einer Stufenspannung von 55 Volt, dabei wird die Gesamtverstärkung etwa $M = 6 \cdot 10^7$. Offensichtlich gilt dieselbe Bedingung, nämlich $\delta = 2{,}7$, wenn wir eine bestimmte Gesamtvervielfachung mit der minimal möglichen Gesamtspannung erzielen wollen. In der Praxis stößt allerdings die Herstellung von SEV mit einer so großen Stufenzahl auf konstruktive Schwierigkeiten. Weiterhin ist es nicht zweckmäßig, derart kleine Stufenspannungen besonders bei den letzten Dynoden anzuwenden, weil sonst Raumladungserscheinungen wirksam werden und somit die Linearität zwischen Ausgangsstrom und einfallendem Lichtstrom nicht gewahrt bleibt. Außerdem wird eine um so bessere Stabilisierung der Spannung gefordert, je höher die Stufenzahl ist, denn es gilt:

$$\frac{dM}{M} = n \cdot \frac{d\delta}{\delta} = c \cdot n \cdot \frac{dU}{U} \qquad c \approx 0.7\,.$$

Daher wird meistens eine kleinere Stufenzahl, als der oben errechneten entspricht, gewählt. Der errechnete Wert ist nur als Grenzwert zu betrachten. Aus folgender Tabelle wird ersichtlich, daß bei einer Abweichung von der optimalen Stufenspannung die Dynodenzahl bei konstanter Gesamtvervielfachung wesentlich verringert werden kann, ohne daß dabei die geforderte Gesamtspannung stark erhöht werden muß:

Für $M = 10^6$ ergibt sich:

u	δ	n	U
55 V	2,7	14	775 V
80	3,9	10	800
100	4,9	9	900

Man kann natürlich bei jedem Vervielfacher den Gesamtvervielfachungsfaktor M durch Erhöhung der Gesamtspannung vergrößern; aber dabei wird M in keinem Falle größer als der Wert, den man für einen für die gegebene Gesamtspannung optimal bemessenen Vervielfacher erhalten würde.

Besondere Aufmerksamkeit ist auf die Ausbildung der Anode, die den Ausgangselektronenstrom aufnimmt, zu richten. Es ist wohl selbstverständlich, daß ihre

Konstruktion und Halterung so gestaltet sein müssen, daß nach der Formierung der Röhre eine hohe Isolation gewährleistet bleibt und ihre Kapazität gegenüber den umgebenden Elektroden möglichst klein ist; denn die Kapazität bestimmt gemeinsam mit dem Arbeitswiderstand die Frequenzcharakteristik des SEV. Unter Arbeitsbedingungen durchgeführte Messungen ergaben z. B. Werte von 6,5—8 pF für SEV vom Typ LS [56], 20—28 pF für SEV von Kubetzky [56] und 3,3 pF für SEV der DuMont Laboratories [44]. Eine weitere Anforderung an das Anodensystem besteht darin, daß große Ausgangsströme abgesaugt werden müssen. Bei einem $M = 10^8$ und der Dauer eines Ausgangsimpulses von der Größenordnung 10^{-9} sec erreicht der Ausgangsstrom einen Augenblickswert von ca. 16 mA pro Fotoelektron. Wünschenswert ist es aber, Ausgangsströme von einigen Hundert mA ohne Begrenzung durch Raumladungen entnehmen zu können. Auf diese Weise erhielte man an Arbeitswiderständen von 100 Ohm Ausgangsimpulse von der Größenordnung zehn Volt. Betrachten wir das Raumladungsgesetz von Child-Langmuir-Schottky:

$$j = \sqrt{\frac{2e}{9\pi m}} \cdot \frac{u^{3/2}}{d^2} = 2{,}34 \cdot 10^{-6} \cdot \frac{u^{3/2}}{d^2} \quad \text{A/cm}^2 .$$

Hierbei ist j die Dichte des Elektronenstroms, der zwischen zwei planparallelen Elektroden im Abstand d bei einer Potentialdifferenz u zwischen ihnen übergehen kann. Wenn wir für $d = 0{,}5$ cm und $u = 100$ Volt einsetzen (das sind Werte, die für die Mehrzahl der SEV charakteristisch sind), sehen wir, daß bei einer Stromdichte von mehr als 10 mA/cm² schon keine Sättigung mehr eintritt. Die angeführte Gleichung weist auf Wege zur Vermeidung der Raumladungsbegrenzung hin: die absaugende Spannung muß vergrößert werden. Dies gilt nicht nur für die Spannung zwischen Anode und letzter Dynode, sondern auch für die vorhergehenden Dynoden. Während üblicherweise die Stufenspannung zwischen den Dynoden 80—150 Volt beträgt, erhöht man sie für die letzten Stufen zweckmäßig auf 200 Volt und mehr. Weiterhin kann der Abstand zwischen Anode und letzter Dynode verringert werden. Diese Maßnahme trifft aber häufig auf gewisse Schwierigkeiten. Bei der Verwendung von Netz- oder Jalousiedynoden kann man den Abstand so weit verringern, wie es die Stabilität der Konstruktion zuläßt. Es muß auf jeden Fall die Möglichkeit eines Kurzschlusses zwischen den Dynoden bei einem Stoß vermieden werden. Schwieriger ist das Problem bei SEV, die schaufelförmige Dynoden verwenden, denn bei ihnen verändert Form und Anordnung der Anode das elektrische Feld im Bereich der letzten Dynode und kann auf diese Weise die Führung der Elektronen von Dynode zu Dynode verschlechtern. Deswegen erfordert jede konstruktive Änderung des Anodensystems eine sorgfältige Untersuchung. Abb. 55 zeigt zwei zweckmäßige Konstruktionen, die in Versuchsmodellen des Vervielfachers RCA 4646 verwendet wurden [162]. Bei dem unteren System werden die Elektronen von der 15. Dynode her auf die 16. Dynode beschleunigt, die sich innerhalb eines käfigartigen Zylinders, der als Anode dient, befindet. Die aus der 16. Dynode ausgelösten Sekundärelektronen werden von diesem Anodenkäfig aufgenommen. Diese 16. Dynode hat mehrere

Hohlkehlen, um die Elektronen von ihr unmittelbar auf die Drähte des Anodenkäfigs zu lenken und auf diese Weise Schwingungen der Elektronen um die Drähte herum zu vermeiden. In dem oberen System ist der wirksame Teil der 16. Dynode eben ausgebildet, vor ihr befindet sich ein feines Anodennetz. Um durch diese Formgebung das Feld zwischen 14. und 15. Dynode möglichst wenig zu verzerren, ist eine weitere Elektrode vorgesehen, die eine solche Form hat und an dem Ort angeordnet ist, wo die 16. Dynode sich befinden würde, wenn nicht die beschriebene besondere Anodenkonstruktion vorgesehen wäre. Auf diese zusätzliche Elektrode fallen keine Elektronen, und zwecks Vermeidung einer Vergrößerung der Kapazität ist sie auch nicht mit der 16. Dynode verbunden, sondern hat eine eigene Ausführung. Beide Systeme gestatten, bei einer Spannung von 200 Volt zwischen 15. und 16. sowie ebenfalls zwischen 16. Dynode und Anode Ausgangsströme von 200 mA ohne Begrenzung durch Raumladung zu entnehmen.

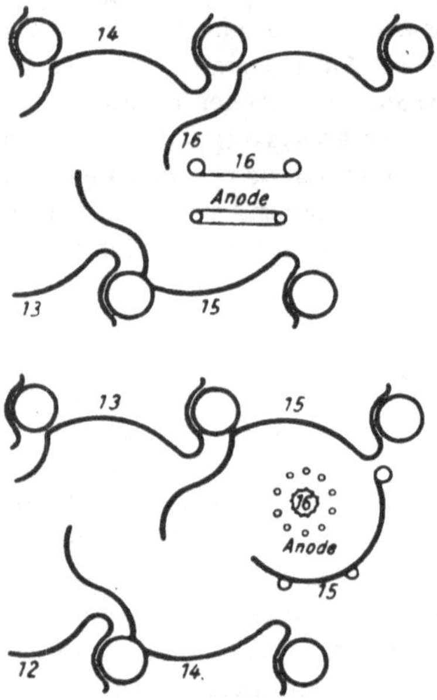

Abb. 55. Anodenkonstruktion des SEV Typ RCA 4646 [162]

In einem neueren SEV der Firma RCA Type 6810 können Ausgangsströme bis zu 1,2 Amp bei einer Gesamtspannung von 3800 Volt am 14stufigen SEV gemessen werden. Bis zu einem Wert von ca. 0,7 A ist die Linearität zwischen dem auf die Fotokathode auffallenden Lichtstrom und dem Ausgangsstrom gewährleistet. Will man derartige Ausgangsströme bei nicht zu hohen Spannungen zwischen den Dynoden erzielen, so empfiehlt es sich, schon bei den letzten Dynoden bessere Absaugeverhältnisse zu schaffen. Eine wirksame Verkleinerung des Abstandes kann bei schaufelförmigen Dynoden im allgemeinen nur unter gleichzeitiger Verkleinerung der Dynoden selbst und damit herabgesetzter Belastung durchgeführt werden. Um dies zu vermeiden, führt man besondere Absaugeelektroden ein, wie dies schon am SEV nach Timofejew (Abb. 32) erläutert wurde. In einem Versuchsmuster des Los Alamos Scientific Laboratory verwenden J. S. Allen und L. R. Megill [163] sehr durchlässige (90%) Molybdännetze in ca. 0,2 mm Abstand von der Dynodenoberfläche, die jeweils mit der nächsten Dynode verbunden sind. An einem 7stufigen SEV wurde ein maximaler Ausgangsstrom von 1,3 A gemessen (Abb. 56). Auch in dem SEV RCA — H 6687 (Abb. 57) finden besondere feldbildende Elektroden, die ein höheres Potential als die entsprechenden Dynoden erhalten, Anwendung.

Wenn der Arbeitswiderstand nicht sehr klein ist, schwankt das Anodenpotential in Abhängigkeit vom Anodenstrom und kann bei ungeeigneter Konstruktion

Einfluß auf die Elektronenbahnen innerhalb der nahe gelegenen letzten Dynoden gewinnen. Daher ist eine Konstruktion vorzuziehen, bei der die Anode durch die letzte Dynode von den übrigen Dynoden abgeschirmt ist, wie z. B. beim SEV

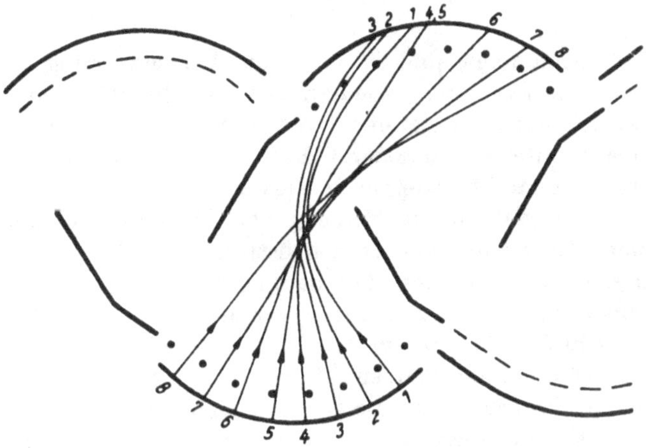

Abb. 56. Hilfselektroden im SEV zur Absaugung größerer Ströme [163]

RCA 931–A (Abb. 48), oder bei der die Anode von einem speziellen Schirmgitter, ähnlich der Konstruktion von Tetrodensystemen, umschlossen wird.

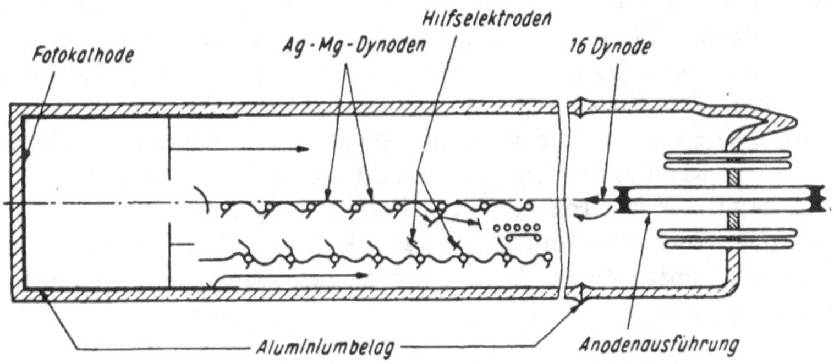

Abb. 57. Hilfselektroden im SEV RCA H–6687 [164]

Für manche Meßzwecke kann es vorteilhaft sein, ebenso wie für die Anode auch für die letzte Dynode eine gut isolierte und abgeschirmte Zuführung vorzusehen, denn das von der letzten Dynode abzunehmende Signal ist positiv. Üblicherweise sind nämlich alle Verstärker, Impulsanalysatoren usw. für den Eingang positiver Impulse eingerichtet. Die Amplitude des Signals von der letzten Dynode ist nur $\frac{\delta}{\delta-1}$ mal kleiner als das Anodensignal.

Unter dem Gesamtvervielfachungsfaktor M verstehen wir das Verhältnis des Ausgangsanodenstromes zum primären Fotoelektronenstrom bei konstanter Beleuchtung der Kathode:

$$M = \frac{I_a}{I_0}.$$

Aus dieser Definition folgt, daß M nicht die Vervielfachung des eigentlichen Dynodensystems charakterisiert, sondern vielmehr die effektive Vervielfachung des Gesamtvervielfachers. Letzterer Wert interessiert ja auch in der Praxis. Beide Größen sind unter sich nur dann gleich, wenn der Überführungsfaktor der Elektronen auf die erste Dynode gleich Eins ist.

Das elementare Verfahren zur Messung von M besteht in der Messung des Ausgangsstromes I_a und des Fotokathodenstromes I_0. I_a darf dabei nicht den Wert überschreiten, bei dem sich Raumladungserscheinungen oder eine schnelle Ermüdung bemerkbar machen. Nehmen wir an, daß $I_a = 1$ mA noch zulässig ist. Dem entspricht für $M = 10^6$ ein $I_0 = 10^{-9}$ A. Die Messung solcher und noch kleinerer Ströme ist nicht sehr bequem. Daher sind andere Verfahren vorzuziehen, z.B. das folgende: Zunächst wird die Gesamtspannung am Vervielfacher so weit erniedrigt, daß M nur etwa den Wert 10^3 hat. Bei der Erniedrigung der Spannung ist zu prüfen, ob dabei nicht die Absaugverhältnisse für die Fotoelektronen, d. h. also der Überführungskoeffizient, verändert werden. Sollte dies der Fall sein, so wird man bei der Messung von M die Spannung zwischen Fotokathode und erster Dynode unverändert lassen und nur die Spannungen an den nachfolgenden Dynoden reduzieren. Dann fließt bei einem Anodenstrom von $I_a' = 1$ mA ein Kathodenstrom von $I_0' = 10^{-6}$ A. Diesen kann man mit Hilfe einfacher Tischinstrumente leicht messen. Danach wird I_a' auf einen kleineren Wert von z.B. $10^{-2} \cdot I_a'$ verringert, was etwa durch Erniedrigung der Brennspannung der Lichtquelle oder Vergrößerung der Entfernung zwischen Lichtquelle und SEV geschehen kann. Wenn man sich davon überzeugt hat, daß der vorliegende Typ in dem benutzten Bereich linear vervielfacht, kann man annehmen, daß der Fotostrom auf den Wert $10^{-2} \cdot I_0'$ verringert wurde. Nunmehr wird die volle Gesamtspannung an den SEV gelegt. Nach Messung des Ausgangsstromes I_a unter diesen Bedingungen ergibt sich die Vervielfachung nach der Formel:

$$M = \frac{I_a}{10^{-2} \cdot I_0'}.$$

Hartmann verwandte eine andere, sehr bequeme und schnelle Methode zur Messung von Kathodenempfindlichkeit und Vervielfachung einer sehr großen Zahl täglich gefertigter Vervielfacher vom Typ LS: Auf die Fotokathode wird eine Blende der Größe F aufgesetzt, so daß das durch sie fallende Licht das Lichteintrittsfenster möglichst vollständig ausfüllt. Die Blende hat die in Abb. 58 gezeigte Form. Zur Messung der Fotoempfindlichkeit E_0 wird eine geeichte Glühlampe eingeschaltet, und eine Spannung von 200 Volt zwischen erste Dynode und Fotokathode angelegt. Das den von der Kathode abfließenden Fotostrom messende

Gerät (Tischinstrument mit Lichtzeiger) ist in μA/Lm geeicht. Es erfolgt nun die Messung des Vervielfachungskoeffizienten M. Zur Schwächung des Lichtstromes wird eine rotierende Scheibe mit einer Reihe kleiner Öffnungen in den Strahlengang gestellt. Sie ähnelt einer Nipkow-Scheibe. Die 60 Öffnungen in der Scheibe sind so angeordnet, daß auf die Kathode stets Licht nur durch eine der

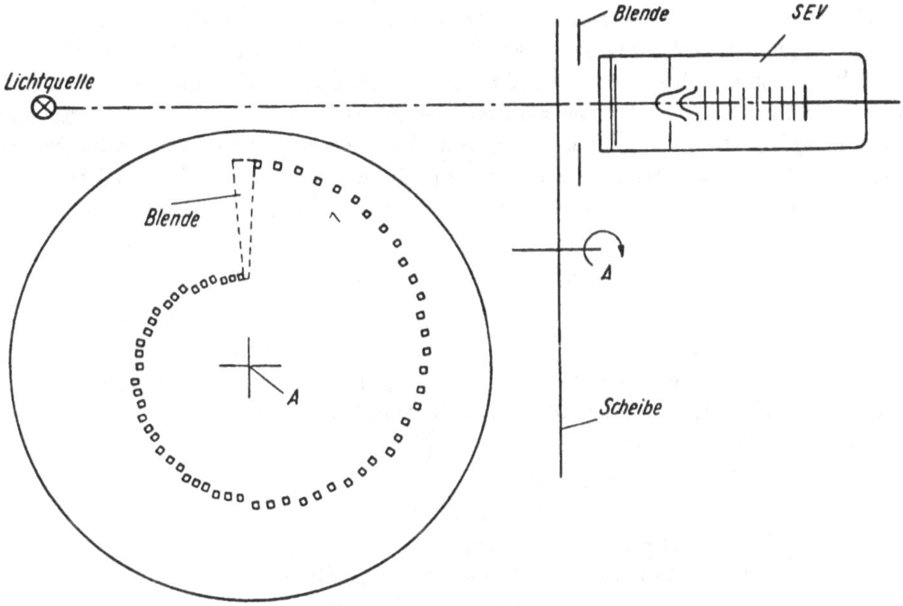

Abb. 58. Zum Meßverfahren der Kenndaten von SEV

Öffnungen fällt (Abb. 58). Mit einer solchen Scheibe wird im zeitlichen Mittel die gesamte Fläche der Kathode ausgeleuchtet. Ungleichmäßigkeiten der Fotoempfindlichkeit auf der Fotokathode führen somit nicht zu Meßfehlern, wie das bei Verwendung einer kleinen unbeweglichen Blende vor der Fotokathode der Fall wäre. Nach der Messung von E_0 wird die Scheibe mit Hilfe eines Hebels in die notwendige Lage gebracht, und ein kleiner Motor beginnt, die Scheibe mit einer Umdrehungszahl von 1000/min zu drehen. An den Vervielfacher wird die volle Gesamtspannung angelegt und der Ausgangsstrom I_a nach Abzug des Dunkelstroms notiert. Wenn $p = f/F$ die Lichtschwächung durch die Lochblende ist (f = Fläche einer kleinen Öffnung), Φ_0 und Φ die Lichtströme in Lumen bei der Messung von E_0 bzw. M, so gilt:

$$M = \frac{I_a}{I_0} = \frac{I_a}{\Phi \cdot E_0} = \frac{I_a}{p \cdot \Phi_0 \cdot E_0} \, .$$

Da p und Φ_0 bekannte und konstante Größen sind, kann man M aus den gemessenen Werten für E_0 und I_a, z.B. mit Hilfe eines Nomogramms, bestimmen.

Die auf die beschriebene Weise durchgeführte Messung der Fotoempfindlichkeit der Kathode, des Ausgangsdunkelstromes und des Gesamtvervielfachungsfaktors nimmt nicht mehr als zwei Minuten in Anspruch.

Zum Schluß stellen wir noch die Frage, welche Effekte eigentlich die Größe von M begrenzen. Es sind dies Prozesse, die sich in der Gegend der letzten Dynoden und der Anode abspielen und von denen weiter unten noch ausführlicher die Rede sein wird. Hier weisen wir nur auf einen Prozeß als Beispiel hin:

Viele Dynodenmaterialien zeigen eine schwache Fluoreszenz. Wenn also die optische Rückkopplung von der Anode zur Kathode oder zu einer der ersten Dynoden, falls letztere lichtempfindlich sind, genügend groß ist, daß die durch einen Ausgangsimpuls, der aus einem einzelnen Fotoelektron entstanden ist, hervorgerufene Fluoreszenz ihrerseits wieder die Emission eines Fotoelektrons hervorruft, so ist die Grenze der möglichen Vervielfachung erreicht.

C. Der Dunkelstrom

Bei der Verwendung fotoelektrischer Vervielfacher zur Messung schwacher Lichtströme spielt der Ausgangsstrom des SEV, der in Abwesenheit einer Belichtung der Fotokathode beobachtet wird, der sogenannte Dunkelstrom, eine wesentliche Rolle. Er setzt sich aus mehreren Komponenten zusammen, von denen die wichtigsten folgende sind:

Isolationsströme,
Ströme kalter Elektronenemission (sogenannte Feldemission),
Ionisierung des Restgases,
Fotoströme von der Kathode und den Dynoden infolge von Streulicht,
Thermoelektronenemission der Dynoden und
Thermoelektronenemission der Fotokathode.

Die ersten vier dieser Komponenten kann man prinzipiell durch entsprechende Konstruktion und Herstellung vermeiden, obgleich dies nicht immer eine leichte technische Aufgabe ist. Daher bestimmt letzthin die thermische Elektronenemission der Elektroden die Grenzempfindlichkeit des SEV (siehe Kapitel 2).

Im folgenden werden wir die angeführten Ursachen für den Dunkelstrom besprechen.

Der Isolationsstrom ist ursächlich mit der Verwendung eines Alkalimetalls, in der Hauptsache also Cäsiums, in der Röhre verbunden. Cäsium kondensiert auf der gesamten inneren Oberfläche des Glasgefäßes und kann bei genügender Dicke leitende Brücken zwischen den Halterungen der einzelnen Elektroden bilden.

Dazu kann noch der Einfluß einer Feuchtigkeitsschicht auf der äußeren Oberfläche des Kolbens und auf dem Sockel hinzukommen. Die Störungen durch diese Ursache kann man vermeiden, wenn alle Zuführungen, z. B. mit Ceresinwachs, bedeckt werden. Normalerweise jedoch überwiegt die innere Oberflächenleitfähigkeit. Der Isolationswiderstand ist von der Größenordnung 10^{10}—10^{12} Ohm. Im allgemeinen ist es wünschenswert, für die Anode eine gesonderte Ausführung vorzusehen. Diese soll so ausgebildet sein, daß der Leitungsweg auf dem Glas möglichst lang ist. Bei Gleichstrommessungen am Ausgang des SEV erschwert eine langsame Änderung des Isolationsstromes (d.h. also ein langsames Wandern des Nullpunktes) die Messung sehr. Der Einfluß solcher Schwankungen ist bei der Messung des Ausgangswechselstromes, z.B. bei moduliertem Licht, nicht so wesentlich. Allerdings ist die Möglichkeit nicht ausgeschlossen, daß sehr schwache Fünkchen, die beim Durchgang des Stromes durch die oben erwähnten Leitungsbrücken entstehen, eine zusätzliche Fotoemission der Kathode und somit einen vergrößerten Dunkelstrom hervorrufen.

Die kalte Elektronenemission erfolgt unter dem Einfluß sehr starker elektrischer Felder in Abhängigkeit von der Austrittsarbeit des Materials. In SEV haben alle Oberflächen infolge ihrer Bedeckung mit Alkaliatomen eine verringerte Austrittsarbeit. Am ungünstigsten wirkt sich eine kalte Elektronenemission offensichtlich an der Fotokathode und den ersten Dynoden aus, weil die dort emittierten Elektronen noch an einer sehr großen Zahl von Dynoden vervielfacht werden. Um diesen Effekt zu vermeiden, muß man darauf achten, daß die Abstände zwischen den Elektroden nicht zu klein sind. Alle Oberflächen sollen möglichst poliert und frei von Spitzen sein, in deren Umgebung sich große elektrische Feldstärken bilden können, ebenso sollen alle Kanten verrundet werden. Bei Beachtung dieser Maßnahmen ist es möglich, die kalte Elektronenemission weitgehend auszuschalten.

Die Ionisation des Restgases im SEV macht sich erst bei hohen Vervielfachungen bemerkbar. Offensichtlich ist in diesem Fall schon eine schwache Rückkopplung zwischen Kathode und Anode ausreichend, um eine selbständige Entladung aufrechtzuerhalten. Dazu muß jedes in der Gegend der Anode gebildete positive Ion nach Beschleunigung durch die gesamte am SEV liegende Spannung beim Auftreffen auf die Kathode soviel Elektronen auslösen, wie notwendig sind, um nach Vervielfachung in der Nähe der Anode wieder ein Ion zu bilden. Der gleiche Effekt tritt natürlich ein, wenn das Ion auf eine der ersten Dynoden auftrifft. Unter diesen Bedingungen wird der Ausgangsstrom des SEV unstabil, auf dem Oszillographen kann man eine Reihe großer Impulse beobachten. Die Gesamtspannung am Vervielfacher muß dann so weit erniedrigt werden, bis eine Ionenrückkopplung mit Sicherheit vermieden wird. Vorzuziehen jedoch ist eine solche Konstruktion, bei der dieser Effekt überhaupt ausgeschlossen wird. Zur Erreichung dieses Zieles stehen im wesentlichen zwei Möglichkeiten zur Verfügung. Bei der Herstellung des SEV ist auf gute Entgasung aller Elektroden und des Glaskolbens zu achten, und zur Aufrechterhaltung eines hohen Vakuums auch nach dem Abziehen des SEV von der Vakuumpumpe ist ein Getter zu verwenden. Außerdem ist dafür Sorge zu tragen, daß die gebildeten Ionen möglichst in der Nähe ihres Entstehungsortes auf eine Elektrode auftreffen und somit nicht zur Fotokathode gelangen können. Um dies zu erreichen, wurde der in Kapitel 5 erwähnte Dynodentyp D (Abb.41) von Rajchman erdacht. In den älteren amerikanischen Vervielfachern vom Typ RCA 931-A u. ä. liegt die Anode infolge des kreisförmigen Aufbaus unmittelbar neben der Kathode. Zur Vermeidung der Ionenrückkopplung ist zwischen beide eine Glaswand eingefügt (Abb. 48).

Auch der bei Zimmertemperatur vorhandene Dampfdruck von Cäsium kann Anlaß zur Ionenbildung geben. Diese Komponente des Dunkelstromes verschwindet meistens bei schwacher Kühlung des SEV.

Es ist notwendig, noch auf die durch Ionenrückkopplung gebildeten „Nachimpulse" einzugehen. Die Zahl und der Charakter der „Nachimpulse", ebenso wie ihre zeitliche Verteilung sind in den verschiedenen Typen von Vervielfachern ganz unterschiedlich. Ihre Zahl hängt außerdem von der Spannung am Vervielfacher und seinem Vervielfachungskoeffizienten ab [165 bis 169]. Abb. 59 zeigt Oszillogramme der Primärimpulse mit den ihnen folgenden „Nachimpulsen". Die Oszillogramme *a* und *b* beziehen sich auf Dunkelimpulse, *c* und *d* auf Impulse von Szintillationen in Terphenyl. Die Zeitdauer der ersten Oszillogramme beträgt 8 μsec, die der beiden letzten 40 μsec. Abb. 60 zeigt die zeitliche Verteilung der Nachimpulse, d. h. die Zeit zwischen Primärimpuls und „Nachimpuls". Wie man sieht, treten die Nachimpulse beim Vervielfacher RCA — 1 P 21 ca. 0,5 μsec, beim Vervielfacher RCA 5819 1—2 μsec nach dem Primärimpuls auf. Bei bekannter Geometrie der Elektroden, der Spannungen zwischen ihnen und bekanntem Ionisationspotential des Restgases kann man die Zeit berechnen, die ein in der Gegend der Anode gebildetes Ion braucht, um zur Fotokathode zu gelangen. Die Rechnung ergibt für den Vervielfacher 1 P 21 0,5 μsec und für den Vervielfacher 5819 2 μsec. Die Übereinstimmung dieser Werte mit der Lage der Maxima der Kurven auf Abb. 60 zwingt zu der Annahme, daß tatsächlich die

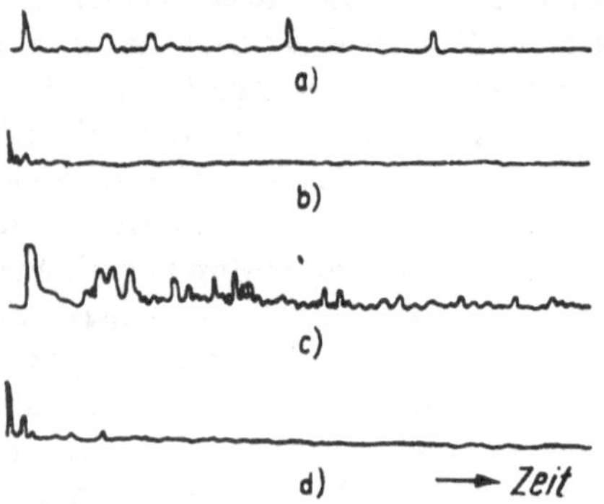

Abb. 59. Nachimpulse im SEV Typ RCA 5819 [166]

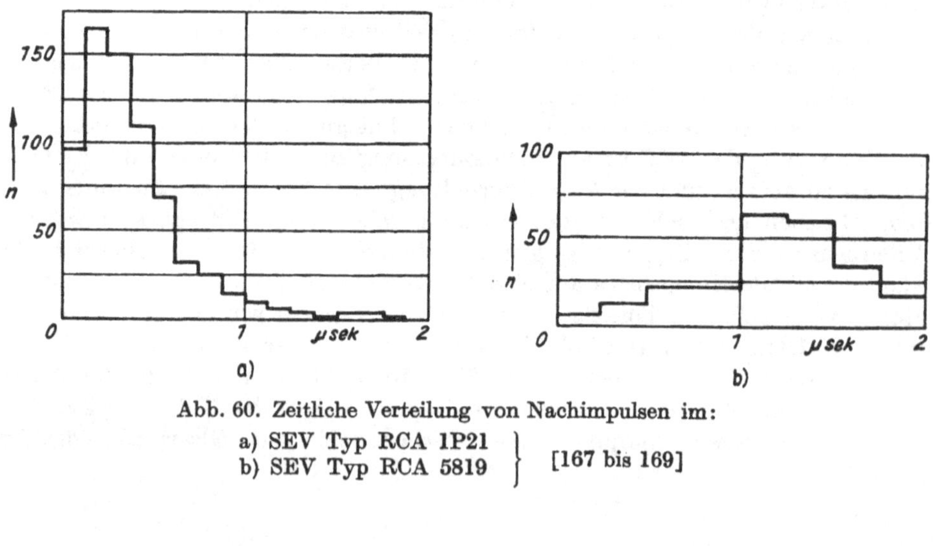

Abb. 60. Zeitliche Verteilung von Nachimpulsen im:

a) SEV Typ RCA 1P21
b) SEV Typ RCA 5819 } [167 bis 169]

Nachimpulse auf die beschriebene Weise entstehen. Eine andere Möglichkeit der Entstehung von Nachimpulsen ist unter Umständen in dem Auftreten weicher Röntgenstrahlen und der Bildung negativer Ionen zu suchen.

Mit Zunahme der Spannung am SEV nimmt die Zahl der Nachimpulse zu. Eine Kühlung des Vervielfachers bis zur Temperatur des flüssigen Wasserstoffs führt zu keiner wesentlichen Änderung der Verhältnisse.

Jede parasitäre Beleuchtung der Kathode und der Dynoden, falls letztere auch lichtempfindlich sind, führt ebenfalls zur Erhöhung des Dunkelstroms und des Rauschpegels. Dabei setzen wir natürlich eine genügend gute äußere optische Abschirmung des SEV voraus. Es wurde festgestellt, daß bei großen Stromdichten einige Dynodenmaterialien fluoreszieren; das Fluoreszenzlicht wirkt auf die Fotokathode ein und löst zusätzliche Elektronen aus. Außer Restgasionen entstehen ebenso angeregte Restgasmoleküle und Atome, deren Ausstrahlung ebenfalls zu einer zusätzlichen Fotoemission der Kathode führt.

Elektronen, die infolge schlechter Fokussierung das Dynodensystem in den Zwischenräumen zwischen den einzelnen Dynoden verlassen, können auf die Innenseite des Glaskolbens auftreffen und zu verschiedenen Störungen Anlaß geben. Das Glas kann fluoreszieren und auf die oben beschriebene Weise einen zusätzlichen Fotostrom von der Kathode hervorrufen; auf dem Glase bilden sich Ladungsinseln, deren Größe sich mit der Zeit und in Abhängigkeit von der Vorgeschichte des SEV ändert. Die Änderung der Ladungen kann im Anodenkreis des SEV Störsignale induzieren. Weiterhin kann das elektrische Feld solcher Ladungen in den Raum zwischen den Dynoden eingreifen und somit durch Beeinflussung der elektrischen Felder zwischen ihnen den Vervielfachungsfaktor zeitlich verändern. Daher ist das Dynodensystem als geschlossenes Ganzes zu bauen, soweit dies mit der Technologie der Herstellung, Formierung und anderen Forderungen vereinbar ist. Zur Sicherheit umgibt man das Dynodensystem zweckmäßig mit einem metallischen Abschirmzylinder, der entweder aus metallischem Netz hergestellt oder unmittelbar auf der Innenseite des Glaskolbens aufgetragen sein kann, und verbindet ihn mit der Kathode oder der ersten Dynode.

In hochwertigen Vervielfachern, die von den beschriebenen Ursachen eines zusätzlichen Dunkelstromes frei sind, ist die wesentliche Quelle des Dunkelstromes die thermoelektrische Emission der Fotokathode und eventuell der Dynoden. In Kapitel 4 besprachen wir Materialien mit hohen Sekundäremissionskoeffizienten vom Typ Kupfer–Beryllium, Silber–Magnesium u. ä., deren thermische Elektronenemission sehr klein ist. Sie beträgt bei Zimmertemperatur nur wenige Elektronen pro cm² und Minute. Da solche Dynoden heute eine weite Anwendung finden, können wir uns auf die Besprechung der thermischen Emission der Fotokathode beschränken. Die Werte für verschiedene Kathoden sind schon in Kapitel 3 mitgeteilt worden. Bei der Herstellung der SEV sollte man zur Verringerung der Thermoemission nur solche Fotokathoden verwenden, deren spektrale Empfindichkeitskurve sich nicht weiter zu langen Lichtwellenlängen erstreckt, als unbedingt notwendig ist. Allerdings besteht noch keine große Auswahl von Fotokathoden, so daß also eine völlige Realisierung dieser Forderung zur Zeit noch unmöglich ist. Eine Verringerung der Thermoemission der Kathode erreicht man natürlich durch Verkleinerung der Kathodenfläche. Bei Verwendung des SEV im Szintillationszähler benötigt man allerdings eine große Fotokathode zur guten Ausnützung des im Phosphor entstehenden diffusen Lichtes. Es wurden Vervielfacher mit Fotokathodendurchmessern bis zu 50 cm für diese speziellen Zwecke entwickelt [119].

In anderen Fällen, z. B. bei fotometrischen Aufgaben, braucht aber die benötigte Kathodenfläche oft nicht größer als einige Zehntel Quadratmillimeter zu sein; wenn dabei ein SEV üblicher Bauart verwendet wird, emittiert die Fotokathode thermische Elektronen von ihrer ganzen Fläche, die um mehrere Größenordnungen größer ist als der genutzte Teil der Kathode. Das führt offensichtlich zu einer wesentlichen Verschlechterung des Signal/Rausch-Verhältnisses. Zur Abstellung dieses Nachteils moderner SEV für die Messung schwacher Lichtströme von sehr kleinem Querschnitt wurde von Hartmann (1944) [170] folgende Konstruktion vorgeschlagen: Da die benötigten Abmessungen der Fotokathode sich in Abhängigkeit von der jeweils vorliegenden Meßaufgabe ändern und weiterhin bekannt ist, daß die Herstellung einer kleinen Fotokathode von der Größe von z. B. 1 mm² mit maximaler Fotoempfindlichkeit mit sehr großen Schwierigkeiten verknüpft ist, wird, wie üblich, der SEV mit einer großen Fotokathode, die auf bekannte Weise leicht auf hohe Fotoempfindlichkeit zu formieren ist, versehen (Abb. 61).

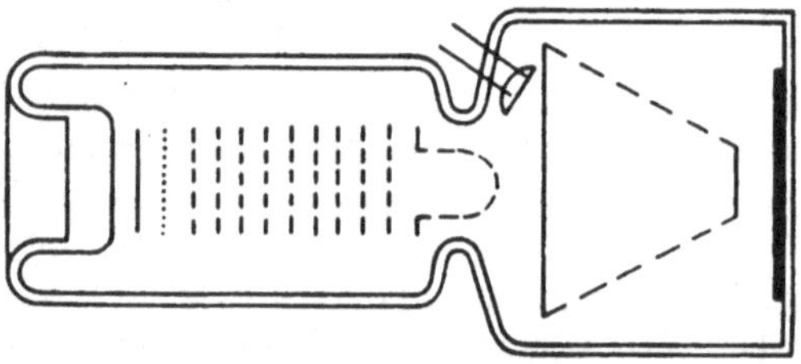

Abb. 61. SEV mit elektrisch steuerbarer Größe des emittierenden Teils der Fotokathode

Vor der Fotokathode befindet sich eine mit einem kreisförmigen Loch von z. B. 15 mm ∅ versehene Elektrode. Durch Änderung des Potentials dieser Elektrode gegenüber der Kathode ist es möglich, den in den Dynodenteil hinein emittierenden Bereich der Kathode zu regeln. Somit kann dieser Bereich der Kathode jeweils den Bedingungen der vorliegenden Aufgabe angepaßt werden. Auch Thermoelektronen treten nur von dem tatsächlich für die Fotoemission benötigten Teil der Kathode in das Dynodensystem ein.

Görlich [180] schlug vor, durch ein passend gewähltes Gegenfeld mit Hilfe einer oder mehrerer Zusatzelektroden lediglich die schnellen Fotoelektronen dem Vervielfachungssystem zuzuführen, hingegen die langsameren thermischen Elektronen von der Vervielfachung auszuschließen.

Ein sehr wirksames Mittel zur Verringerung des Thermoelektronenstromes ist, wie schon mehrfach betont, eine Herabsetzung der Temperatur der Fotokathode. Allerdings ist dies Verfahren nicht immer sehr einfach zu realisieren. Der Thermoelektronenstrom der Kathode ändert sich in Abhängigkeit von der Temperatur nach einem Exponentialgesetz (Gesetz von RICHARDSON.) Bei Kühlung mit Trockeneis (—75° C) emittiert eine Antimon–Cäsium-Fotokathode ungefähr 100mal weniger und bei Kühlung mit flüssiger Luft (—180° C) ungefähr 10^4mal weniger Elektronen als bei Zimmertemperatur. In der Nähe der Zimmertemperatur ändert sich die Thermoelektronenemission bei einer Änderung der Temperatur um 10° etwa um den Faktor 2. Abb. 62 zeigte die Abhängigkeit für zwei SEV [171]. Der SEV, der bei Zimmertemperatur etwa 500 Dunkelimpulse pro Sekunde gibt, zeigt weniger als fünf Impulse pro Sekunde bei der Temperatur von Trockeneis. Praktische Anordnungen zur Kühlung von SEV werden in den Arbeiten [21], [56], [172], [173] beschrieben. Bei diesen Konstruktionen besteht die wesentliche Schwierigkeit darin, ein Beschlagen des Lichteintrittsfensters zu verhindern und eine genügende Isolation zwischen den Ausführungen der einzelnen Elektroden zu gewährleisten. Da die Lösung dieser Aufgaben in starkem Maße von dem speziellen Typ des SEV und von den übrigen Versuchsbedingungen abhängt, gehen wir auf Einzelheiten nicht weiter ein.

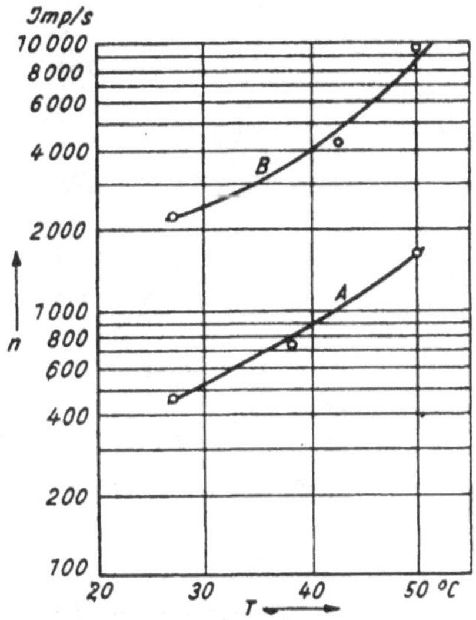

Abb. 62. Zahl der Dunkelimpulse in Abhängigkeit von der Temperatur [171]

Besonders zu erwähnen ist ein SEV Typ M12 nach GÖRLICH und SCHMIDT [173], bei dem die Fotokathode auf die Innenseite eines als Dewargefäß ausgebildeten Spezialkolbens aufgebracht wird. Mit einer solchen Konstruktion läßt sich eine wirksame Herabsetzung der thermischen Emission der Fotokathode ohne andere experimentelle Schwierigkeiten erreichen.

Für die praktische Anwendung von Vervielfachern ist es wichtig, den Einfluß eines äußeren elektrostatischen Abschirmzylinders auf die Größe des Dunkelstromes zu kennen. Dieser Effekt wird natürlich überhaupt nicht auftreten, wenn das Lichteintrittsfenster mit einer dünnen leitenden Schicht bedeckt ist, wenn eine durchsichtige Fotokathode verwendet wird, oder aber wenn das zur Herstellung des Glaskolbens verwendete Glas einen sehr hohen spezifischen Widerstand hat. Mit Vervielfachern RCA — 931 A beobachtete TAYLOR [174] die in Abb. 63 dargestellte Abhängigkeit des Dunkelstromes von dem Potential des Abschirmzylinders bezüglich der Kathode. Es muß ausdrücklich betont werden, daß der metallische Abschirmzylinder den Glaskolben des SEV berührte. Zur Erklärung der beobachteten Abhängigkeit führt TAYLOR folgendes aus: Im Gebiet *B* wird der tatsächliche Thermoelektronenstrom der Fotokathode und der Dynoden gemessen. Im Gebiet *C* rufen die auf die Innenseite des Lichteintrittfensters auftreffenden Elektronen Glasfluoreszenz hervor, die ihrerseits einen zusätzlichen Fotostrom der Kathode bewirkt. Im Gebiet *A* hingegen wird die Thermoelektronenemission der dünnen Schicht gemessen, die sich während der Formierung auf der Innenseite des Lichteintrittsfensters niedergeschlagen hat. Diese thermischen Elektronen werden zur Fotokathode beschleunigt, lösen an ihr Sekundär-

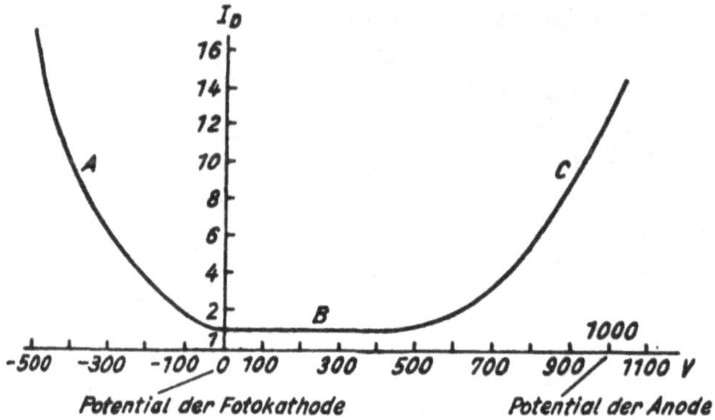

Abb. 63. Abhängigkeit des Dunkelstromes vom Potential des Abschirmzylinders [174]

elektronen aus, die dann weiterhin im Dynodensystem vervielfacht werden und die beobachtete Erhöhung des Ausgangsdunkelstromes bewirken. Aus diesen Beobachtungen ziehen wir folgenden Schluß: Da es für die praktische Arbeit wünschenswert ist, den Abschirmzylinder zu erden, d. h. auf das Potential der Anode zu bringen, muß man sorgfältig darauf achten, daß er nirgends den Glaskolben des SEV berührt. Eine ähnliche Abhängigkeit wurde auch von Morton und Mitchell [171] beobachtet.

An dieser Stelle muß auf einige Untersuchungen der letzten Zeit hingewiesen werden. Schon seit langem ist die Tatsache bekannt, daß die Thermoelektronenemission von Antimon–Cäsium-Kathoden von der Vorgeschichte der SEV abhängt, d. h. also von der Beleuchtungsintensität der Fotokathode, die der Messung des Thermoelektronenstromes vorangeht. Es zeigte sich nämlich, daß nach der Beleuchtung der Thermoelektronenstrom größer ist und in der Dunkelheit langsam wieder seinen Anfangswert erreicht [79], [175].

So maßen z.B. Colli und Mitarbeiter [175] die Zahl der Dunkelimpulse an einem amerikanischen SEV Typ RCA 5819 zu 12200/min. Nach Abschaltung der Spannung befand sich der Vervielfacher ungefähr 10 Minuten unter Einwirkung von Tageslicht. Danach war die Zahl der Dunkelimpulse auf $4 \cdot 10^6$/min gestiegen. Erst nach einigen Tagen, während derer der SEV im Dunkeln aufbewahrt wurde, näherte sich die Zahl der Dunkelimpulse wieder dem zu Anfang gemessenen Wert. Eine systematische Untersuchung dieser Erscheinung wurde von Schaetti und Baumgartner [83], [176 bis 178] durchgeführt. Ihre Resultate lassen sich in folgendem zusammenfassen:

1. Nach Belichtung ist die Zahl der Dunkelimpulse einer Antimon–Cäsium-Kathode vergrößert. Diese Erscheinung zeigt in Abhängigkeit von der Intensität der Belichtung Sättigungscharakter.
2. Die Belichtung vergrößert die Leitfähigkeit der Kathode. Diese Erscheinung zeigt ebenfalls Sättigung.
3. Nach Belichtung der Kathode mit weißem Licht ist ihre Rotempfindlichkeit vergrößert. Letztere nimmt in der Dunkelheit, ebenso wie die Zahl der Dunkelimpulse, ab.
4. Die Abnahme der erhöhten Zahl von Dunkelimpulsen mit der Zeit wird durch Rotbelichtung der Kathode beschleunigt.

Durch Zusatz anderer Elemente zum Antimon bei der Herstellung der Fotokathoden gelang es SCHAETTI [177], die Thermoemission der Kathode zu erniedrigen, ohne dabei wesentlich die Empfindlichkeit im blauen Spektralgebiet zu verändern. Besonders wirksam waren in dieser Beziehung Magnesium und Thallium. Es ist somit zu hoffen, daß es in absehbarer Zeit gelingt, Kathoden mit wesentlich kleinerer Thermoemission, auch serienmäßig, herzustellen.

Sehr aufschlußreich ist eine Kurve, die von ENGSTRÖM veröffentlicht wurde [21]. Abb. 64 zeigt die Abhängigkeit des Dunkelstromes eines SEV RCA 931–A von der Stufenspannung zwischen den Dynoden. Bei kleinen Werten der Stufen-

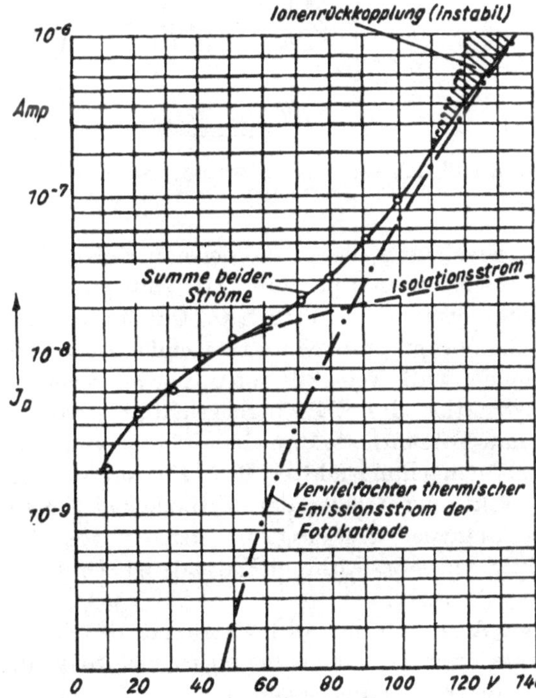

Abb. 64
Abhängigkeit des Dunkelstromes von der Stufenspannung für SEV Typ RCA 931–A [21]

spannung bis zu etwa 50—60 Volt überwiegt der Isolationsstrom. Er ist der Spannung proportional. Bei Stufenspannungen über 60 Volt ist der vervielfachte Thermoelektronenstrom der Fotokathode die wesentliche Komponente. Daher ist seine Abhängigkeit von der Stufenspannung identisch mit der Abhängigkeit des Gesamtvervielfachungsfaktors von der Stufenspannung. Die Summe beider

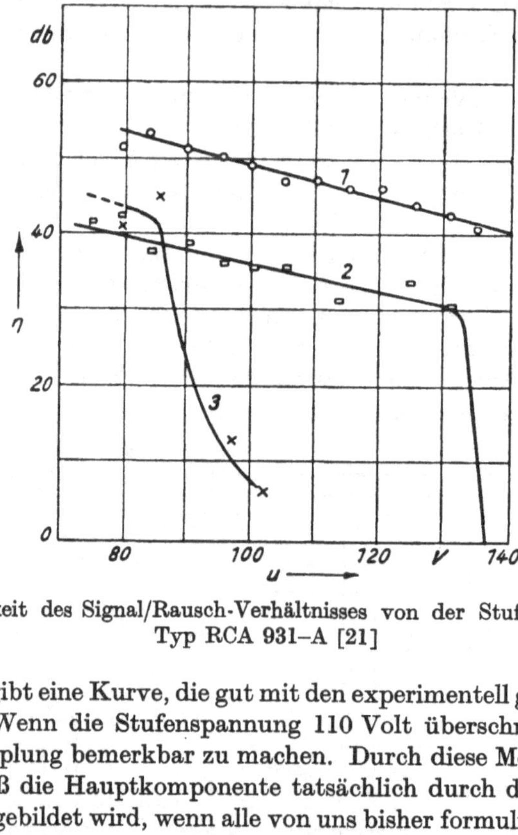

Abb. 65. Abhängigkeit des Signal/Rausch-Verhältnisses von der Stufenspannung für SEV Typ RCA 931–A [21]

Komponenten ergibt eine Kurve, die gut mit den experimentell gemessenen Werten übereinstimmt. Wenn die Stufenspannung 110 Volt überschreitet, beginnt sich die Ionenrückkopplung bemerkbar zu machen. Durch diese Messung ist anschaulich bewiesen, daß die Hauptkomponente tatsächlich durch die Thermoemission der Fotokathode gebildet wird, wenn alle von uns bisher formulierten Forderungen bezüglich der Konstruktion des SEV berücksichtigt werden. Bei Anwendung einer Antimon–Cäsium-Fotokathode mit einer Fläche von 5 cm^2 kann man also bei einem Gesamtvervielfachungsfaktor $M = 10^8$ unter Zugrundelegung einer Dichte des Thermoelektronenstromes der Kathode bei Zimmertemperatur von 10^{-15} A/cm^2 einen minimalen Ausgangsdunkelstrom von $5 \cdot 10^{-7}$ A erwarten. Bei Verwendung einer Antimon–Lithium-Kathode ist der Dunkelstrom noch um zwei Größenordnungen kleiner.

Durch den gleichen Autor wurden auch Messungen des Signal/Rausch-Verhältnisses unter verschiedenen Arbeitsbedingungen des SEV durchgeführt. Auf Abb. 65 wird dieses in Dezibel angegeben: $[\eta]_{db} = 20 \cdot \log \eta$. Der Vervielfacher wurde dabei durch eine Glühlampe der Farbtemperatur 2870 °K bei einem Lichtstrom von $5{,}85 \cdot 10^{-10}$ Lm, der mit der Frequenz 90 Hz moduliert war, belichtet.

Am Ausgang des SEV war ein Verstärker mit einer Bandbreite von 1,8 Hz angeschlossen. Die Kurven beziehen sich auf drei verschiedene Vervielfacher des gleichen Typs: 1. ein besonders guter SEV, 2. ein SEV mittlerer Güte und 3. ein SEV, der wegen schlechten Vakuums zum Ausschuß gehört. Wie zu erwarten, nimmt das Signal/Rausch-Verhältnis bei vorherrschender Ionenrückkopplung sehr

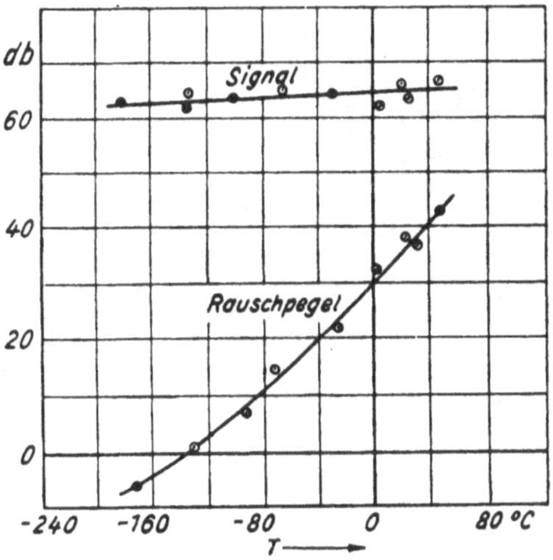

Abb. 66. Abhängigkeit der Signalgröße und des Rauschpegels von der Temperatur für SEV Typ RCA 1P21 [21]

schnell ab. $\eta = 40$ db bedeutet, daß unter den gegebenen Bedingungen bei einem Lichtstrom von $6 \cdot 10^{-12}$ Lm das Signal dem Rauschpegel gleich war. Dieser Wert entspricht dem von uns in Kapitel 2 berechneten und bestätigt wieder die Richtigkeit der Annahme von der wesentlichen Rolle der Thermoemission der Fotokathode.[1]) Nach Formel (32) erwarten wir an sich eine horizontale Linie, d. h., das Signal/Rausch-Verhältnis sollte nicht vom Vervielfachungsfaktor abhängen. Die leichte Neigung der gefundenen Abhängigkeit weist darauf hin, daß doch noch ein anderer kleiner Effekt, etwa kalte Elektronenemission, zur Vergrößerung des Dunkelstromes beiträgt. Analoge Messungen wurden in Abhängigkeit von der Temperatur für einen hochwertigen SEV bei einer Stufenspannung zwischen den Dynoden von 100 Volt durchgeführt. Die Angaben in Dezibel beziehen sich auf 0 db $= 10^{-12}$ A. Der Lichtstrom betrug $1{,}5 \cdot 10^{-10}$ Lm, die übrigen Werte waren mit denen bei den oben beschriebenen Messungen identisch (Abb. 66). Die geringe Neigung der Geraden für das Signal kann nach der Meinung von Engström durch eine Änderung der Spektralempfindlichkeit der Kathode oder, was wahrscheinlicher ist, durch eine schwache Abhängigkeit des Sekundäremissionskoeffizienten von der Temperatur hervorgerufen worden sein.

[1]) Wie Herr Prof. S. F. Rodionow, Leningrad, dem Verfasser am 18. 6. 1954 freundlicherweise mitteilte, gelang es, mit SEV des Typs LS [8], [57] im Wellenlängenbereich 10000 Å Lichtströme bis zu 10^{-13} Lumen herab einwandfrei zu messen.

Anhang

In den folgenden Tabellen sind die Daten der bekanntesten zur Zeit handelsüblichen und einiger noch in der Entwicklung befindlicher Fotovervielfacher zusammengestellt. Sie geben, ohne Anspruch auf Vollständigkeit zu erheben, einen Überblick über die technisch erreichten Werte und die Richtung der weiteren Vervollkommnung.

Die einzelnen Spalten enthalten Angaben über:

D_k	Durchmesser der Fotokathode in cm.
F_k	Fläche der Fotokathode in cm².
Kathode	Fotoelektrische Schicht der Fotokathode.
λ_{max}	Wellenlänge der maximalen Empfindlichkeit in mμ.
E_0	Charakteristische Empfindlichkeit der Fotokathode in μA/Lm.
E_0 (min)	Minimale Empfindlichkeit der Fotokathode in μA/Lm.
n	Zahl der Dynoden.
Konstruktion	Konstruktionstyp des Dynodensystems.
Material	Sekundäremittierendes Material der Dynoden.
M	Gesamtvervielfachungsfaktor.
U	Gesamtspannung in Volt.
E_a	Charakteristische Ausgangsempfindlichkeit in A/Lm.
E_a (min)	Minimale Ausgangsempfindlichkeit in A/Lm.
I_D	Dunkelstrom in A.
I_{max}	Maximal zulässiger Ausgangsstrom in A.
Φ	Dem Rauschpegel äquivalenter Lichtstrom in Lm.

Den Firmen und Instituten sind wir für Überlassung von Unterlagen, Fotografien sowie für die Erlaubnis zur Veröffentlichung zu großem Dank verpflichtet.

Tabelle 1

Fotovervielfacher des VEB Carl Zeiss, Jena, nach Angaben von Herrn Prof. Dr. GÖRLICH (Abb. 67 und 68)

Typ	D_k	F_k	Kathode	E_0	n	M	U	I_D	I_{max}	
M 12	—	2,4	[Ag]–Cs_2O, Cs	10—50	12	10^6—10^7	1100—1800	10^{-8}—10^{-7}	$5 \cdot 10^{-4}$	
M 13 gek	2,5	—	[Ag]–Cs_2O, Cs	5—20	13	10^6—10^7	1100—1800	—	$5 \cdot 10^{-4}$	mit Möglichkeit zur Kühlung der Kathode. Anode getrennt herausgeführt.
M 12 S	—	2,4	[$SbCs_3$]–Cs	$\geqq 60$	12	$5 \cdot 10^5$—$5 \cdot 10^6$	1100—1800	10^{-9}—10^{-8}	$5 \cdot 10^{-4}$	
M 13 S	—	2,4	[$SbCs_3$]–Cs	$\geqq 60$	13	$8 \cdot 10^5$—$5 \cdot 10^6$	1100—1800	10^{-9}—10^{-8}	$5 \cdot 10^{-4}$	Anode getrennt herausgeführt.
M 12 Q	—	2,4	[Ag]–Cs_2O, Cs	10—50	12	10^6— 10^7	1100—1800	10^{-8}—10^{-7}	$5 \cdot 10^{-4}$	mit Quarzfenster.
M 12 QS	—	2,4	[$SbCs_3$]–Cs	$\geqq 60$	12	$5 \cdot 10^5$—$5 \cdot 10^6$	1100—1800	10^{-9}—10^{-8}	$5 \cdot 10^{-4}$	mit Quarzfenster.
M 12 Sz	5,5	—	[$SbCs_3$]–Cs	$\geqq 20$	12	$\geqq 5 \cdot 10^5$	1100—1800	$< 10^{-7}$	$5 \cdot 10^{-4}$	

Tabelle 2

Fotovervielfacher des VEB Werk für Fernmeldewesen, Berlin-Oberschöneweide, nach Angaben lt. Informationsblätter des Betriebes (Abb. 69)

Typ	Kathode	F_k	E_0	n	M (150 V/Stufe)	U	I_D	I_{max}
2740	[$SbCs_3$]–Cs	10	60—120	12	$6 \cdot 10^4$— 10^6	max. 2100	$\leqq 10^{-4}$	10^{-3}
2740 M	[$SbCs_3$]–Cs	10	60—120	12	$2 \cdot 10^5$—$1{,}2 \cdot 10^6$	max. 2100	$\leqq 3 \cdot 10^{-5}$	$5 \cdot 10^{-4}$

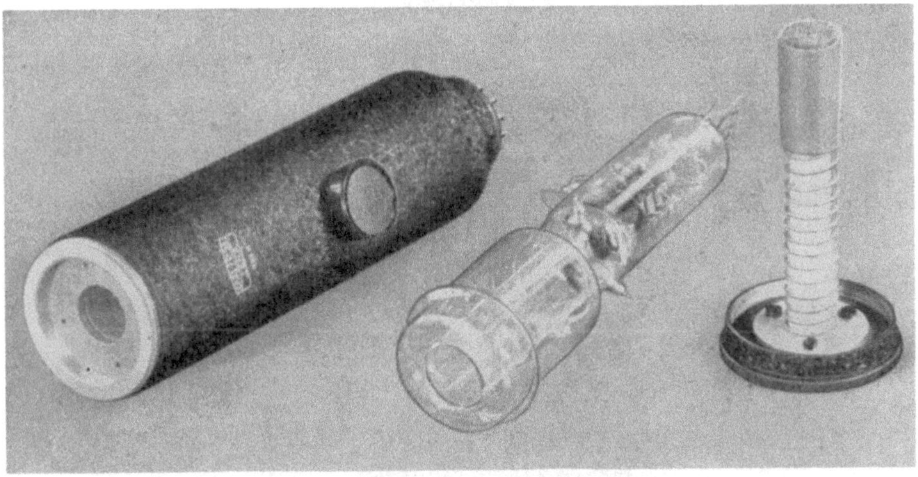

Abb. 67. SEV des VEB Carl Zeiss, Jena

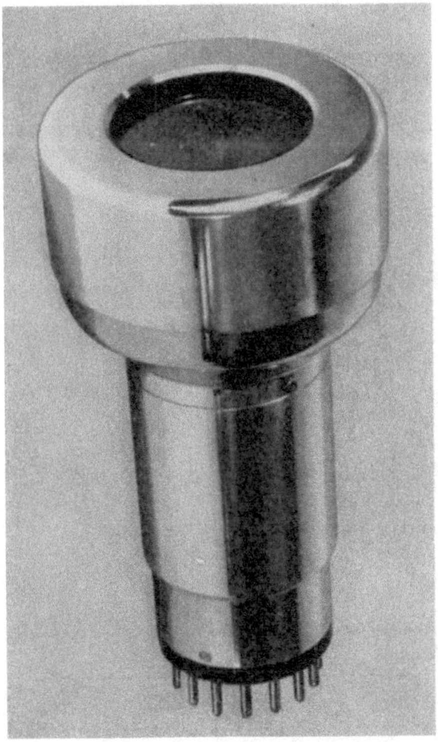

Abb. 68. SEV des VEB Carl Zeiss, Jena

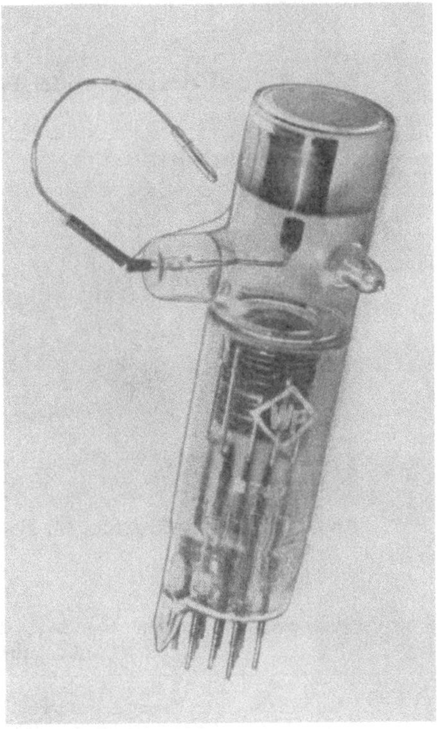

Abb. 69. SEV des VEB Werk für Fernmeldewesen, Berlin

Tabelle 3

Fotovervielfacher der Deutschen Akademie der Wissenschaften zu Berlin, Institut für Festkörperforschung, Berlin-Buch, nach Angaben von Herrn Dr. Eckart (Abb. 70 und 71)

D_k	Kathode	n	Konstruktion	Material	M	U	I_D
5	$[SbCs_3]$–Cs	8	Jalousie	AlMg	10^6	~ 1800	$3 \cdot 10^{-9}$
	$[SbCs_3]$–Cs	12	Netz	[Ag]–Cs_2O, Cs	10^6	~ 2500	$2{,}5 \cdot 10^{-9}$
	[Ag]–Cs_2O, Cs	12	Netz	[Ag]–Cs_2O, Cs	10^6	~ 2500	10^{-8}

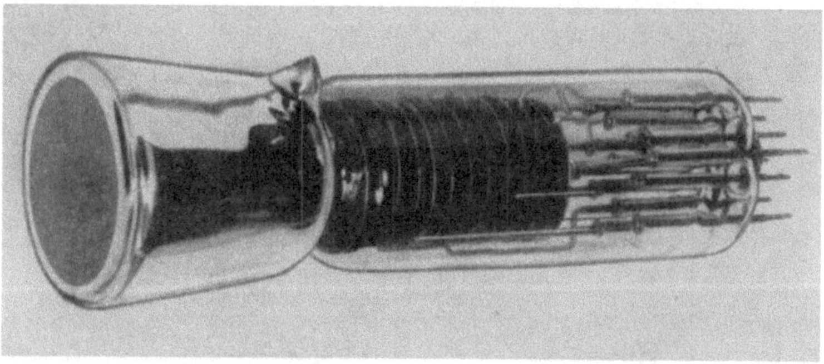

Abb. 70. SEV des Instituts für Festkörperforschung der DAdW zu Berlin

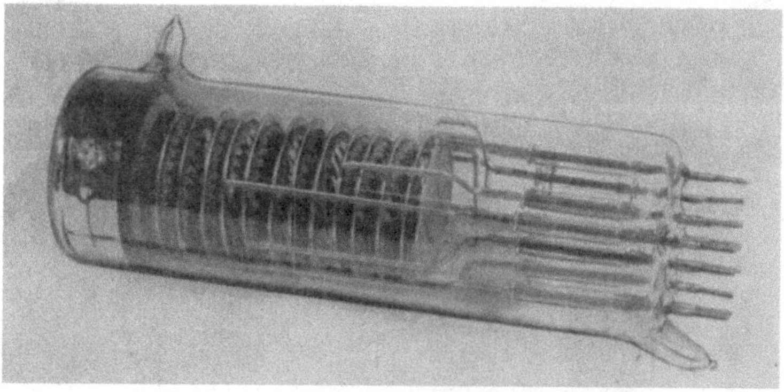

Abb. 71. SEV des Instituts für Festkörperforschung der DAdW zu Berlin

Tabelle 4

Fotovervielfacher der Fernseh-G.m.b.H., Darmstadt, nach Angaben lt. Prospekt F 50, Ausgabe März 1955

Typ	E_0	λ_{max}	n	M	U	E_a	I_D
FS 9–A	30	420	9	$10^5 - 10^6$	1150	10	10^{-7}
FS 9–C	15	420	9	$10^4 - 10^5$	1150	1,5	—

Tabelle 5

Fotovervielfacher von Dr. GEORG MAURER, SEV-Werk, Neuffen/Württemberg, nach Angaben lt. Prospekt SEV/54 (Abb. 72 und 73)

Typ	λ_{max}	n	M	U	E_a	I_D (bezogen auf die Fotokathode)
Vpuv 69 · *I*	390	11	$2 \cdot 10^6$	2200	—	$5 \cdot 10^{-14}$
Vp 69 · *I*	390	11	$2 \cdot 10^6$	2200	—	$5 \cdot 10^{-14}$
Vp 69 · *A/c*	380/700	11	$3 \cdot 10^6$	2200	—	$7 \cdot 10^{-11}$
Vp 69 · *A/d*	380/700	11	$7 \cdot 10^6$	2200	—	10^{-11}
Vp 69 · *A/e*	380/800	11	10^6	1600	—	10^{-10}
Vp 72 · *A/d*	380/750	8	$3 \cdot 10^4$	1600	—	$7 \cdot 10^{-11}$
Vp 72 · *A/e*	380/800	8	$5 \cdot 10^4$	1500	—	$7 \cdot 10^{-10}$
Vpd 72 · *A/d*	380/750	8	$3 \cdot 10^4$	1600	—	$7 \cdot 10^{-11}$
Vpd 72 · *A/e*	380/800	8	$5 \cdot 10^4$	1500	—	$7 \cdot 10^{-10}$
Vp 80 · *A/d*	380/750	5	900	1000	$8 \cdot 10^{-3}$	$7 \cdot 10^{-11}$
Vp 80 · *A/e*	380/800	5	1000	900	10^{-2}	$7 \cdot 10^{-10}$

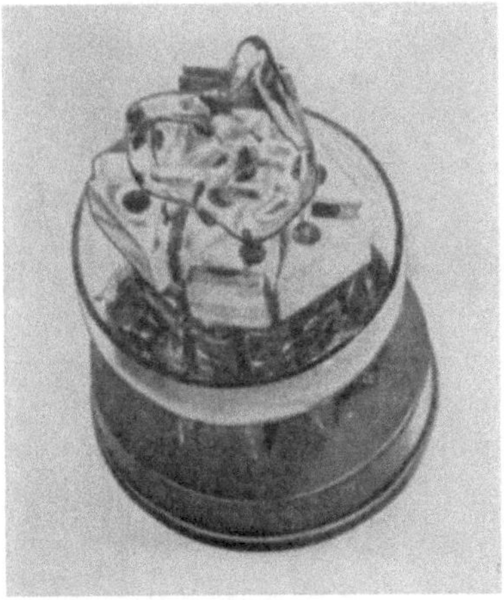

Abb. 72. SEV von MAURER, SEV-Werk, Neuffen/Württemberg

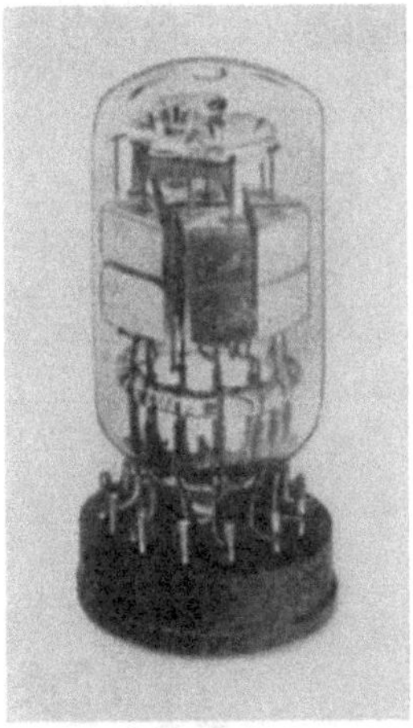

Abb. 73. SEV von MAURER, SEV-Werk, Neuffen/Württemberg

Tabelle 6

Fotovervielfacher des Instituts für technische Physik der ETH, Zürich, nach Angaben von Herrn Dr. BAUMGARTNER (Abb. 74)

Typ	D_k	Kathode	E_0	n	Material	M	U	I_D (bezogen auf die Fotokathode)	I_{max}
SEV mit Frontkathode ...	5,5	$[SbCs_3]$-Cs	>20	12	CuBe	10^6	3000	$\leqq 10^{-14}$	$5 \cdot 10^{-4}$
SEV mit Frontkathode ...	5,5	$[SbCs_3]$-Cs	>20	17	CuBe	10^8—10^9	4000	—	—
SEV mit Kugelkathode ...	5	$[SbCs_3]$-Cs	>20	12	CuBe	10^6	3000	$\leqq 10^{-14}$	$5 \cdot 10^{-4}$
SEV mit Kugelkathode ...	5	$[SbCs_3]$-Cs	>20	17	CuBe	10^8—10^9	4000	—	—
SEV mit großer Kathode ..	26	$[SbCs_3]$-Cs	>20	12	CuBe	10^4—10^5	3000	$>10^{-12}$	$5 \cdot 10^{-3}$

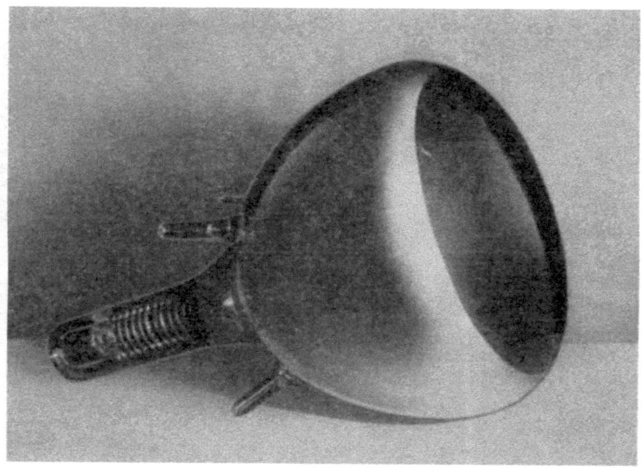

Abb. 74. SEV des Instituts für technische Physik der ETH, Zürich (Fotokathode mit 26 cm ∅)

Tabelle 7

Fotovervielfacher der E. M. I. Electronics Ltd. Hayes, Middlessex, England, nach Angaben lt. Prospekt der E. M. I. Electronics Ltd. (Abb. 75)

Typ	n	D_k	E_a (min)	E_a	E_0 (min)	E_0	I_D	Kathode
6099 B	11	11,1	100	400	25	40	$0{,}5 \cdot 10^{-6}$	$[SbCs_3]$–Cs
6099 F	11	11,1	25	—	35	45	$0{,}5 \cdot 10^{-6}$	$[SbCs_3]$–Cs
6099 C	11	11,1	5	—	10	—	$0{,}2 \cdot 10^{-6}$	$[SbCs_3]$–Cs
6097 B	11	4,4	200	600	30	50	$0{,}1 \cdot 10^{-6}$	$[SbCs_3]$–Cs
6097 S	11	4,4	200	400	20	25	$0{,}1 \cdot 10^{-6}$	$[SbCs_3]$–Cs
6097 F	11	4,4	50	—	40	55	$0{,}1 \cdot 10^{-6}$	$[SbCs_3]$–Cs
6097 C	11	4,4	10	—	10	—	$0{,}04 \cdot 10^{-6}$	$[SbCs_3]$–Cs
9514 B	13	4,4	2000	6000	30	50	$1{,}0 \cdot 10^{-6}$	$[SbCs_3]$–Cs
9514 S	13	4,4	2000	4000	20	25	$1{,}0 \cdot 10^{-6}$	$[SbCs_3]$–Cs
9514 C	13	4,4	100	—	10	—	$0{,}4 \cdot 10^{-6}$	$[SbCs_3]$–Cs
6094 B	11	1,0	200	600	30	50	$0{,}01 \cdot 10^{-6}$	$[SbCs_3]$–Cs
6094 C	11	1,0	10	—	10	—	$0{,}004 \cdot 10^{-6}$	$[SbCs_3]$–Cs
9502 B	13	1,0	2000	6000	30	50	$0{,}1 \cdot 10^{-6}$	$[SbCs_3]$–Cs
9502 C	13	1,0	100	—	10	—	$0{,}04 \cdot 10^{-6}$	$[SbCs_3]$–Cs
6255 B	13	4,4	2000	6000	30	50	$1{,}0 \cdot 10^{-6}$	$[SbCs_3]$–Cs
6256 B	13	1,0	2000	6000	30	50	$0{,}1 \cdot 10^{-6}$	$[SbCs_3]$–Cs
6095 B	11	4,4	200	300	20	30	$0{,}1 . 10^{-6}$	Bi–Ag–Cs
6095 F	11	4,4	50	—	30	—	$0{,}1 \cdot 10^{-6}$	Bi–Ag–Cs
6095 C	11	4,4	10	—	10	—	$0{,}04 \cdot 10^{-6}$	Bi–Ag–Cs

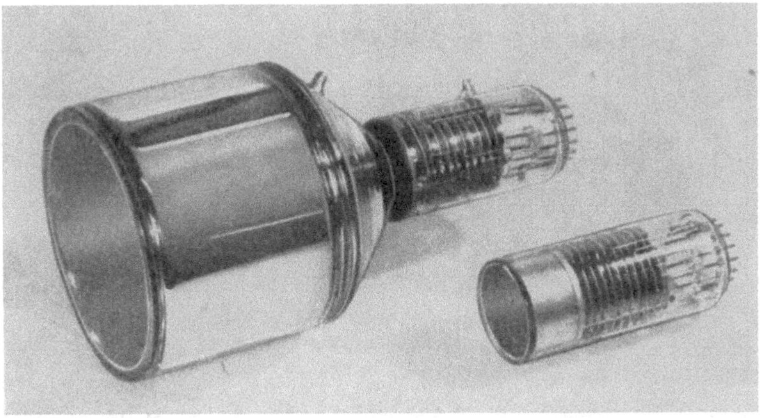

Abb. 75. SEV der EMI Electronics Ltd., England

Tabelle 8

Fotovervielfacher der Radio Corporation of America (RCA), New York, USA, nach Angaben von G. A. MORTON [164] (Abb. 76)

Typ	F_k	E_0	n	Konstruktion	Material	M	U	Φ	I_{max}
5819	14,2	50	10	kreisförmig fokussiert	$[SbCs_3]$–Cs	$2{,}3 \cdot 10^6$	1250	$7 \cdot 10^{-11}$	—
6342	14,2	60	10		AgMg	$0{,}55 \cdot 10^6$	1500	$7 \cdot 10^{-12}$	—
6655	14,2	50	10		$[SbCs_3]$–Cs	$2{,}3 \cdot 10^6$	1250	$7 \cdot 10^{-12}$	—
6199	7,75	45	10		$[SbCs_3]$–Cs	$2{,}8 \cdot 10^6$	1250	$4 \cdot 10^{-12}$	—
2020	14,2	60	10		$[SbCs_3]$–Cs	$2{,}8 \cdot 10^6$	1250	$7 \cdot 10^{-12}$	—
6217	14,2	40	10		$[SbCs_3]$–Cs	$2{,}8 \cdot 10^6$	1250	$4 \cdot 10^{-11}$	—
6372	80	33	10		$[SbCs_3]$–Cs	$2{,}5 \cdot 10^6$	1200	$1 \cdot 10^{-11}$	—
1P21	1,9	40	9		$[SbCs_3]$–Cs	$8{,}3 \cdot 10^6$	1250	$5 \cdot 10^{-11}$	—
1P28	1,9	40	9		$[SbCs_3]$–Cs	$5{,}3 \cdot 10^6$	1250	$7{,}5 \cdot 10^{-11}$	—
6810[1])	~15	50	14	linear	$[SbCs_3]$–Cs	$6{,}6 \cdot 10^7$	2300		0,5

Versuchstypen

Typ	F_k	E_0	n	Konstruktion	Material	M	U	Φ	I_{max}
C 7187 A	14,2	60	14	linear	AgMg	10^8—10^9	—	—	0,3
H 5723	1,6	40	9	linear	AgMg	$3 \cdot 10^5$	—	—	—
H 4646	3,2	30	16	linear	AgMg	10^9	—	—	0,2
H 6687	14,2	40	14	linear	AgMg	10^8—10^9	—	—	1,1
H 5037	62	60	10	kreisförmig	AgMg	10^6	—	—	—
H 6699	410	40	10	linear	AgMg	10^6	—	—	—

[1]) Nach Nucleonics 14/5. 29 (1956).

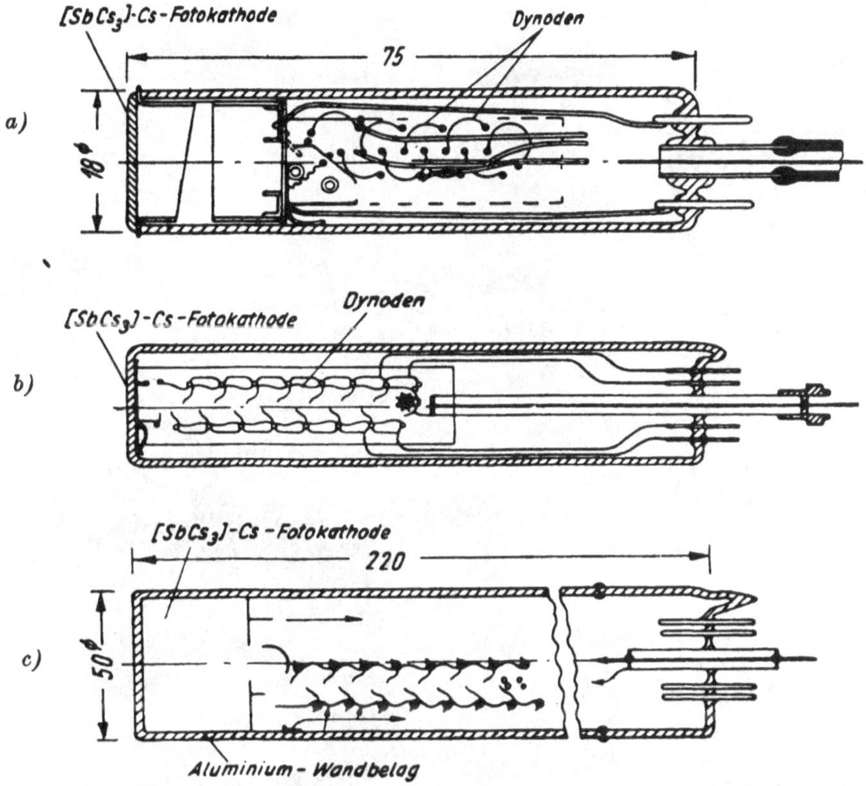

Abb. 76. SEV der Radio Corporation of America (RCA), USA.
a) H 5723 *b)* H 4646 *c)* H 5914

Tabelle 9

Fotovervielfacher der Allen B. Dumont Laboratories, New York, USA, nach Angaben von G. A. Morton [164]

Typ	F_k	E_0	n	Konstruktion	Material	M	U
6291	6,4	60	10	Kästchen	AgMg	$2 \cdot 10^6$	2100
6292	13,4	60	10	Kästchen	AgMg	$2 \cdot 10^6$	2100
6363	31,4	60	10	Kästchen	AgMg	$2 \cdot 10^6$	1800
6364	88,8	60	10	Kästchen	AgMg	$2 \cdot 10^6$	1800
6467	5,1	60	10	Kästchen	AgMg	$2 \cdot 10^6$	1800
6365	1,26	50	6	Kästchen	AgMg	$3 \cdot 10^3$	1200
Versuchstypen							
K 1209	88,8	60	12	Kästchen	AgMg	$2 \cdot 10^5$	1330
K 1213	31,4	60	12	Kästchen	AgMg	$2 \cdot 10^5$	1330
K 1295	13,4	60	12	Kästchen	AgMg	$2 \cdot 10^5$	1330
K 1328	995	40	12	Kästchen	AgMg	$8 \cdot 10^5$	1460

Tabelle 10

Sowjetische Fotovervielfacher[1]) (Abb. 77)

Typ	D_k	Kathode	E_0	n	Konstruktion	Material	M	U	I_D
1 C	4,4	$[SbCs_3]$—Cs	30—90	11	linear	AlMg	10^5—10^6	1800—1950	10^{-7}
1 Б	8	$[SbCs_3]$—Cs	30—90	11	linear	AlMg	10^5—10^6	1800—2000	10^{-7}
1 B	4,4	$[SbCs_3]$—Cs	30—90	10	kreisförmig	AlMg	10^5—10^6	1800—2100	$5 \cdot 10^{-8}$
2 M	2,7	$[SbCs_3]$—Cs	30—90	10—13	linear	AlMg	10^5	1250—1500	10^{-7}
2 Б	15	$[SbCs_3]$—Cs	30—90	11	linear	AlMg	10^5	1800—2000	10^{-7}

Örtliche Ungleichmäßigkeit der Empfindlichkeit der Fotokathode	± 5%
Quantenausbeute der Fotokathode bei 404,7 mμ	8—16%
Überführungskoeffizient der Elektronen von der Fotokathode zur ersten Dynode	95±5%
Anodenkapazität	4 pF
Auflösungsvermögen der SEV für ein Amplitudenspektrum bei E=2MeV	4—5%
Auflösungsvermögen für die γ-Strahlung (E = 0,661 MeV) des Isotops Cs^{137} bei Nachweis mit NaJ(Tl)	8—12%
Zeitliches Auflösungsvermögen	$2 \cdot 10^{-9}$—$5 \cdot 10^{-9}$ sec

[1]) Für die Erlaubnis zur Veröffentlichung der Daten und Abbildungen sind wir Herrn Minister Kalmykow vom Ministerium für radiotechnische Industrie der UdSSR zu Dank verpflichtet.

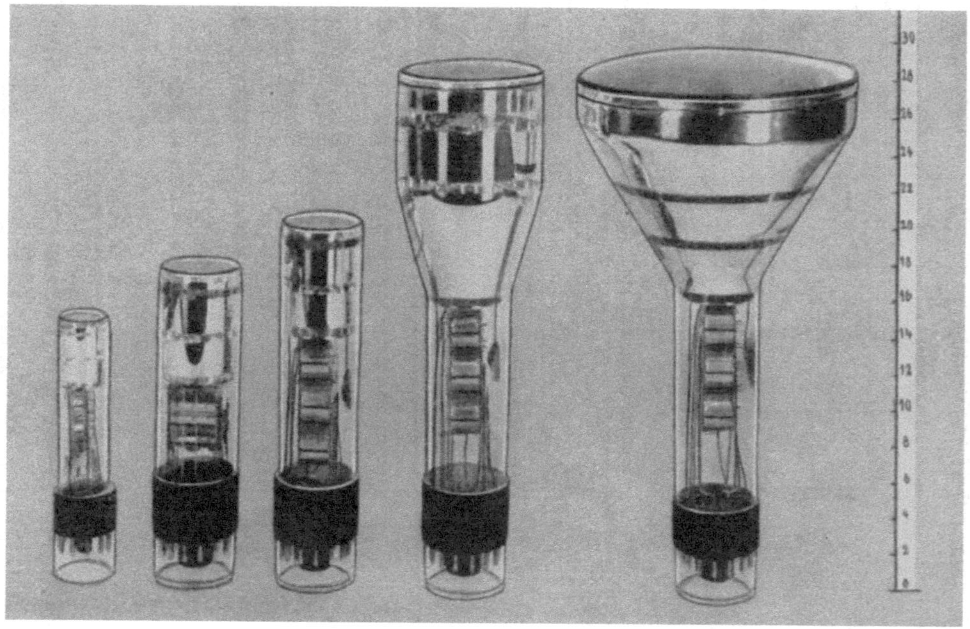

Abb. 77. Sowjetische SEV

TEIL II

DIE ANWENDUNG DER FOTOVERVIELFACHER IN DER KERNPHYSIK

von

F. BERNHARD

KAPITEL 7

Einführung

Die Verwendung der Fotovervielfacher in der experimentellen Kernphysik ist außerordentlich vielseitig. Wenn im folgenden jedoch nur von einer speziellen Anwendung — derjenigen im Szintillationszähler — die Rede sein wird, so deshalb, weil hierdurch die experimentelle Kernphysik und damit unsere Vorstellung vom Aufbau der Atomkerne in den letzten acht Jahren einen großen Schritt weitergekommen ist.

Die Szintillationsmethode ist schon sehr alt. Elster und Geitel (vor 1903) beobachteten einzelne schwache Lichtblitze, wenn sie eine kleine Menge eines radioaktiven Stoffes in geringem Abstand vor einen fluoreszierenden Zinksulfidschirm brachten. Der Name „Szintillation" (Scintilla = lateinisch „der Funke") stammt von Crookes (1903). Das Spinthariskop, wie die Anordnung: radioaktives Präparat, Zinksulfid-Leuchtschirm oder Diamant und Beobachtungslupe genannt wurde, ist einer der ersten kernphysikalischen Teilchenzähler. Die berühmten Versuche Rutherfords und seiner Schüler über die Reichweite und Streuung von α-Teilchen in der Materie wurden mit dieser Methode gemacht. Da die visuelle Beobachtung und Zählung sehr ermüdend ist, wurde das Spinthariskop bald von den elektrischen Teilchenzählern (Spitzenzähler, Geigerzähler, Ionisationskammer usw.) mit der bei diesen schon damals möglichen automatischen Registrierung verdrängt. Durch Entwicklung von Sekundärelektronenvervielfachern mit Eigenschaften, die diejenigen des menschlichen Auges in bezug auf Empfindlichkeit, Schnelligkeit und Zuverlässigkeit übertrafen, war die Möglichkeit gegeben, die Lichtblitze des Szintillators elektronisch nachzuweisen. Die Kombination: Szintillator — SEV ist die einfachste Form eines Szintillationszählers.

Die ersten Veröffentlichungen eines Szintillationszählers mit Nachweis der Lichtblitze durch einen SEV und elektronische Registrierung der Teilchen stammt von dem Berliner Physiker H. Kallmann und seinen Mitarbeitern Broser und Herforth [187]. Unabhängig hiervon haben bereits 1944 Curran und Baker eine ähnliche Apparatur in Betrieb gehabt, die sie aber aus kriegsbedingten Gründen nicht veröffentlichten. Kurz nach Kallmann veröffentlichten Coltman und Marshall ihren „Strahlungs-Detektor" mit SEV [188]. Im Anschluß an diese Arbeiten führte sich der Szintillationszähler schnell in die experimentelle Kernphysik ein. Dies hat eine Reihe von Ursachen. Die bis dahin im Gebrauch befindlichen elektrischen Teilchenzähler (Ionisationskammer, Proportional- und Auslösezähler) sind erschütterungsempfindlich, zerbrechlich und oft zu langsam

8*

für die Registrierung von schnell aufeinander folgenden Ereignissen. Alle Ionisationsdetektoren haben eine geringe Ansprechwahrscheinlichkeit für energiereiche Strahlungen. Einen der Energie der γ-Quanten proportionalen Impuls lieferte keines der bisher bekannten Ionisationsgeräte. Heute, nach Abschluß der ersten — zum Teil recht stürmisch verlaufenen — Entwicklung, kann man sagen, daß die Gründe für den großen Erfolg der Szintillationsmethode im wesentlichen auf drei Eigenschaften beruhen:

1. Infolge der — im Verhältnis zu der in den Ionisationszählern herrschenden — hohen Dichte des Szintillators ist die Ansprechwahrscheinlichkeit auch für durchdringende Strahlung sehr hoch.
2. Es besteht die Möglichkeit, Energiespektren der Kernstrahlung direkt aufzunehmen.
3. Der Detektierungsvorgang erfolgt außerordentlich schnell. Dadurch ist es möglich, Ereignisse, deren zeitlicher Abstand nur einige 10^{-10} sec beträgt, noch zu unterscheiden.

Über die Szintillationsmethode sind einige zusammenfassende Berichte [189] und Bücher [190] erschienen, welche eine ausgezeichnete Einführung in dieses zur Zeit noch in vollem Fluß befindliche Gebiet vermitteln. Einige Beispiele der neuesten Entwicklung sind in dem Buch von K. Siegbahn [191] im Kapitel 5 enthalten. Das Ziel der vorliegenden Abhandlung ist es, den Einfluß der technischen Daten des SEV auf die Resultate der Szintillationsmessung in den Vordergrund zu stellen. Es ist hierbei allerdings unvermeidlich, auch auf die Vorgänge im Szintillator und in dem an den SEV anschließenden Verstärkerteil gelegentlich einzugehen, denn nur eine sorgfältige Abstimmung aller drei Bauelemente aufeinander ermöglicht es, die Ergebnisse zu erzielen, von denen die Rede sein wird.

KAPITEL 8

Die physikalischen Vorgänge im Szintillationszähler

Eine Szintillationsapparatur besteht immer aus drei Teilen:

1. dem Szintillator, in dem die kinetische Energie der Strahlung mit einer je nach Strahlenart und Szintillatormaterial verschieden großen Ausbeute in Lichtquanten umgesetzt wird;
2. dem SEV, welcher zum elektrischen Nachweis der Lichtquanten dient, und
3. einer Verstärkeranordnung, in der die aus dem SEV kommenden Ladungsimpulse je nach Art des vorliegenden Problems registriert werden.

Man sieht sofort, daß an dem Zustandekommen einer Registrierung eine große Zahl von physikalischen Vorgängen beteiligt ist. Wir wollen jetzt am Beispiel des Auftreffens eines β-Teilchens auf den Szintillator die Vorgänge im Szintillationszähler bis zur Ausbildung des Ladungsimpulses an der Anode des SEV im einzelnen verfolgen (Abb. 78). Ein β-Teilchen der Energie E (eV) dringt in den

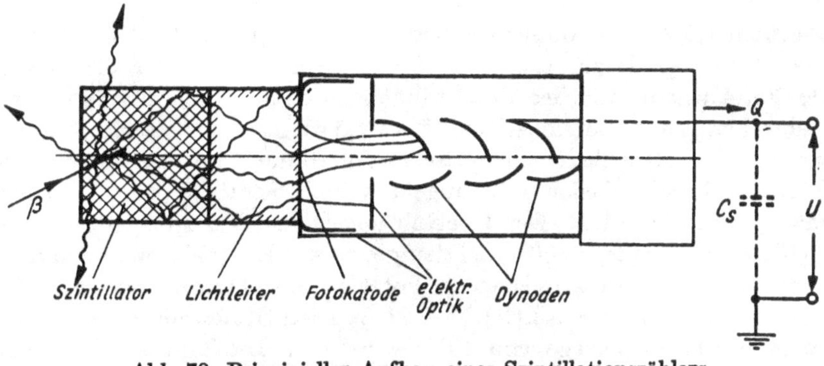

Abb. 78. Prinzipieller Aufbau eines Szintillationszählers

Szintillator (z. B. Anthrazen) ein und gibt seine ganze Energie an das Kristallgitter ab. Ein gewisser Bruchteil φ dieser Energie wird als Fluoreszenzstrahlung wieder ausgesandt. Die Emission des Fluoreszenzlichtes erfolgt nicht momentan, sondern man beobachtet ein je nach Art des Szintillatormaterials verschieden langes Nachleuchten. Die Dauer des Abklingens wird durch die Zerfallzeit τ charakterisiert. Sie liegt bei den praktisch benutzten Szintillatoren zwischen 10^{-9} und 10^{-5} sec (Tabelle 11 [192]).

Die Zahl der einer Lichtenergie $\varphi \cdot E$ entsprechenden Fotonen N_φ ist natürlich abhängig vom Spektralbereich, in dem die Fluoreszenzstrahlung emittiert wird. In der Szintillationspraxis werden zur Zeit fast ausschließlich nur solche Szintillatoren benutzt, deren Fluoreszenzspektrum in der Umgebung des Empfindlichkeitsmaximums der Antimon–Cäsium-Fotokathode — also etwa bei 4100 Å — liegt. Lichtquanten dieses Wellenlängenbereiches haben eine Energie von $\varepsilon \cong 3$ eV. Damit entspricht eine Lichtenergie von $\varphi \cdot E$ dieser Wellenlänge einer Fotonenzahl von $N_\varphi = \frac{\varphi \cdot E}{\varepsilon}$. Diese Lichtquantenmenge muß mit Hilfe von geeignet dimensionierten Lichtleitern (häufig aus Quarz oder Plexiglas) mit möglichst geringen Verlusten der Fotokathode zugeführt werden. Auf dem Wege von ihrem Entstehungsort bis zur Fotokathode wird im allgemeinen trotzdem ein gewisser Bruchteil Θ durch Absorption im Szintillator oder Lichtleiter und Austritt aus dem Szintillator bzw. Lichtleiter an die Luft bei steilem Auftreffen auf die Wandung verlorengehen. Man versucht zwar, durch Anbringung von Reflektoren aus Magnesiumoxyd, Aluminium bzw. weißem Porzellan die entweichenden Fotonen wieder zurückzuleiten. Trotzdem gelingt es selten, mehr als 70% der Fotonen der Fotokathode zuzuleiten, ja bei ungünstigen geometrischen Verhältnissen kann Θ beliebig schlecht werden. (Lichtleiterberechnung siehe [193], und als Beispiel einer besonders sorgfältigen Dimensionierung siehe [194].)

Der Bruchteil ΘN_φ der Fotonen, der die Fotokathode erreicht, löst mit der Quantenempfindlichkeit γ $(0{,}01 \leqq \gamma \leqq 0{,}35)$

$$Z_0 = \gamma \cdot \Theta \cdot N_\varphi$$

Fotoelektronen aus. Von diesen erreicht nur ein Bruchteil $Z_1 = K \cdot Z_0$ die erste Dynode. Dies liegt daran, daß durch die Elektronenoptik zwar alle Elektronen, die die Fotokathode mit der Geschwindigkeit 0 verlassen, überführt werden. Fotoelektronen mit Anfangsenergien bis zu 1,5 eV (wie sie tatsächlich auftreten) können jedoch mit den elektronenoptischen Anordnungen, wie sie in der Mehrzahl der in Gebrauch befindlichen SEV eingebaut sind, nicht 100 prozentig zur ersten Dynode überführt werden. Der Überführungsfaktor K liegt zwischen 20% bei älteren Typen und nahezu 100% bei den neuesten SEV (siehe weiter unten).

Die die erste Dynode erreichenden Fotoelektronen werden um den Multiplikationsfaktor $M = \delta^n$ verstärkt, wobei M je nach Stufenzahl n und angelegter Spannung pro Stufe Beträge von 10^5 bis 10^9 hat. Die Zahl der Elektronen Z_a am Ausgang des SEV beträgt dann:

$$Z_a = \frac{E \cdot \varphi}{\varepsilon} \cdot \Theta \cdot \gamma \cdot K \cdot M$$

Elektronen, bzw. der Ladungsimpuls $Q = e \cdot Z_a$ (e = Elementarladung).

Dieser Ladungsimpuls verursacht durch Aufladung der Kapazität C der SEV-Anode an ihr einen Spannungssprung von:

$$U = \frac{e \cdot E \cdot \varphi}{C_s \cdot \varepsilon} \cdot \Theta \cdot \gamma \cdot K \cdot M \qquad [\text{Volt}].$$

e = Elementarladung (1,6 · 10^{-19} Coul.),
E = Energie des Teilchens (1 · 10^6 eV),
φ = Lichtausbeute des Szintillators (0,05 für Elektronen bei Anthrazen),
C = Gesamtkapazität der SEV-Anode gegen Erde (1 · 10^{-11} F),
ε = mittlere Energie eines Fotons (im Spektralbereich von 3500 bis 5000 Å ≅ 3 eV),
Θ = Faktor der Lichtüberführung (0,5),
γ = Quantenausbeute der Fotokathode (0,1 Elektronen/Foton),
K = Überführungsfaktor für Fotoelektronen (0,7),
M = Verstärkungsfaktor des SEV (5 · 10^5).

Die Spannung wird nicht momentan, sondern erst nach dem vollständigen Abklingen der Fluoreszenz (5 bis 10τ) erreicht.

Zur Veranschaulichung sei anhand der Formel berechnet, welchen Spannungssprung ein β-Teilchen der Energie 1 MeV bei Verwendung von Anthrazen auslöst. Setzt man die oben in Klammern angegebenen plausiblen Werte für die einzelnen Faktoren ein, so ergibt sich: $U = 50$ V. Interessant ist es zu wissen, daß hierzu 600 Elektronen auf die erste Dynode aufprallen müßten, wie sich aus der Formel für die Zahl der Elektronen Z_1 ergibt.

Man kann eine spezielle Szintillationsanordnung dadurch charakterisieren, daß man angibt, wieviel Elektronenvolt der Energie eines Teilchens im Mittel zur Erzeugung eines Fotoelektrons, welches die erste Dynode erreicht, in einem bestimmten Szintillatormaterial erforderlich sind. Im Falle unseres Beispiels waren hierzu etwa 1700 eV erforderlich. Bessere Szintillationsanordnungen benötigen weniger Energie pro Fotoelektron (≧ 300 eV/Fotoelektron).

Aus dem bisher Gesagten könnte der Eindruck entstehen, als ob stets eine strenge Proportionalität zwischen der absorbierten Primärenergie und dem Spannungssprung an der SEV-Anode bestünde. Dies ist, abgesehen von allen experimentellen Unvollkommenheiten, theoretisch unmöglich; denn der Endeffekt — der Spannungssprung an der Anode — ist das Resultat von Einzelvorgängen, die alle den Gesetzen der Statistik unterworfen sind. Allein die Tatsache, daß letzten Endes der Spannungssprung durch Z_1 (im Beispiel 600) Elektronen ausgelöst wurde, verursacht nach den Gesetzen der Statistik einen mittleren relativen Fehler von mindestens $1/\sqrt{Z_1}$ (im Beispiel etwa 4%). Hinzu kommt, daß im allgemeinen die Lichtausbeute des Szintillators von der Energie des Elementarteilchens abhängt und sich außerdem mit Teilchenart und Temperatur ebenfalls ändert (siehe Kapitel 8). Außerdem kann ein Teil der beteiligten Faktoren zeitlichen Schwankungen unterworfen sein. Der Sinn der Formel kann also lediglich der sein, zu zeigen, aus welchen Einzeleffekten sich der Vorgang im Szintillationszähler zusammensetzt, und eine Abschätzung der Größenordnung des zu erwartenden Effektes zu ermöglichen.

KAPITEL 9

Der Szintillator

Es soll nun der Vorgang beschrieben werden, der nach Hineinfliegen eines Elementarteilchens in den Szintillator zur Auslösung einer Szintillation führt. Er läßt sich etwas willkürlich in zwei Teile zerlegen:

A. Das einfallende Teilchen reagiert mit dem Szintillatormaterial in irgendeiner Form. Hierbei wird Energie auf den Szintillator übertragen (Abb. 79).

B. Das Szintillatormaterial gerät dadurch in einen nichtstabilen, angeregten Zustand, aus dem es unter Aussendung von Quanten der verschiedensten Wellenlängen innerhalb einer gewissen Zeit in einen neuen stabilen Zustand übergeht.

Die Art und Weise, wie das einfallende Teilchen mit dem Szintillatormaterial reagiert, ist je nach Art des Elementarteilchens bzw. des Szintillatortyps verschieden. (Tabelle 11 u. 12).

A. Die Wechselwirkung des Primärteilchens mit dem Szintillatormaterial

1. β-Teilchen

Am besten sind die Vorgänge beim Abbremsen eines β-Teilchens bekannt (Abb. 79a).

Wir haben hier zwischen der Wechselwirkung des β-Teilchens mit dem Atomkern und mit der Elektronenhülle zu unterscheiden. Wegen des großen Massenunterschiedes zwischen Kern und Elektron kann das β-Teilchen so gut wie gar keine Energie auf den Kern übertragen. Es findet nur elastische Streuung statt. Dies führt zu sehr starken Richtungsänderungen der Bahn des β-Teilchens, so daß besonders bei Materialien mit hoher Ordnungszahl ein erheblicher Bruchteil der β-Teilchen durch Rückstreuung aus dem Szintillator wieder austritt, ehe die Teilchen ihre ganze Energie abgegeben haben. Die Abbremsung der β-Teilchen in der Materie erfolgt daher vorwiegend durch Zusammenstöße mit den Elektronen der Atomhülle. Hierbei werden Elektronen entweder auf höhere Niveaus gehoben — das Atom wird angeregt —, oder die dem Elektron übertragene Energie reicht aus zum Verlassen des Atomverbandes — das Atom wird ionisiert. Bei dieser Art der Ionisierung kann das sekundäre Elektron von jeder Stelle der Atomhülle, also auch aus der innersten Schale, herausgeworfen werden. Die kinetische Energie des sekundären Elektrons kann so groß sein, daß es seinerseits dritte Atome anregen bzw. ionisieren kann. In der eben beschriebenen Weise

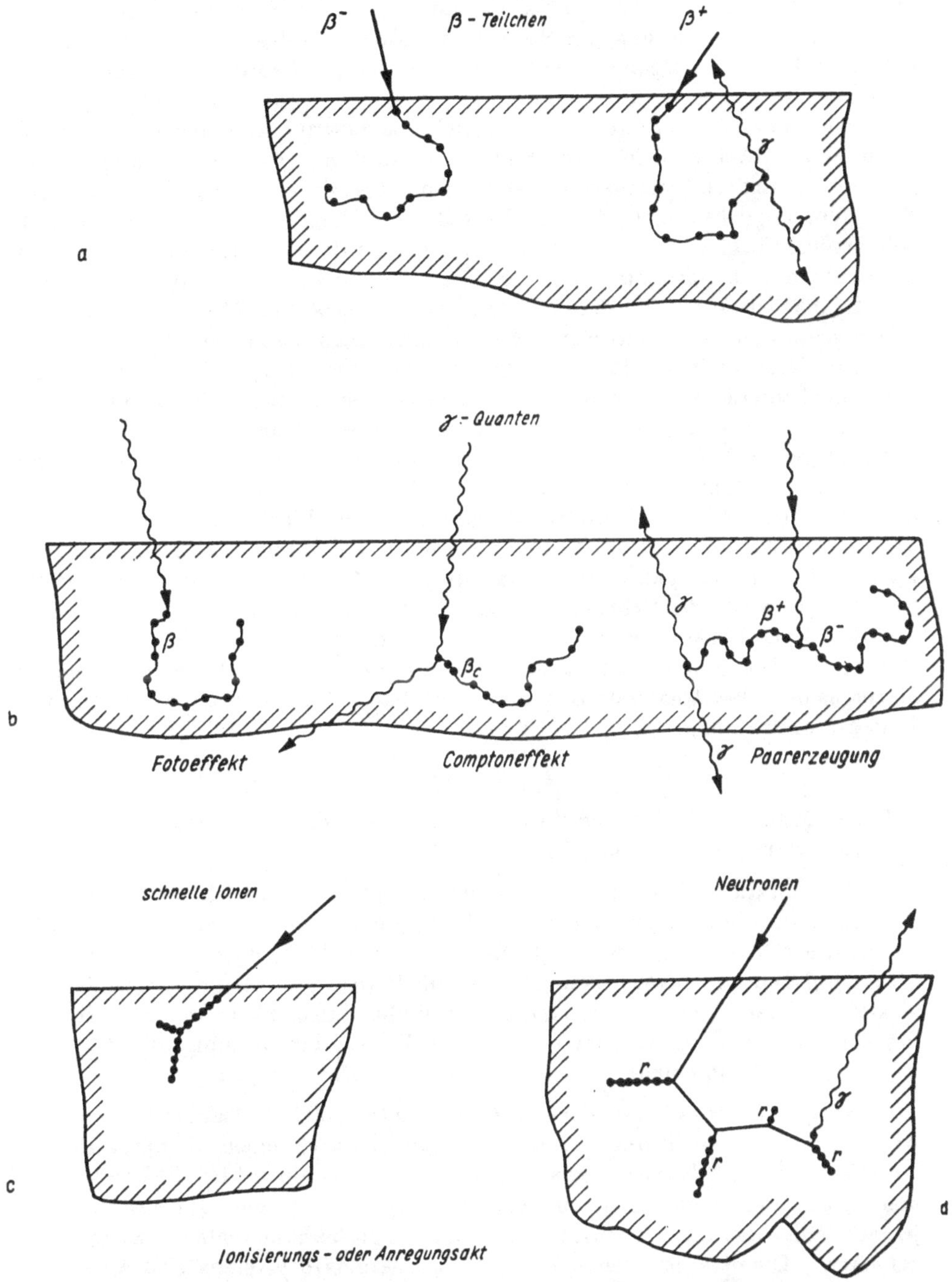

Abb. 79. Wechselwirkung der verschiedenen Elementarteilchen mit Materie

wird der weitaus überwiegende Teil der kinetischen Energie des β-Teilchens zur Anregung und Ionisierung des Szintillatormaterials aufgebraucht. Hiermit ist der erste Teil des Vorganges abgeschlossen. (Die β^+-Abbremsung wird bei den γ-Strahlen behandelt.)

An der Rückkehr des Szintillatormaterials aus diesem hoch angeregten Zustand in ein neues stabiles Gleichgewicht unter Aussendung von Fluoreszenzstrahlung sind je nach Art des Szintillatormaterials ganz verschiedene komplizierte physikalische Vorgänge beteiligt. Auf die Einzelheiten dieser in die Festkörperphysik gehörenden Vorgänge einzugehen, ist im Rahmen dieses Buches unmöglich. Es muß hier auf die grundlegenden Arbeiten von Slater und Shockley [195], Riehl [196] sowie auf die durch Heitler und London [197] bzw. Bloch [198] hierzu geschaffenen theoretischen Vorstellungen hingewiesen werden.

Außer dieser, über eine Reihe von Sekundärprozessen ausgelösten, Fluoreszenzstrahlung kann die Abbremsung des β-Teilchens auch direkt Anlaß zur Aussendung einer Quantenstrahlung sein. Es sind dies die Bremsstrahlung, welche auftritt, wenn das β-Teilchen im Coulomb-Feld des Atomkerns beschleunigt wird, und die Cerenkow-Strahlung [199], die durch ein β-Teilchen hervorgerufen wird, das in den Szintillator mit einer größeren Geschwindigkeit hineingeschossen wird, als die Lichtgeschwindigkeit im Szintillator beträgt. Während die Bremsstrahlung im Gebiete der Röntgen- bzw. γ-Strahlung liegt, werden bei der Cerenkow-Strahlung Quanten des sichtbaren Strahlenbereiches emittiert (ungefähr 2—4 eV). Sie ist z. B. die Ursache für das blaue Leuchten des Wassers der Swimming-Pool-Reaktoren. Bei guten Szintillatoren spielen die eben besprochenen zusätzlichen Mechanismen der Quantenerzeugung keine Rolle im Vergleich zu der echten Fluoreszenzstrahlung.

2. γ-Strahlen

Ein γ-Quant kann auf verschiedene Weise mit dem Szintillatormaterial in Wechselwirkung treten (Abb. 79b).

a) Es kann durch Fotoeffekt seine ganze Energie auf ein Elektron übertragen, welches dann mit dieser um die Ablösungsarbeit verminderten kinetischen Energie durch den Szintillator fliegt. Es wird hierbei abgebremst, wie im Abschnitt über die β-Teilchen beschrieben, und veranlaßt den Szintillator gleichzeitig zur Aussendung der Fluoreszenzstrahlung. Die Wahrscheinlichkeit für das Auftreten des Fotoeffektes ist proportional der vierten Potenz der Ordnungszahl des Szintillatormaterials und sinkt stark ab mit zunehmender Energie.

b) Neben diesem — besonders im Gebiet unter 200 keV (bei NaJ) besonders wahrscheinlichen — Prozeß kann das γ-Quant durch einen Compton-Prozeß Energie verlieren. Es wird hierbei ein Teil der γ-Energie auf ein Elektron übertragen, und den Rest nimmt ein sekundäres Quant mit sich. Da das Elektron je nach Größe des Emissionswinkels verschieden große Bruchteile der Energie des primären γ-Quantes erhalten kann und das sekundäre γ-Quant eine erhebliche Wahrscheinlichkeit hat, ohne weitere Wechselwirkung den Szintillator zu verlassen, so besteht zwischen der Primärenergie und der vom Elektron auf den Szintillator übertragenen Energie keine feste Beziehung. Dies ist bei Energiemessungen mit Szintillationsanordnungen sehr unerwünscht. Der Compton-Prozeß herrscht im Energiegebiet zwischen 0,5 und 3 MeV, besonders bei Materialien mit niedriger Ordnungszahl, vor.

c) Für γ-Energien über 1 MeV besteht die Möglichkeit einer weiteren Form der Wechselwirkung. Da in diesem Energiebereich das Massenäquivalent der Energie des γ-Quantes größer ist als die doppelte Ruhemasse des Elektrons, so kann sich die γ-Energie im Felde eines Atomkernes umwandeln. Es entsteht ein Elektron-Positron-Paar. Den eventuell noch vorhandenen Überschuß der γ-Energie bekommen beide Elektronen als kinetische Energie mit auf den Weg. Von der γ-Energie wird also zunächst nur die kinetische Energie des Elektronenpaares durch Abbremsen auf den Szintillator übertragen. Nun ist das Positron aber nicht stabil, und nachdem es im Szintillator abgebremst wurde, fängt es ein negatives Elektron ein und zerstrahlt wieder nach einer mittleren Lebensdauer von $1{,}25 \cdot 10^{-10}$ sec unter Aussendung eines γ-Quantenpaares mit einer Energie von je 511 keV (Abb. 79b). Quanten dieser Energie haben eine gewisse Chance, im Szintillator steckenzubleiben (siehe die in A1 und A2 beschriebenen Prozesse). Damit wäre nunmehr die gesamte Energie — wie im Falle des Fotoeffektes — auf den Szintillator übertragen. Man muß sich aber darüber klar sein, daß, je nachdem, ob ein oder beide γ-Quanten entweichen, neben dem Hauptenergiebetrag auch noch Beträge, die um 0,511 MeV bzw. 1,022 MeV kleiner sind, im Energiespektrum auftreten können. In Abb. 80 sind die Wirkungsquerschnitte für die einzelnen

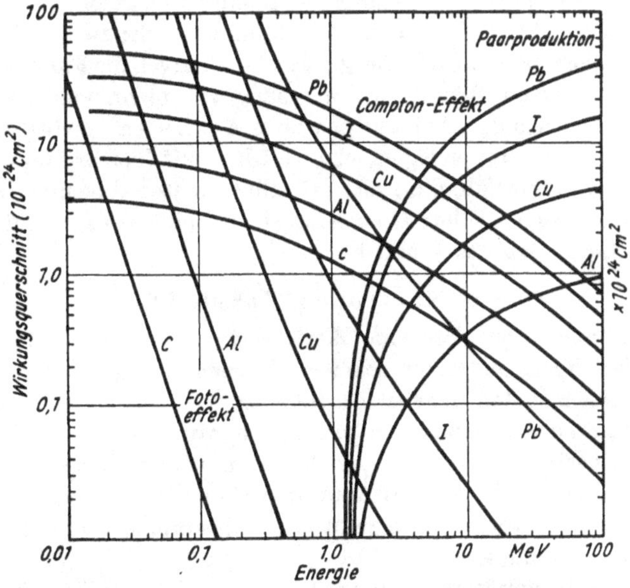

Abb. 80. Wirkungsquerschnitt von γ-Strahlen in C, Al, Cu, J und Pb, aufgeteilt in Fotoeffekt, Compton-Effekt und Paarerzeugung. Gezeichnet nach einer Tabelle bei [271]

Prozesse in Abhängigkeit von der Energie für einige Elemente dargestellt. Die Abb. 81 veranschaulicht die Abhängigkeit des Absorptionskoeffizienten von der γ-Energie für die beiden am häufigsten benutzten Szintillatoren Anthrazen und NaJ(Tl).

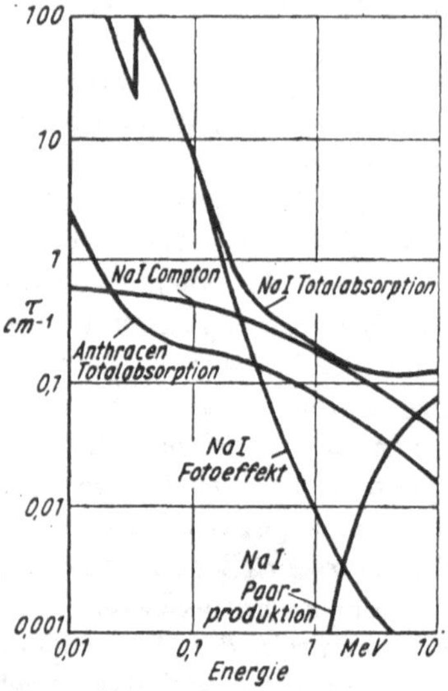

Abb. 81. Absorptionskoeffizient τ für γ-Strahlen in Anthrazen und NaJ(Tl). Gezeichnet nach einer Tabelle bei [271]

3. Schnelle Ionen

Die Prozesse bei der Abbremsung von energiereichen Ionen, wie z.B. Protonen, Deuteronen, α-Teilchen usw., im Szintillatormaterial sind noch wesentlich komplizierter als die eben beschriebenen. Infolge der geringen Durchdringungsfähigkeit dieser Strahlen erfolgt die Abbremsung auf einer relativ sehr kurzen Strecke (Abb. 79c). Daher ist die längs der Bahn des Teilchens auf den Szintillator übertragene Energiedichte sehr hoch. Dies führt zu einer mehr oder weniger vollständigen Zerstörung des Szintillatormaterials am Ende des Bremsweges in einem Schlauch von $\sim 2 \cdot 10^{-8}$ cm Durchmesser [200]. Außer dieser Zerstörung wird aber mit je nach dem Szintillatormaterial verschieden guter Ausbeute eine Fluoreszenzstrahlung angeregt, wiederum hervorgerufen von schnellen Sekundärelektronen. Man neigt in letzter Zeit immer mehr zu der Annahme, daß, wie verschieden auch die Art und Energie der Teilchen sei, die Fluoreszenzanregung in allen Szintillatorarten über die Abbremsung von mehr oder weniger energiereichen Elektronen erfolgt. Anhand des eben skizzierten Mechanismus versteht man ohne weiteres, warum energiereiche Teilchen mit kleiner Masse infolge ihrer größeren Durchdringungsfähigkeit das Szintillatormaterial weniger zerstören und infolgedessen auch eine größere Quantenausbeute haben als energieärmere Teilchen größerer Masse (Abb. 82a und b).

4. Neutronen (Tabelle 12)

Neutronen können nur über eine Kernreaktion oder durch Zusammenstöße mit anderen besonders natürlich leichten Kernen Energie auf das Szintillatormaterial übertragen. Man verwendet daher zum Nachweis energiereicher Neutronen Szintillatoren mit einem großen Gehalt an Wasserstoff. Die Neutronen können beim Zusammenstoß mit den Wasserstoffkernen einen Teil und, bei zentralem Stoße, sogar ihre ganze Energie auf den Wasserstoffkern übertragen. Das so entstandene Proton wird im Szintillator abgebremst und regt diesen hierbei zur Fluoreszenzstrahlung an (Abb. 79d).

Thermische Neutronen kann man am besten mit Hilfe einer Kernreaktion, die einen großen Wirkungsquerschnitt besitzt, nachweisen. Zu diesem Zwecke

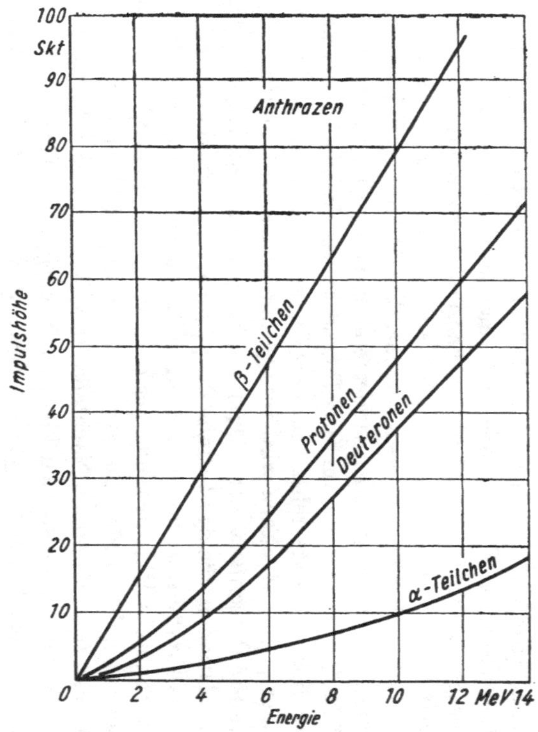

Abb. 82a. Größe der Szintillationsimpulse in Anthrazen in Abhängigkeit von Energie und Art der Teilchen [272]

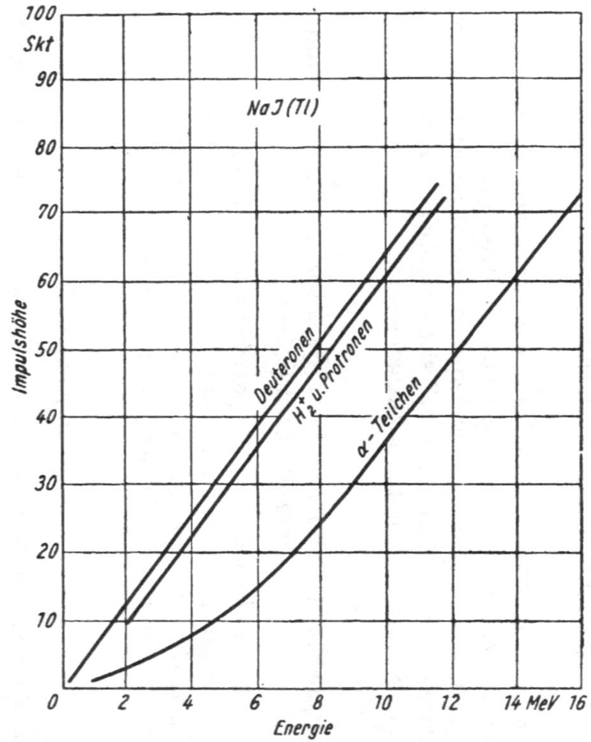

Abb. 82b. Größe der Szintillationsimpulse in NaJ(Tl) in Abhängigkeit von Energie und Art der Teilchen [272]

verwendet man gerne Szintillatoren, die U^{235}, Cd^{113}, B^{10}, Li^{6} u. a. enthalten. Die bei diesen Isotopen nach Einfangen der Neutronen herausgeschleuderten Elementarteilchen oder Spaltprodukte geben im Szintillator wiederum Anlaß zur Auslösung eines Lichtblitzes.

Ein Eingehen auf die Wechselwirkung der in den letzten Jahren bekannt gewordenen neuen Elementarteilchen mit dem Szintillatormaterial erübrigt sich; es genügt zu sagen, daß — genau, wie in den eben beschriebenen Beispielen — ein Teil der Energie dieser Teilchen über den Zwischenprozeß der Erzeugung schneller Elektronen den Szintillator zur Lichtemission anregt.

B. Die Eigenschaften und Anwendungsgebiete der häufig benutzten Szintillatoren (Tabelle 11)

Nach diesem kurzen Eingehen auf die physikalischen Vorgänge bei der Wechselwirkung der verschiedenen Arten der Kernstrahlung mit dem Szintillatormaterial sollen die Eigenschaften und Anwendungsgebiete der zur Zeit am häufigsten benutzten Szintillatoren anhand einer Tabelle besprochen werden.

1. NaJ(Tl)-Einkristall

Der NaJ-Einkristall mit einem Zusatz von 0,1 bis 0,5 Gewichtsprozenten Thallium als Aktivator ist der Szintillator mit der größten Lichtausbeute. Er wurde zum ersten Male von Hofstadter [201] als Szintillator benutzt. Zur Erzeugung eines Lichtquantes benötigt er 30 bis 50 eV der einfallenden Strahlung. Die Fluoreszenzstrahlung wird im Wellenlängenintervall zwischen 3700 Å und 4500 Å ausgesandt, was sehr gut mit dem Empfindlichkeitsmaximum der halbdurchlässigen Cäsium–Antimon-Fotokathode zusammenpaßt. Da das Material für seine eigene Fluoreszenzstrahlung durchlässig ist, kann man große Kristalle verwenden. Die Abklingzeit der Fluoreszenzstrahlung beträgt 0,25 μsec. Dies ist zwar relativ lang, aber für die meisten Zwecke noch tragbar. Das Hauptanwendungsgebiet des NaJ(Tl) ist die Registrierung und Energiemessung von γ-Strahlen im Gebiet von 50 keV bis 5 MeV. Dies beruht auf zwei Eigenschaften des NaJ. Erstens werden infolge seiner hohen Dichte relativ harte γ-Quanten schon in geringer Schichtdicke absorbiert, und zweitens wird infolge der hohen Ordnungszahl des Jods eine relativ hoher Prozentsatz der γ-Quanten durch Fotoeffekt eingefangen. Dies führt zu Szintillationen, die der Energie der γ-Quanten proportional sind, und ermöglicht so eine direkte Energiebestimmung. (Die Linearität zwischen der Energie der abgebremsten Fotoelektronen und der Zahl der Lichtquanten bis zu den kleinsten γ-Energien (1 keV) wurde unlängst von Wright [202] bestätigt.) Neben diesen Vorteilen hat NaJ(Tl) einige Nachteile. Das Material ist sehr feuchtigkeitsempfindlich. Wenn die — an sich klar durchsichtigen — Kristalle nur wenige Minuten der normalen Luftfeuchtigkeit ausgesetzt werden, so überziehen sie sich mit einer dünnen, gelben Schicht, die für die Fluoreszenzstrahlung nahezu undurchlässig ist. Dies äußert sich in einer starken Abnahme der Größe der elektrischen Impulse am Ausgang des SEV, verbunden mit einer Verschlechterung der Auflösung. Daher können die Kristalle nur in luftdichten Behältern mit Glas- oder Plexiglasfenstern benutzt werden (Abb. 83). Eine weitere Schwierigkeit be-

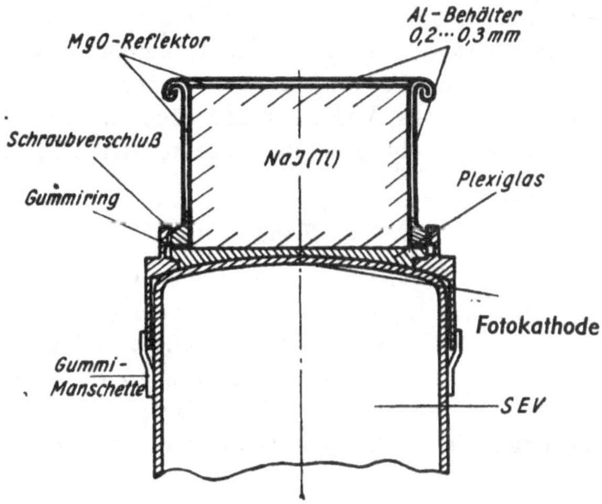

Abb. 83. Behälter für NaJ(Tl)-Szintillatoren

reitet der hohe optische Brechungsindex des Kristalles. An der Grenze zwischen Kristall und Lichtleiter bzw. Glaskolben des SEV besteht ein erheblicher Unterschied des Brechungsindexes. Da die Quanten im optisch dichteren Medium entstehen, wird ein gewisser Bruchteil der schräg auftreffenden Strahlung durch Totalreflexion in den Kristall zurückreflektiert. Ein Teil der Quanten legt daher infolge wiederholter Reflexion im Kristall erhebliche Wege zurück und kann absorbiert werden. Um diesen Effekt möglichst klein zu machen, muß sich der Brechungsindex vom Szintillator über den Lichtleiter und die Glaswandung des SEV zur Fotokathode möglichst stetig ändern, und die Sprungstellen zwischen den verschiedenen Brechungsindicis müssen mit geeigneten optischen Kitten bzw. Immersionsflüssigkeiten oder Pasten [203] überbrückt werden. Außerdem werden beim NaJ alle Flächen, außer der dem Lichtleiter zugekehrten, nicht poliert, sondern matt gelassen. Die an der polierten Fläche reflektierten Quanten werden an den matten Flächen diffus reflektiert und haben daher eine größere Chance, unter einem günstigeren Winkel auf die polierte Lichtaustrittsfläche zu fallen. Quanten, die durch die mattierten Begrenzungsflächen an Luft ausgetreten sind, werden mit guter Ausbeute durch einen Reflektor aus poliertem Aluminium, weißem, unglasiertem Porzellan oder am besten durch festes Magnesium- oder Thoriumoxydpulver reflektiert [204]. Eine ungünstige Wirkung hat dagegen das Aufkleben oder Aufdampfen des Reflektors auf den Kristall, weil dadurch der Koeffizient der Totalreflexion erheblich vermindert wird.

Die dritte Schwierigkeit liegt in der Abhängigkeit der Lichtausbeute von der Konzentration des Aktivators. Während des Wachsens des Einkristalles wird das Tl wie eine Verunreinigung aus dem Kristall herausgedrückt und in der Schmelze angereichert. Dadurch kann sich eine ungleichmäßige Verteilung des Aktivators im Einkristall ergeben. Dies führt zu einer Abhängigkeit der Fluoreszenzausbeute vom Ort im Kristall und damit zu großen Ungenauigkeiten bei der Energiebestimmung der γ-Quanten. Trotz aller angeführten Schwierigkeiten kann man große, gleichmäßig aktivierte NaJ-Kristalle züchten. In der Literatur sind Kristalle mit Abmessungen von 120 mm Durchmesser und 130 mm Länge angegeben [205].

2. LiJ-Einkristall

Auch andere Alkalijodide werden als Szintillatoren benutzt. LiJ ist besonders geeignet zum Nachweis thermischer Neutronen wegen des hohen Wirkungsquerschnittes der Reaktion Li^6 $(n\ \alpha)H^3$. Am besten läßt es sich mit Zinn als Aktivator durch Ziehen aus der Schmelze herstellen. Die Abklingzeit beträgt 0,7 μ sec. BERNSTEIN und SCHARDT [206] konnten Kristalle von 25 × 20 × 10 mm herstellen, und ähnliche Ergebnisse erzielten SCHENK und HEALTH [207].

3. KJ(Tl)- und RbJ(Tl)-Einkristalle

KJ(Tl) und RbJ(Tl) lassen sich nach analogen Methoden wie NaJ(Tl) ziehen. Sie haben nur $^1/_5$ der Lichtausbeute von NaJ. Beide Kristalle wurden zur Messung der natürlichen Radioaktivität von K^{40} bzw. Rb^{87} benutzt. Eben wegen ihres durch die natürliche Radioaktivität hervorgerufenen hohen Null-Effektes sind beide Substanzen zur Messung anderer Strahlungen ungeeignet.

4. CsJ(Tl)-Einkristall

Große Bedeutung hat dagegen CsJ(Tl) als Szintillator erlangt. Es ist nicht feuchtigkeitsempfindlich. HOFSTADTER [208] fand, daß die Lichtausbeute etwa $^3/_4$ der von NaJ ist und daß die Abklingzeit $< 10^{-7}$ sec beträgt, also wesentlich kürzer als die von NaJ ist. Der Absorptionskoeffizient für γ-Strahlung ist hoch, und wegen der großen Kernladung beider Bestandteile ist die Wahrscheinlichkeit für Fotoeffekt bzw. Paarbildung besonders groß. Dies würde das Material für γ-Spektroskopie sehr geeignet machen. Trotz weiterer Untersuchungen durch BONANOMI und ROSSELS [209] scheint aber ein sicheres Ziehverfahren für größere Kristalle bisher noch nicht gefunden worden zu sein. Dieser Szintillator hat aber große Aussichten, in absehbarer Zukunft NaJ auf vielen Gebieten zu verdrängen.

5. Cadmium- bzw. Kalziumwolframat-Einkristalle

Cadmium- bzw. Kalziumwolframat wurde erstmalig von MOON als Szintillator verwendet [210]. Beide Szintillatoren lassen sich in klaren, gegen ihre eigene Strahlung durchlässigen Kristallen züchten und haben eine hohe Lichtausbeute.

Wegen der großen Ordnungszahl des Wolframs und der großen Dichte sind beide Kristalle für γ-Messungen sehr geeignet. Leider ist es bisher noch nicht gelungen, große Kristalle zu züchten. Ein prinzipieller Nachteil ist die sehr große Abklingzeit von über $10\,\mu$ sec. Außerdem erschwert der hohe optische Brechungsindex die Überführung der Lichtquanten zur Fotokathode noch mehr als im Fall des NaJ. Wegen seines Gehaltes an Cadmium ist $CdWO_4$ zur Zählung thermischer Neutronen geeignet.

6. Anthrazen-Einkristall

Anthrazen ist unter den organischen der am häufigsten benutzte Szintillator. Wenn das Ausgangsmaterial gut gereinigt wurde, kann es im Vakuum leicht zu großen, klar durchsichtigen Kristallen gezogen werden. Anthrazen hat von allen organischen Szintillatoren die höchste Lichtausbeute. Das Emissionsspektrum liegt in der Umgebung von 4400 Å und deckt sich vorzüglich mit dem Empfindlichkeitsmaximum der Fotokathode des SEV. Wegen seiner kleinen Kernladung beträgt der Anteil der rückgestreuten β-Teilchen nur etwa 8%. Infolge der nach den neuesten Messungen [211] vorhandenen strengen Proportionalität zwischen der Größe des Lichtimpulses und der β-Energie ist es zur Zählung und Energiemessung von β-Teilchen sehr geeignet. Nach WRIGHT beträgt der energetische Nutzeffekt der Umwandlung der Energie eines schnellen Elektrons in sichtbare Strahlung 0,062 [212] (Abb. 82a). Infolge seiner kurzen Abklingzeit wird es für Kurzzeit- und Koinzidenzmessungen gern verwandt. Allerdings wurden in der letzten Zeit Messungen veröffentlicht, wonach etwa 10% der Gesamtfluoreszenz langsamer abklingen. Es wurden einzelne Komponente gemessen mit Konstanten von 0,12, 1,1 und 33 μsec. Dies würde die Zuverlässigkeit des Anthrazens als Szintillator für Kurzzeitmessungen allerdings einschränken [213].

Aber auch für schwere Teilchen wird Anthrazen benutzt. Seine Lichtausbeute ist aber infolge der geringen Reichweite und der großen Ionisierungsdichte längs der Bahn der schweren Teilchen wesentlich schlechter als bei β-Teilchen der gleichen Energie (Abb. 82a).

7. Trans-Stilben-Einkristall

Die Verwendung des Trans-Stilbens als Szintillator neben Anthrazen, mit dem es eine gewisse Ähnlichkeit hat, beruht vor allen Dingen auf seiner sechsmal kürzeren Abklingzeit. Die Lichtausbeute beträgt etwa die Hälfte von Anthrazen. Auch beim Trans-Stilben wurde in letzter Zeit von schwachen Komponenten der Fluoreszenzstrahlung mit etwas längerer Abklingzeit berichtet.

8. Flüssige Szintillatoren

Für die Untersuchungen an sehr durchdringenden Teilchen, wie sie in der kosmischen Höhenstrahlung und bei Experimenten mit den großen Beschleunigern auftreten, sind Szintillatoren mit einem Volumen von vielen Litern, ja Kubikmetern, erwünscht. Szintillatoren solcher Dimensionen in Form von Einkristallen zu realisieren, ist kaum möglich und außerdem außerordentlich teuer. Es ist das große Verdienst von KALLMANN [214] und seiner Mitarbeiterin HERFORTH [187h*] gezeigt zu haben, daß auch Flüssigkeiten als Szintillatoren verwendbar sind. Durch systematische Studien entdeckten er und sein Mitarbeiter FURST [215] sowie andere [216], daß die Lösungsmittel Xylol, Toluol und Phenyl-Zyklohexan, in denen in bestimmter Verdünnung eine der Substanzen p-Terphenyl, Quaterphenyl, Diphenyloxazol, Tetraphenylbutadien und andere gelöst sind, gute Lichtausbeuten ergeben, verbunden mit einer sonst nicht erreichbaren kurzen Abklingzeit. Mit flüssigen Szintillatoren neuartiger Zusammensetzung wurden unlängst Ausbeuten von 65 bzw. 72% der Ausbeute bei Anthrazen erreicht [217]. Falls der Spektralbereich des Fluoreszenzleuchtens, bezogen auf das Empfindlichkeitsmaximum der Fotokathode, zu sehr im Kurzwelligen liegen sollte, kann man durch Zugabe von sehr geringen Mengen von Diphenyl-Hexatrien eine Verschiebung des Fluoreszenzspektrums nach längeren Wellenbereichen erzielen. Diphenyl-Hexatrien und andere Substanzen mit der gleichen Eigenschaft werden daher in diesem Zusammenhang auch als optische Frequenzwandler bezeichnet. Man kann mit ihrer Hilfe durch bessere Anpassung an die Fotokathode eine oft bis zu 30prozentige Vergrößerung des Impulses am Ausgang des SEV erreichen.

9. Polymerisierte Szintillatoren

An Stelle eines flüssigen Lösungsmittels kann auch ein Lösungsmittel, welches durch Polymerisation fest wird wie Polyvinyl-Toluol oder Polystyrol, verwendet werden. Mit diesen Kunststoffszintillatoren hat man inzwischen Lichtausbeuten erreicht, die bis auf einen Faktor 2 an die des Anthrazen heranreichen. Da sich dieser Szintillatortyp in sehr großen Volumina und in beliebiger Form herstellen bzw. bearbeiten läßt, hat er in kurzer Zeit große praktische Bedeutung erreicht, zumal er sich wegen der sehr kurzen Abklingzeiten hervorragend zu Koinzidenzmessungen eignet.

10. Gasförmige Szintillatoren

In neuester Zeit ist man auch dazu übergegangen, Gase, und zwar speziell die Edelgase, als Szintillatoren heranzuziehen [218]. EGGLER und HUDDLESTON [219] verwandten einen durch eine Glasplatte verschlossenen halbkugeligen Aluminiumbehälter. Im Inneren befand sich Argon unter einem Druck von 5 atü. Die Innenflächen wurden zur Transformierung der UV-Strahlung in den Bereich der maximalen Photokathodenempfindlichkeit mit einer dünnen Schicht von Tetraphenylbutadien in Polystyrol überzogen. Mit dieser Anordnung erreichten sie für die α-Teilchen des Pu^{238} ein Auflösungsvermögen von 15% bei einer Anstiegszeit der Impulse von $\sim 10^{-8}$ sec.

An Stelle des festen Frequenztransformators kann man auch dem Argon bzw. anderen Edelgasen eine geringe Menge Stickstoff zugeben. Auch hierdurch findet

Tabelle 11. Gebräuchliche Szintillatoren [278]

Material	opt. Brech-Index	Dichte	Empfindlichkeits-max [Å]	Abklingzeit [10^{-9} sec]	Energieausbeute	eV Photon	rel. Halbwertsbreite[1]) 1 MeV	rel. Halbwertsbreite[1]) 5 MeV	Hauptanwendungsgebiet
Eiskristalle									
NaJ(Tl)	1,77	3,67	4100	250	10%	30	4,5%	2%	γ-Spektroskopie
ZnS(Ag)	2,37	4,10	4400	3000					α-Teilchen
$CdWO_4$	2,2	7,90	5200	>1000					γ-Zählung therm. Neutronen
Anthrazen	1,59	1,25	4400	36	4,8%	65	6,5%	3%	β-Strahlen Koinzidenz
Trans-Stilben	1,62	1,16	4100	6	2,8%				β-Strahlen Koinzidenz
Flüssigkeiten									
Xylol + Terphenyl + Diphenylhexatrien	1,50	0,86	4500	5	2,3%				
Xylol + Terphenyl	1,50	0,86	4000	3	1,6%	190	11%	5%	
Phenylcylohexan + Terphenyl Tetraphenylbutadien	1,50	0,86			2,6%				Rezept: P. R. BELL in β and γ-Ray spectroscopy S. 149 von K. SIEGBAHN, Amsterdam 1955
Toluol + Diphenyloxacol	1,50	0,86		2,5	2,6%				
Kunststoffe									
Polyvinyltoluol + Terphenyl-Diphenylstilben			4400	3	2,3%				
Polystyrol+Tetraphenylbutadien	1,60	1,06	4000	5	1,7%				
Polyvinyltoluol Terphenyl Tetraphenylbutadien				2,2	2,4%		10%	4,5%	Rezept: P. R. BELL in β and γ-Ray spectroscopy S. 148

[1]) Für eine Fotokathode vom Typ Cs-Sb mit etwa 40 μA/Lm Empfindlichkeit.

Tabelle 12. Szintillatoren für Neutronen [279]

Typ	Zusammensetzung: Detektor	Zusammensetzung: Hauptbestandteil	Zusammensetzung: Szintillator	Zusammensetzung: Frequenzwandler	benutzte Kernreaktion	Empfindlichkeit: Neutronen (Energie KeV)	Empfindlichkeit: γ	Impulsgröße rel. zu NaJ	Abklingdauer (μsec)	Literaturhinweis
Edelgas	^{3}He	$^{3}He + Xe$	Xe	Quaterphenyl	^{3}He (n, p)	< 500	niedrig	0,5	0,002	[219]
	^{10}B	Xe	Xe	Quaterphenyl	^{10}B (n, α)	< 10	,,	0,5	0,002	
	^{235}U	Xe	Xe	Quaterphenyl	^{235}U (n, Sp)	< 10	,,	0,5	0,002	
zweiatomiges Gas	H_2	H_2 + ?	?	Natrium-salicylat	H (n, n)	> 20	,,	~0,5	0,002	
organische Flüssigkeiten .	Toluol	Toluol	PPO[1])	POPOP[2])	H (n, n)	> 500	groß	~0,01	0,002	
	Triäthyl-benzol +	Triäthyl-benzol	PPO[1])	POPOP[2])	^{10}B (n, α)	< 50	,,	0,01	0,5	[280]
	Methylborat od.Cad.Oktal.	Triäthyl-benzol	PPO[1])	POPOP[2])	H (n, n) H + ^{113}Cd (n, γ)	>1000	niedrig	0,01	0,002	[246]
organische Festkörper ...	Anthrazen	Anthrazen	Anthrazen	—	H (n, n)	> 100	groß bei großem Volum klein bei kleinem Volum	0,05	0,03	[281]
	Polystyrol Polyvinyl-toluol	Polystyrol	p-Terphenyl	Tetraphenyl-butadien	H (n, n)	> 300	groß	0,02	0,003	[282]
anorganische Festkörper ...	^{6}LiJ	LiJ	Eu	—	^{6}Li (n, α)	< 50	,,	0,33	2	[283]
	^{6}LiH	LiH	?	—	H (n, n) ^{6}Li (n, α)	> 100	niedrig	~0,5	1	[284]
	$^{10}B_2O_3$	ZnS	Ag	—	^{10}B (n, α)	< 10	,,	$\leqq 1,0$	0,2	[285]
	Plexiglas + ZnS	ZnS	Ag	—	H (n, n) S (n, p)	> 100	,,	$\leqq 1,0$	0,2	
	^{10}B	NaJ	Tl	—	$^{7}Li^{*}$ (γ) ^{7}Li	<1000	groß	1	0,2	

[1]) PPO bedeutet: 2,5-Diphenyloxazol; [2]) POPOP bedeutet: 1,4-Di-[2-(5-Phenyloxazolyl)]-Benzol

eine gute Überführung der UV-Strahlung in sichtbares Licht statt. Die Verwendung von Gasen als Szintillationsmaterial befindet sich aber noch ganz in den Anfängen; ein sicheres Urteil ist daher noch nicht möglich.

Auf eine Schwierigkeit, die alle Arten von Szintillatoren gleich betrifft, muß hier hingewiesen werden. Geringste Verunreinigungen vermindern die Lichtausbeute bereits stark und setzen die Abklingzeit wesentlich herauf. Aus diesem Grund und infolge der großen experimentellen Schwierigkeiten bei der Bestimmung der kurzen Abklingzeiten schwanken die Angaben in der Literatur zur Zeit noch stark.

KAPITEL 10

Der Einfluß der Daten des SEV auf das energetische und zeitliche Auflösungsvermögen einer Szintillationsanordnung

A. Das energetische Auflösungsvermögen

In Kapitel 8 wurden bereits die physikalischen Vorgänge im Szintillator besprochen, die mit der Auslösung einer Szintillation beginnen und mit dem Auftreten eines Spannungssprunges an der SEV-Anode enden.

Die Formel ergab eine Proportionalität zwischen dem Spannungssprung an der SEV-Anode und dem Energiebetrag, den das Primärteilchen unter der Annahme, daß die Lichtausbeute des Szintillators von der Teilchenenergie unabhängig ist, auf den Szintillator übertrug. Dies trifft für β-Teilchen, die im Innern von Anthrazen bzw. NaJ erzeugt und dort abgebremst wurden, in erster Näherung zu (siehe Kapitel 9). Nun sind aber die Emission von Lichtquanten, die Auslösung von Fotoelektronen aus der Fotokathode und der Prozeß der Sekundärelektronenemission sämtlich Elementarprozesse, die den Gesetzen der Statistik unterworfen sind. Deshalb muß die Größe der Ausgangsimpulse gewissen Schwankungen unterworfen sein, auch wenn die monoenergetischen Teilchen stets den gleichen Energiebetrag auf den Szintillator übertragen. Trägt man die Häufigkeit der Impulse in Abhängigkeit von ihrer Größe auf, so ergibt sich die glockenförmige Fehlerkurve (Abb. 84). Sie läßt sich durch die Angabe der mittleren Impuls-

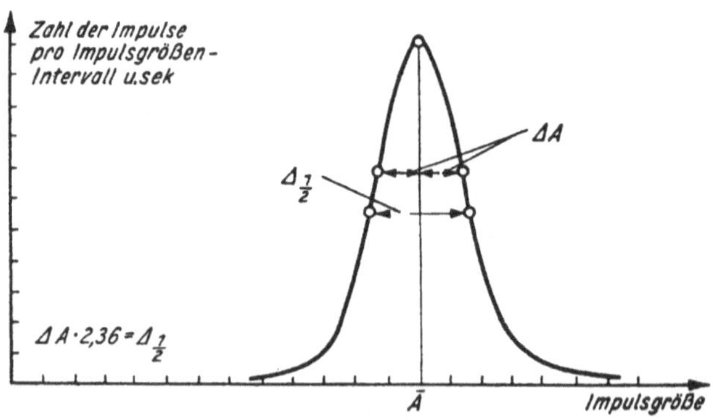

Abb. 84. Impulsgrößenverteilung an der SEV-Anode bei Bestrahlung der Fotokathode mit gleich großen Lichtimpulsen

größe $\overline{A}$ und der Halbwertsbreite $\Delta_{1/2}$ charakterisieren. Diese steht über die Beziehung $\Delta_{1/2}^2 = 5{,}58 \cdot \overline{\Delta A^2}$ mit der mittleren quadratischen Schwankung $\overline{\Delta A^2}$ im Zusammenhang. Im Kapitel 2 des 1. Teils wurde bereits die mittlere quadratische Schwankung der Impulsamplitude unter der vereinfachenden Annahme abgeleitet, daß pro Szintillation im Mittel Z_0 Fotoelektronen erzeugt und diese ohne Verluste zur ersten Dynode überführt werden. Weiterhin wurde angenommen, daß alle Dynodenstufen den gleichen Verstärkungsfaktor δ haben und dieser die relative quadratische Schwankung β hat. Die Formel für die relative quadratische Streuung der Impulsamplitude lautet dann:

$$\frac{\overline{\Delta A^2}}{\overline{A}^2} = \frac{1}{Z_0}\left(1 + \frac{\beta\,\overline{\delta}}{\overline{\delta} - 1}\right).$$

Diese Formel zeigt deutlich, daß die der Teilchenenergie proportionale Impulsamplitude $\overline{A}$ um so genauer bestimmt werden kann, je größer die Zahl Z_0 der den Vervielfacherteil erreichenden Fotoelektronen ist. Der Klammerausdruck ist konstant (etwa 1,3) und verursacht nur eine geringfügige Verbreiterung des Impulsspektrums.

Im Verlauf der Entwicklung der Energiespektroskopie an Elementarteilchen mit Hilfe von Szintillationsanordnungen wurden von verschiedenen Autoren mehr ins einzelne gehende Formeln für die relative Streuung angegeben [220]. Wir wollen uns im folgenden an eine Ableitung von Wright [221] anlehnen. Er berücksichtigt bei der Aufstellung der Formel für die relative Streuung Schwankungen verschiedener Natur:

1. Die Zahl der pro Szintillation erzeugten Fotonen kann infolge von Unterschieden der Primärenergie, der Größe des Energiebetrages, der auf den Szintillator übertragen wird, und der örtlichen Lichtausbeute des Szintillators schwanken.
2. Die Lichtüberführung zur Fotokathode ist im allgemeinen für jeden Ort im Szintillator verschieden gut.
3. Die Überführung der von der Fotokathode emittierten Fotoelektronen zur ersten Dynode ist vom Ort auf der Fotokathode und von der Elektronenoptik zwischen der Fotokathode und der ersten Dynode abhängig.

Zunächst soll die Formel für einen einwandfreien Szintillationszähler angegeben werden. Unter „einwandfrei" sei verstanden, daß der Szintillator optisch fehlerfrei ist, die Lichtüberführung vom Ort, an dem die Quanten erzeugt werden, unabhängig ist, die Fotokathode konstante Empfindlichkeit über ihre ganze Fläche hat, die Dynoden gleiche Sekundärelektronenemission haben und identisch arbeiten und daß die Elektronenoptik die Fotoelektronen ohne Verluste von der Fotokathode zur ersten Dynode überführt. Für viele Quanten pro Szintillation — eine Annahme, die immer erfüllt ist — beträgt die relative Streuung der Impulsgröße:

$$\frac{\overline{\Delta A^2}}{\overline{A}^2} = \frac{\sigma_n^2 - \overline{n}}{\overline{n}^2} + \frac{1}{\overline{n} \cdot \overline{p}}\left(1 + \frac{1}{\delta - 1}\right).$$

Hierbei bedeuten:

$\bar{n}$ = die mittlere Zahl der Fotonen pro Szintillation;

σ_n^2 = quadratische Streuung von n;

$\bar{p}$ = die mittlere Zahl der Fotoelektronen pro Foton = Lichtüberführungsfaktor $\Theta \times$ Quantenausbeute γ;

$\bar{\delta}$ = den mittleren Vervielfachungsfaktor pro Stufe.

Dieser Ausdruck zeigt, daß die Verbreiterung des Impulsspektrums auch unter idealisierten Bedingungen zwei Ursachen hat: Der erste Summand wird durch die Schwankungen bei der Fotonenerzeugung bestimmt. Er kann bei systematischen Schwankungen der Fotonenzahl in aufeinander folgenden Impulsen beliebig groß werden. Wenn die Zahl der Fotonen jedoch nur der unvermeidlichen statistischen Streuung unterworfen ist, so verschwindet der erste Summand, denn für diesen Fall ist $\sigma_n^2 = \bar{n}$. Der zweite Summand enthält die Anteile des SEV an der Gesamtverbreiterung. Er wird hauptsächlich durch das Produkt $\bar{n} \cdot \bar{p} = \overline{Z_0}$, die Zahl der Fotoelektronen, bestimmt. Der Klammerausdruck liegt zwischen 1,2 und 1,5. Liegen keine systematischen Streuungen der Zahl der Fotonen vor, so bestimmt der zweite Summand allein die Breite der Impulsverteilung. Das heißt aber für die Praxis:

Den Hauptanteil an der unvermeidlichen Verbreiterung des Impulsspektrums wird durch die Vorgänge im SEV verursacht

Wir wollen nun die Einflüsse der Fehler der Szintillationsanordnung berücksichtigen. Es sind dies:

1. Schlieren und Selbstabsorption sowie örtliche Unterschiede der Lichtausbeute des Szintillators, hervorgerufen durch ungleichmäßige Verteilung des Aktivators; unvollständige Übertragung der Primärenergie auf den Szintillator, weil das β-Teilchen aus dem Szintillator austritt ehe es ganz abgebremst wurde (Randeffekt). Dies alles kann zusammengefaßt werden in einer Schwankung der Fotonenzahl σ_n^2, welche über die durch die Statistik gegebene Schwankung hinausgeht.

2. Der Lichtüberführungsfaktor Θ ist abhängig vom Ort der Entstehung der Fotonen (bei besonders großen und unregelmäßig geformten Szintillatoren); die Fotokathode hat keine gleichmäßige Empfindlichkeit. Die Überführungswahrscheinlichkeit K für die Fotoelektronen von der Fotokathode zur ersten Dynode ist nicht Eins, sondern kleiner und abhängig vom Ort auf der Fotokathode. Dies führt dazu, daß die mittlere Zahl der Fotoelektronen pro Foton, die die erste Dynode erreichen, $\bar{p} = \bar{\Theta} \cdot \bar{\gamma} \cdot \bar{K}$, von Szintillation zu Szintillation verschieden groß sein kann. Dies kann man in einem Streufaktor σ_p^2 zum Ausdruck bringen.

3. Die Fotokathode emittiert ständig thermische Elektronen, die sich dem Impuls überlagern können. Ihre mittlere Zahl während der Dauer des Impulses ist $\bar{m}$.

4. Die Elektronen, die auf die erste Dynode auftreffen, haben eine größere kinetische Energie als diejenigen, die auf die weiteren Dynoden treffen. Dies liegt daran, daß man an die Elektroden des elektronenoptischen Systems eine höhere Spannung anlegt, um eine bessere Elektronenüberführung zu erreichen. Daher ist der Faktor der Sekundärelektronenauslösung für die erste Dynode ($\bar{\delta}_1$) größer als für die restlichen ($\bar{\delta}$). $\bar{\delta}_1$ kann aber für verschiedene Orte auf der ersten Dynode verschieden groß sein. Demzufolge kann auch seine Streuung ($\sigma^2_{\delta_1}$) größer sein als aus der Wahrscheinlichkeitsrechnung folgt.

Unter Berücksichtigung der oben angegebenen Fehlermöglichkeiten und für eine größere Anzahl von Fotonen pro Szintillation ($\bar{n} \gg 1$) lautet die Formel für die relative Schwankung der Impulsamplitude (in Anlehnung an WRIGHT):

$$\frac{\overline{\Delta A^2}}{\bar{A}^2} = \frac{\bar{p}^2}{(\bar{n}\cdot\bar{p}+\bar{m})^2}(\sigma^2_n - \bar{n}) + \frac{\bar{n}^2\cdot\sigma^2_p}{(\bar{n}\cdot\bar{p}+\bar{m})^2}\left(1+\frac{\sigma^2_n}{\bar{n}^2}\right)$$

$$+\frac{1}{\bar{n}\cdot\bar{p}+\bar{m}}\left(1+\frac{1}{\bar{\delta}}\cdot\frac{1}{\bar{\delta}-1}+\frac{\sigma^2_{\delta_1}}{\delta^2_1}\right).$$

Die Formel besteht aus drei Summanden. Allen gemeinsam ist der Ausdruck: $\bar{n}\cdot\bar{p}+\bar{m}$. Es ist dies die mittlere Zahl der Elektronen, die pro Szintillation die erste Dynode erreichen ($\bar{n}\cdot\bar{p}$), zuzüglich der Zahl der während der Dauer der Szintillation von der Fotokathode emittierten thermischen Elektronen ($\bar{m}$). Die zur Zeit fast ausschließlich für Szintillationsmessungen verwendeten SEV haben eine Cs–Sb-Fotokathode, die bei Zimmertemperatur pro cm^2 und Sekunde etwa 10^4—10^5 Elektronen emittiert. Wenn man nicht zu große Fotokathoden benutzt, ist $\bar{m}$ für Impulsdauern unter 1 μsec sicher kleiner als 0,1. Man kann daher — vor allem bei Szintillatoren mit kurzer Abklingzeit — $\bar{m}$ gegenüber $\bar{n}\cdot\bar{p}$ vernachlässigen. Es ergibt sich dann die Näherung $(\bar{n}\cdot\bar{p}+\bar{m}) \cong \bar{n}\cdot\bar{p}$. Berücksichtigt man dies, so wird die Bedeutung der drei Summanden sofort klar.

Der erste Summand ist nichts anderes als die über die elementar-statistische Streuung ($\sigma^2_{en} = \bar{n}$) hinausgehende systematische relative Schwankung der Zahl der pro Szintillation erzeugten Fotonen. Der Ausdruck verschwindet, wenn keine systematische Schwankungen vorhanden sind.

Der zweite Summand wird durch den Ausdruck: $\frac{\sigma^2_p}{\bar{p}^2} \geq \frac{\bar{n}^2\cdot\sigma^2_p}{(\bar{n}\cdot\bar{p}+\bar{m})^2}$ bestimmt. σ^2_p ist die Schwankung der mittleren Zahl der Fotoelektronen pro Foton in aufeinander folgenden Szintillationen. Diese Schwankung sollte immer gleich Null sein. In großen Szintillatoren jedoch, wie sie mit luminiszierenden Flüssigkeiten hergestellt werden, beruht die Schwankung auf einer vom Ort im Szintillator abhängigen verschieden guten Lichtüberführung. Andererseits treten bei sehr dünnen, unmittelbar auf die Glaswand des SEV aufgebrachten Szintillatoren die unterschiedliche Quantenempfindlichkeit der Fotokathode und die Ortsabhängigkeit des Elektronenüberführungsfaktors als σ^2_p in Erscheinung.

Im dritten Summanden sind die Schwankungen zusammengefaßt, die durch die Daten des SEV in die Messung hineinkommen. Dieser Summand ist auch der einzige, der nicht Null werden kann. Er stellt daher die nicht unterschreitbare untere Grenze für die Verbreiterung des Impulsspektrums dar. Aus diesem Grund ist er der wichtigste der drei Anteile. Um ihn klein zu machen, d.h. um ein Szintillationsspektrum mit möglichst scharfen Linien zu erhalten, muß die Zahl der Elektronen, die pro Szintillation die erste Dynode erreichen $(\bar{n}\cdot\bar{p})$,

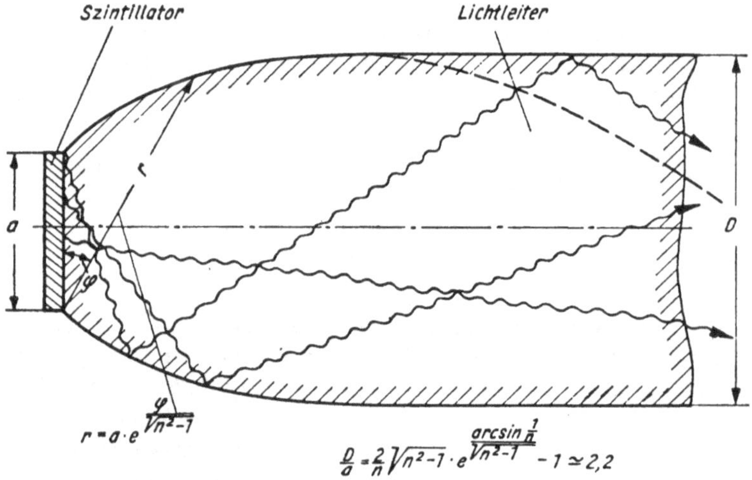

Abb. 85. Lichtleiter maximaler Lichtüberführung [273]

möglichst groß sein. $\bar{n}$, die Zahl der pro Szintillation erzeugten Fotonen, hängt nicht vom SEV ab, sondern ist in diesem Zusammenhang als gegeben zu betrachten. Dagegen ist $\bar{p}$, die mittlere Zahl der Elektronen pro Foton, vorwiegend durch die Daten des SEV und den Aufbau der Anordnung bedingt. Wie schon mehrfach erwähnt, setzt sich p aus dem Faktor der Lichtquantenüberführung (Θ), der Quantenausbeute der Fotokathode (γ) und dem Überführungsfaktor (K) für die Fotoelektronen von der Fotokathode zur ersten Dynode zusammen: $p = \Theta \cdot \gamma \cdot K$.

Um einen möglichst hohen Faktor der Lichtquantenüberführung zur Fotokathode zu erreichen, muß der gesamte lichtoptische Teil der Anordnung sorgfältig durchdacht werden. Hierzu muß der Lichtweg möglichst kurz sein und soll in einem Medium verlaufen, das die Lumineszenzstrahlung nicht absorbiert. Der Brechungsindex längs des Lichtweges soll zur Vermeidung von Reflexionen möglichst konstant sein. Hieraus ergibt sich bereits klar und deutlich, daß als Fotokathode für Szintillationszwecke nur eine Durchsichtskathode, die direkt auf der Innenwand des Glaskolbens des SEV angebracht ist, in Frage kommt. Der relativ hohe Brechungsindex der gebräuchlichen Szintillatoren $(1{,}5 \leqq n \leqq 2{,}2)$ verhindert infolge der Totalreflexion das Austreten eines großen Teiles der Fotonen an Luft.

Trotzdem tritt ein Teil von ihnen, nämlich die in steilem Winkel von innen auf die Szintillatorwand auftreffenden, an Luft aus und würde damit für den Nachweis verloren gehen. Aus diesem Grund umgibt man den Szintillator mit einem Reflektormaterial (wie schon in Kapitel 9 beschrieben). In speziellen Fällen kann man auch dem Lichtleiter eine solche Form geben, daß die Lichtquanten stets unter großen Winkeln auf die Wandung auftreffen und daher stets reflektiert werden (Abb. 85). Eingehende Berechnungen von Lichtleitern sowie auch Gesichtspunkte für ihre Dimensionierung wurden unter anderem von GARVIN durchgeführt [222].

Zusammenfassend kann gesagt werden: Durch sorgfältige Dimensionierung aller an der Lichtüberführung beteiligten Bauelemente kann man günstigstenfalls etwa 70—80% aller Lichtquanten zur Fotokathode überführen.

Der zweite wesentliche Faktor ist die Quantenausbeute γ. Wie schon mehrfach erwähnt, kann man unter günstigen Umständen bei der Cs–Sb-Fotokathode Quantenausbeuten im Empfindlichkeitsmaximum von 0,25 erreichen. Mit den unlängst von SOMMER [87] bekannt gegebenen Mehrfach-Alkali-Fotokathoden sind Quantenausbeuten bis nahe an 0,5 — der theoretischen Höchstgrenze — erreicht worden. Es handelt sich aber hierbei, wie schon gesagt, um die Quantenausbeute im Empfindlichkeitsmaximum. Zur Erzielung einer hohen integralen Quantenausbeute ist es nötig, den Szintillator- und den Fotokathodentyp so auszuwählen, daß das Luminiszenzspektrum in der Umgebung des Empfindlichkeitsmaximums der Fotokathode liegt. Da der Szintillator außerdem je nach Art der nachzuweisenden Strahlung andere bestimmte Eigenschaften haben muß, ist es einleuchtend, daß man keine große Auswahl hat. Daher schwankt je nach der gewählten Kombination die effektive Quantenausbeute. Unter günstigen Bedingungen kann man aber für die Antimon-Cäsium-Fotokathode γ-Werte von etwa 0,2 erreichen. Es braucht wohl nicht erwähnt zu werden, daß diese Empfindlichkeit über die ganze Kathodenfläche einigermaßen konstant sein muß ($\pm 10\%$).

Die empfindlichste Fotokathode ist unwirksam, wenn man nicht möglichst alle Fotoelektronen zur Sekundärelektronenvervielfachung heranzieht. Aus diesem Grunde soll die Elektronenoptik zwischen Fotokathode und ersten Dynode so dimensioniert sein, daß alle Elektronen von jeder beliebigen Stelle der Kathode aus ohne Verluste überführt werden. Erschwert wird die Aufgabe vor allem dadurch, daß die Fotoelektronen mit Anfangsenergien bis zu $V_0 = 1{,}5$ eV nach allen Richtungen aus der Kathode austreten können. Die elektrischen Felder des hierzu verwandten speziellen Typs einer Elektronenoptik (Emissionsoptik) beschleunigen die Elektronen in Richtung höherer Potentiale und zur Symmetrieachse hin. Unabhängig von dem Ort und der Richtung ihres Starts von der Fotokathode durchlaufen alle Elektronen einen Bereich, wo die alle Elektronenbahnen einhüllende Fläche ihre engste Einschnürung hat. Dieser kreisförmige Bereich ist der „cross-over", und hier soll beim SEV die erste Dynode angeordnet sein. Zur Abschätzung der Größe des cross-over gibt RUSKA [224] für eine kugelsymmetrische Potentialverteilung (Abb. 86) folgende Formel an:

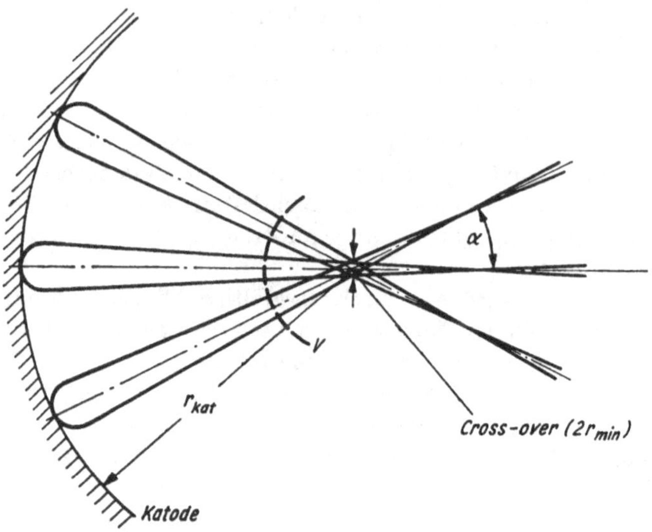

Abb. 86. Bahnen der Fotoelektronen in einem kugelsymmetrischen Absaugfeld [224]

$$\frac{r_{min}}{r_{kat}} = \frac{\sqrt{\frac{V_0}{V_0 + V}}}{\sin \alpha}$$

Hierbei bedeuten:

r_{min} = Radius des Elektronenbündels im cross-over;

r_{kat} = Krümmungsradius der Fotokathode;

α = halber Aperturwinkel;

V_0 = Anfangsenergie der Elektronen;

V = Potential der Beschleunigungselektrode (erste Dynode).

Für eine Emissionsoptik, wie sie häufig verwendet wird (RCA–5819, DuMont–6292, ФЭУ–19 und viele andere), ergaben bisher unveröffentlichte Messungen von BERNHARD, daß der Durchmesser des cross-over zwischen $^1/_3$ und $^1/_8$ des Kathodendurchmessers liegt. Unter diesem Gesichtspunkt betrachtet, sind bei einer Reihe von Konstruktionen die Öffnungen in den entsprechenden Elektroden zu klein, und die Elektronen prallen zum Teil auf die Blendenränder. Dies ist der Grund für die oft starke Abhängigkeit des Elektronenüberführungsfaktors vom Ort auf der Fotokathode. Außer dieser örtlichen Schwankung treten bei vielen SEV-Konstruktionen auch zeit- und intensitätsabhängige Schwankungen auf, die ebenfalls zum Teil durch die Elektronenoptik verursacht werden. Der Grund liegt darin, daß bei vielen SEV ein erheblicher Bruchteil der die Elektronenbahnen umgebenden Begrenzungsflächen von Isolatoren bzw. schlecht leitenden Materialien gebildet wird (Glas, Glimmer, Keramik, Material der Fotokathode usw.). Diese Flächen ändern ihr Potential nach Beschuß mit Fotonen bzw. Elektronen und können dadurch die Elektronenbahnen so beeinflussen, daß die Elektronen aus dem Vervielfachungsprozeß ausscheiden. In den neueren SEV-Konstruktionen ist daher Sorge getragen worden, daß erstens die Fotokathode eine ausreichende Leitfähigkeit besitzt und zweitens alle in Frage kommenden Teile der Glaswandung durch Metallisierung feste Potentiale erhalten und die unbedingt erforderlichen Isolatoren abgeschirmt werden.

Es bleibt noch der Klammerausdruck zu besprechen. In ihm kommt der statistische Charakter des Vervielfachungsprozesses zum Ausdruck. Die Fotoelektronen treffen auf die erste Dynodenstufe meistens mit höherer Energie auf als die Sekundärelektronen auf die folgenden. Daher ist der Sekundärelektronenfaktor der ersten Stufe ($\bar{\delta}_1$) meistens größer als der der folgenden ($\bar{\delta}$). Falls $\bar{\delta}_1$ für verschiedene Stellen auf der ersten Dynode verschieden groß sein sollte, muß die Streuung $\sigma^2_{\delta_1}$ von $\bar{\delta}_1$ experimentell bestimmt werden. Liegen jedoch keine derartigen statistischen Schwankungen vor, so reduziert sich der Ausdruck zu: $\sigma^2_{\delta_1} = \bar{\delta}_1$. Unter dieser Annahme ist der Klammerausdruck in Abhängigkeit von $\bar{\delta}$ in der Abb. 87 dargestellt. Unter normalen Bedingungen liegt der Vervielfachungsfaktor $\bar{\delta}$ zwischen 2,5 und 4,5. Aus der graphischen Darstellung ergibt sich dann ein Wert für die Klammer, der zwischen 1,6 und 1,2 liegt.

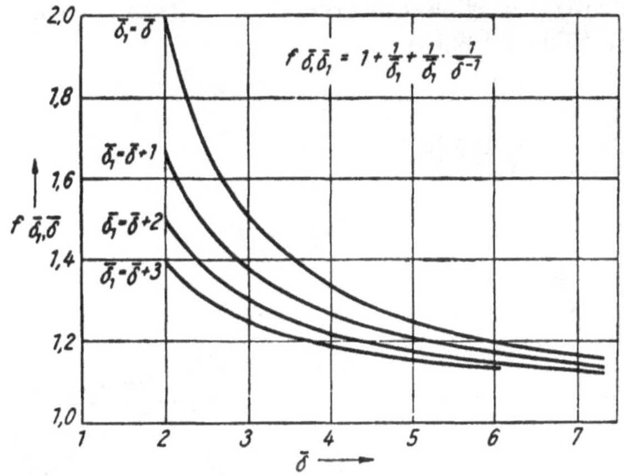

Abb. 87. Der Anteil der Sekundärelektronenvervielfachung an der Streuung der Impulsamplitude

Zum Abschluß dieser Betrachtungen sollen noch einige Bemerkungen über die Grenzen der Genauigkeit gemacht werden, mit der Energiemessungen mit Hilfe von Szintillationsspektrometern möglich sind. Hierzu sei angenommen, daß $\sigma_n^2 = \bar{n}$ ist. Damit verschwindet der erste Summand der Gleichung. Ebenfalls sei $\sigma_p^2 = 0$ und $\bar{m} \ll \bar{n} \cdot \bar{p}$. Dadurch reduziert sich die relative quadratische Streuung der Impulsamplitude zu:

$$\frac{\overline{\Delta A^2}}{\bar{A}^2} = \frac{1}{\bar{n} \cdot \bar{p}}\left(1 + \frac{1}{\bar{\delta}_1} + \frac{1}{\bar{\delta}_1} \cdot \frac{1}{\bar{\delta} - 1}\right)$$

oder wenn man die leicht meßbare ganze Halbwertsbreite $\Delta_{1/2}$ der Impulsverteilung benutzt (siehe Abb. 84), so beträgt die relative Halbwertsbreite:

$$\frac{\Delta_{1/2}}{\bar{A}} = 236 \sqrt{\frac{1 + \frac{1}{\bar{\delta}_1} + \frac{1}{\bar{\delta}_1} \cdot \frac{1}{\bar{\delta} - 1}}{n \cdot \bar{\Theta} \cdot \bar{\gamma} \cdot \bar{K}}}\ \%.$$

Wegen der Proportionalität zwischen der Teilchenenergie und der Zahl der Fotonen nimmt also die relative Halbwertsbreite der Impulsverteilung mit der Wurzel aus der Energie ab. Rechnet man bei einem guten NaJ-Kristall pro Foton etwa 30 eV, so ergibt sich bei einem Lichtleiterfaktor von $\Theta = 0{,}8$ und einer Gesamtausbeute der Cs–Sb-Kathode von $\gamma = 0{,}2$ bei verlustloser Elektronenüberführung ($K = 1$) unter der Annahme von $f(\bar{\delta}_1, \bar{\delta}) = 1{,}25$ für eine Primärteilchenenergie von 1 MeV eine relative Halbwertsbreite von 4,5% und für Anthrazen entsprechend etwa 6,5%. Eine wesentliche Steigerung der Genauigkeit ist in absehbarer Zeit für das angegebene Energiegebiet nicht zu erwarten. In der Tabelle 11 sind die zu erwartenden berechneten relativen Halbwertsbreiten für einige Szintillatoren unter den für diese günstigsten Bedingungen für Primärenergien von 1 bzw. 5 MeV eingetragen. In der Praxis wurden diese Werte nicht ganz erreicht. Der Grund hierfür ist noch nicht geklärt [225].

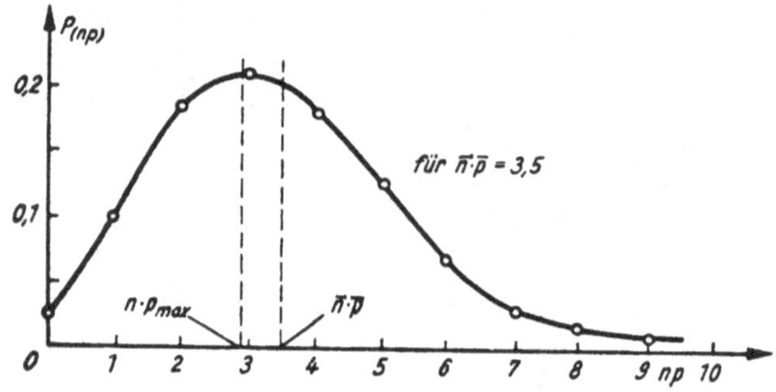

Abb. 88. Impulsverteilung für sehr schwache Szintillationen (POISSON-Verteilung)

Bei der Bestimmung der Mittelwerte der Impulsgröße darf eines nicht übersehen werden. Für $\bar{n} \gg 1$ und $\bar{n} \cdot \bar{p} \gg 1$ verteilen sich aufeinander folgende Impulse symmetrisch um einen Mittelwert $\bar{A}$, der gleichzeitig auch der wahrscheinlichste ist, in Form einer GAUSSschen Fehlerkurve. Für sehr schwache Szintillationen, bei denen pro Lichtblitz nur noch wenige Fotoelektronen ausgelöst werden, wird die Verteilung der Impulse in Abhängigkeit von ihrer Größe unsymmetrisch, und an die Stelle der GAUSSschen Fehlerverteilung tritt das POISSONsche Verteilungsgesetz (Abb. 88). Das Charakteristische dieser Verteilung ist, daß die mittlere Zahl der Fotoelektronen pro Impuls nicht die häufigste ist. WRIGHT [226] hat hierüber eingehende Untersuchungen veröffentlicht und findet, daß man mit ausreichender Näherung für mindestens vier Fotoelektronen pro Impuls ($\bar{n} \cdot \bar{p} \geqq 4$) die mittlere Zahl der Elektronen $\bar{n} \cdot \bar{p}$ aus dem Maximum $(n \cdot p_{max})$ der gemessenen Impulsgrößenverteilung erhalten kann mit Hilfe der empirischen Formel:

$$\bar{n} \cdot \bar{p} = (n \cdot p)_{max} + \varepsilon \qquad \text{mit} \qquad \varepsilon = 0{,}72\,.$$

Messungen der Lichtausbeute von NaJ und Anthrazen bei kleinen Partikelenergien, die WRIGHT [227] durchführte, ergaben eine sehr gute Linearität zwischen der Teilchenenergie und der Impulsgröße, wenn man die oben besprochene Korrektur bei der Impulsgrößenverteilung berücksichtigt.

B. Das zeitliche Auflösungsvermögen

In diesem Kapitel wurde bisher untersucht, mit welcher Genauigkeit man die Energie einer Kernstrahlung bestimmen kann. Als Maß hierfür war das Auflösungsvermögen für Energiemessungen eingeführt worden. Im folgenden wird die Rede davon sein, mit welcher Genauigkeit die zeitliche Aufeinanderfolge zweier Ereignisse mit Hilfe von Szintillationsanordnungen meßbar ist. Hierzu muß wieder auf die physikalischen Prozesse eingegangen werden (Abb. 89). Wir werden annehmen, daß zur Zeit $t=0$ an einer bestimmten Stelle im Szintillator ein β-Teilchen abgebremst wird und hierbei den Szintillator in einen hochangeregten Zustand versetzt. Von diesem Moment ab findet aus dem angegebenen Bereich heraus eine Emission von Fotonen nach allen Richtungen mit einer zeitlich exponentiell abnehmenden Intensität statt, wie sie sich aus der für den Szintillator charakteristischen Abklingzeit ergibt (Fig. 89a). Die Fotonen benötigen für ihren Weg vom Ort ihrer Entstehung bis zur Fotokathode verschieden lange Zeit, je nachdem, welchen Weg sie durch den Szintillator genommen haben (89b). Ein geringer Teil von ihnen löst hier Fotoelektronen aus. Die Zeit hierfür ist nach theoretischen und experimentellen Untersuchungen außerordentlich klein und kann vernachlässigt werden. Jedes einzelne Fotoelektron erzeugt im SEV eine Kaskade von Sekundärelektronen, die für ihr Durchlaufen durch die elektrostatischen Felder im SEV eine gewisse Laufzeit benötigen (89c). Darüber hinaus kommen aber die einzelnen Elektronen der Kaskade nicht gleichzeitig an, sondern ihre Laufzeit schwankt. Jede durch ein Fotoelektron ausgelöste Kaskade lädt die Kapazität der SEV-Anode um einen kleinen Betrag auf, so daß sich der zeitliche Verlauf des Spannungsanstieges an ihr im Laufe einer Szintillation aus ungefähr gleich großen Spannungssprüngen zusammensetzt, deren Zahl gleich der Gesamtmenge der pro Szintillation ausgelösten Fotoelektronen ist (89d). Um den Moment der Szintillation mit der geringsten Verzögerung zu registrieren, könnte man den Diskriminator so einstellen, daß er schon durch den Spannungssprung der durch das erste Fotoelektron verursachten Kaskade ausgelöst wird. Dies geht aber deshalb nicht, weil sonst der Diskriminator durch jedes der von der Kathode thermisch emittierten Elektronen ausgelöst würde. Aus diesem Grund stellt man den Diskriminator zweckmäßig so ein, daß er zu seiner Auslösung einen solchen Spannungsanstieg (U_D) benötigt, wie er von mehreren ($Q \geqq 10$) Teilkaskaden erzeugt wird. Damit setzt sich die Zeitdauer t von der Abbremsung des Primärteilchens bis zur Auslösung des Diskriminators zusammen aus der Laufzeit der Quanten durch den Lichtleiter bis zur Fotokathode t_1, der Zeit, die vergeht, bis das Q-te Fotoelektron emittiert wird, t_2, und der Laufzeit der Q-ten Sekundärelektronenkaskade durch den SEV zur Anode, t_3. Diese Zeitdauer kann man abschätzen. Sie ist aber nicht das wichtigste für die Messung der zeitlichen Aufeinanderfolge zweier Ereignisse, denn man kann beide Meßzweige ja so gleichartig aufbauen, daß die mittleren Laufzeiten in beiden Kanälen gleich sind. Wichtig ist dagegen die mittlere Schwankung der Laufzeit. Durch sie ist das zeitliche Auflösungsvermögen der Apparatur prinzipiell begrenzt. Es sollen im folgenden die einzelnen Laufzeiten und ihre mittlere Schwankung kurz besprochen werden.

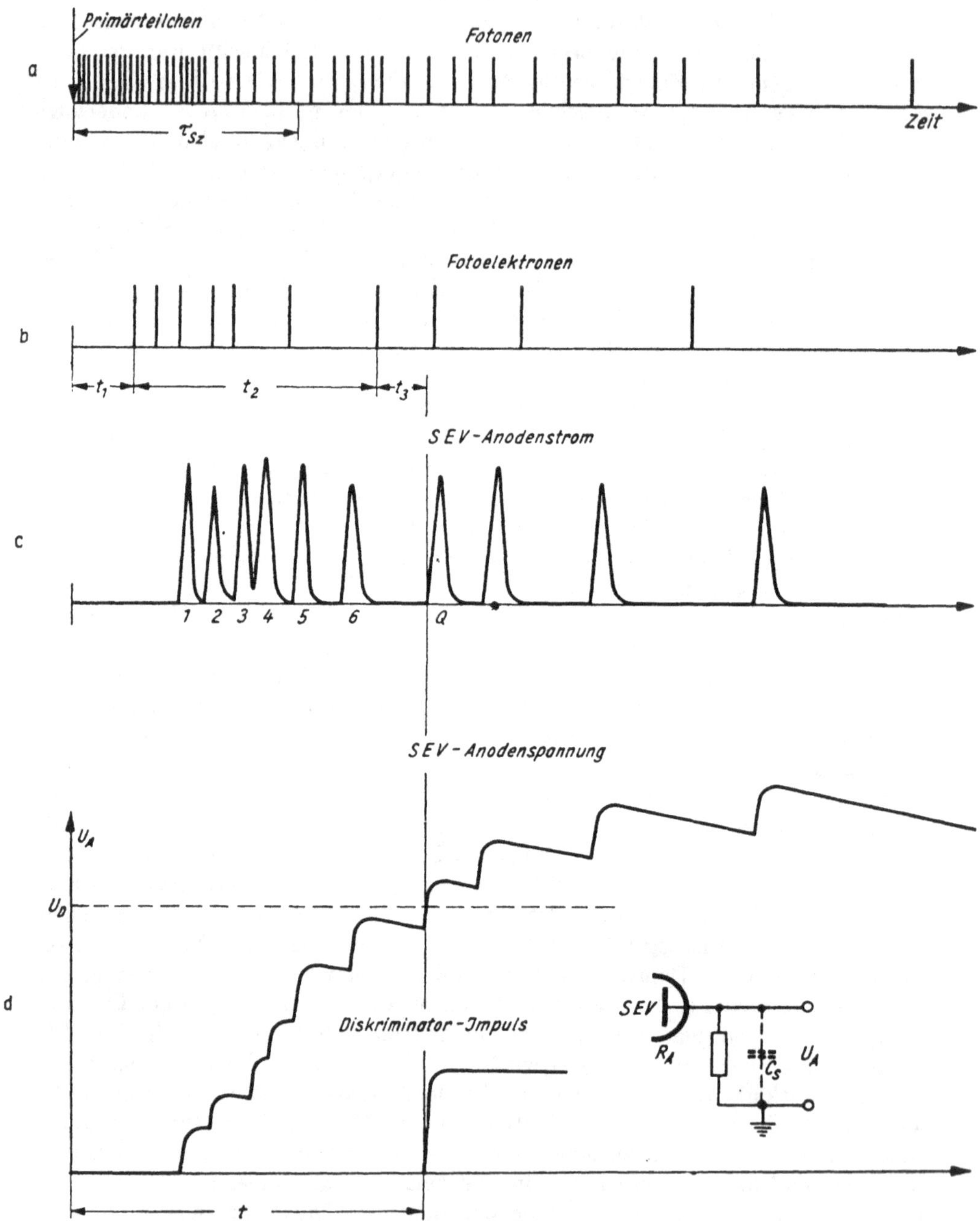

Abb. 89. Zeitlicher Ablauf der Szintillationsvorgänge im Szintillationszähler

1. Laufzeit der Fotonen

Im Inneren eines quaderförmigen oder zylindrischen durchsichtigen Körpers mit dem Brechungsindex n (Szintillator + Lichtleiter) mögen zur Zeit $t=0$ innerhalb einer sehr kurzen Zeitdauer N_0 Fotonen an der Stelle h entstehen (Abb. 90). Die Stirnseite des Zylinders bzw. eine beliebige Fläche des Quaders

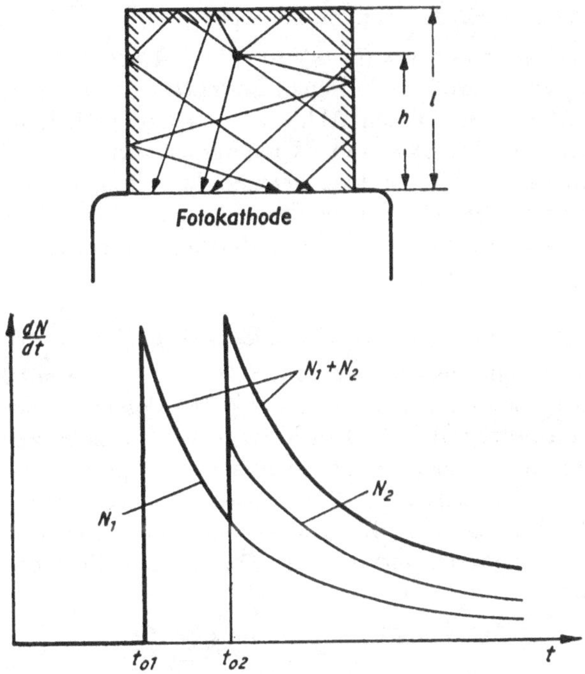

Abb. 90. Verzögerung und Verwaschung eines Lichtimpulses durch den Lichtleiter

stehe in optischem Kontakt mit der Fotokathode des SEV. Man kann leicht zeigen, daß das Eintreffen der Fotonen unter der Annahme vollständiger Reflexion an allen freien Oberflächen in zwei Gruppen erfolgt. Eine Hälfte der Fotonen — in der Abbildung die in die untere Halbebene emittierten — erreicht die Fotokathode entweder direkt oder nach ein- bzw. mehrmaligen Reflexionen an den Seitenwänden. Die andere Hälfte erreicht die Fotokathode erst nach Reflexion an der der Fotokathode gegenüberliegenden Stirnfläche (Abstand Kathode—Stirnfläche $= l$) unter eventuell weiteren Reflexionen an den Seitenwänden. Der zeitliche Verlauf des Eintreffens der ersten Gruppe ist durch die Gleichung

$$\frac{dN_1}{dt} = \frac{N_0}{2} \cdot \frac{t_{01}}{t^2} \quad \text{bzw.} \quad \frac{dN_1}{dt} = 0$$

$$\text{für} \quad t \geqq t_{01} = \frac{h \cdot n}{c_0} \qquad \text{für} \quad t < t_{01}$$

gegeben. Für die zweite Gruppe gilt die gleiche Formel, nur mit einer anderen unteren Grenze.

$$\frac{dN_2}{dt} = \frac{N_0}{2} \cdot \frac{t_{02}}{t^2} \qquad \text{bzw.} \qquad \frac{dN_2}{dt} = 0$$

$$\text{für} \qquad t \geqq t_{02} = \frac{(2\,l - h)\cdot n}{c_0} \qquad \text{für} \qquad t < t_{02}$$

Der zeitliche Abstand beider Gruppen beträgt $t_{02} - t_{01} = \frac{2n}{c_0}(l - h)$. Dies bedeutet einen Zeitunterschied von etwa $(l - h)\cdot 10^{-10}$ sec. Über derartige Doppelimpulse wurde bisher in der Literatur noch nicht berichtet. Sie müßten aber bei großen Szintillatoren mit extrem kurzen Abklingzeiten und örtlich scharf lokalisierter Strahlung durchaus nachweisbar sein. Unabhängig von den geschilderten Einzelheiten geht aus dem Gesagten klar hervor, daß infolge der endlichen Lichtgeschwindigkeit und der Abmessung des Szintillators einschließlich des Lichtleiters eine Verzögerung und eine Verbreiterung der zeitlichen Verteilung des Fotoimpulses verursacht wird.

2. Der Zeitverlust bis zur Emission des Q-ten Fotoelektrons

Es soll nun in Anlehnung an POST und SCHIFF [228] die mittlere Verzögerung berechnet werden, die bis zur Auslösung des Q-ten Fotoelektrons von insgesamt Z vergeht. Für den mittleren zeitlichen Verlauf der Emission von Fotoelektronen kann man wegen des angenähert exponentiellen Abklingens des Phosphors eine Exponentialfunktion annehmen: $N = Z\,(1 - e^{-\lambda t})$. Die Zeitdauer der Abbremsung des Primärteilchens sowie die Laufzeit der Fotonen im Lichtleiter sollen im Augenblick nicht berücksichtigt werden. Die mittlere Zahl der Elektronen pro Sekunde ist dann:

$$N'(t) = \frac{dN}{dt} = Z \cdot \lambda \cdot e^{-\lambda \cdot t}.$$

Hieraus ergibt sich die mittlere Zeit bis zur Emission des Q-ten Elektrons $(Q < Z)$:

$$t_2 \cong \frac{Q}{Z\cdot\lambda}\left(1 + \frac{Q+1}{2\cdot Z} + \cdots\right).$$

POST und SCHIFF fanden weiterhin für die mittlere quadratische Schwankung dieser Zeit den Ausdruck:

$$\overline{\Delta t_2^2} = \frac{Q}{(Z\cdot\lambda)^2}\left(1 + \frac{2\,(Q+1)}{Z} + \cdots\right).$$

Für Kurzzeitkoinzidenzen verwendet man flüssige bzw. Kunststoffszintillatoren. Nimmt man an, daß ein Elektron von 1 MeV etwa $Z = 80$ Fotoelektronen auslöst, und wählt man für $Q = 25$, so ergibt sich bei einer Abklingkonstanten des Szintillators von $\lambda = 3{,}2\cdot 10^8$ sec^{-1} eine mittlere Verzögerung von $1{,}1\cdot 10^{-9}$ sec und eine mittlere Zeitungenauigkeit von $2{,}5\cdot 10^{-10}$ sec.

3. Die Laufzeit einer Kaskade durch den SEV

Sie ist natürlich um so kleiner, je kürzer der Weg der Kaskade und je größer die mittlere Bahngeschwindigkeit ist. Diese wird wiederum durch die Größe der mittleren Feldstärke bestimmt. In den modernen SEV hat man den Dynoden eine solche Form gegeben (RCA: H 4646, H 5914, H 6687 u. a.), daß zwischen ihnen die mittlere Feldstärke relativ hoch sein kann, ohne daß — wie bei den älteren Typen — an vorspringenden Ecken und Kanten vorzeitig Feldelektronenemission einsetzt. Die hohe mittlere Feldstärke wurde dadurch erreicht, daß man mit der Stufenspannung bei gleichzeitiger Verringerung der Linear-

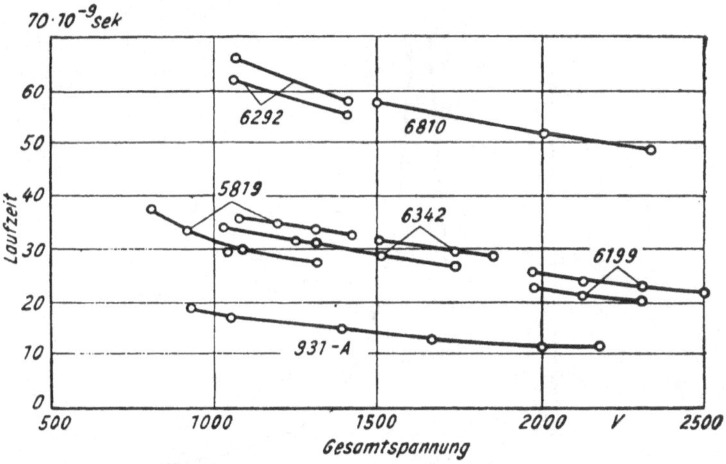

Abb. 91. Die Laufzeit einer Elektronenkaskade durch verschiedene SEV in Abhängigkeit von der Gesamtspannung [274]

abmessungen bis nahe an 200 V ging. Durch diese Maßnahmen wird einerseits die mittlere Bahngeschwindigkeit erhöht, andererseits die Länge der Bahn verkleinert. Hinzu kommt noch, daß man infolge des bei höherer Stufenspannung größeren Sekundärelektronenfaktors bei gleich großer Verstärkung mit weniger Stufen auskommt. Trotzdem beträgt die Laufzeit pro Stufe $1—2 \cdot 10^{-9}$ sec, so daß für einen zehnstufigen SEV die Laufzeit durch das ganze System $1—2 \cdot 10^{-8}$ sec beträgt. Hinzu kommt die Laufzeit von der Fotokathode zur ersten Dynode, die bei großen Fotokathoden ebenfalls $1—4 \cdot 10^{-8}$ sec betragen kann. In Abb. 91 sind für eine Reihe von amerikanischen SEV die Laufzeiten in Abhängigkeit von der Gesamtspannung aufgetragen. Der SEV Typ 931–A hat die kürzeste Laufzeit. Er hat eine Innenkathode. Die SEV vom Typ 5819, 6342 und 6199 haben dieselbe Dynodenkonstruktion wie der Typ 931–A, aber Frontkathoden mit größeren Elektronenwegen bis zur ersten Dynode. Die Dumont-Vervielfacher 6292 und 6810 haben wesentlich größere Systeme und entsprechend größere Laufzeiten.

Entsprechend der großen mittleren Verzögerung ist auch die Streuung der Laufzeit, verglichen mit anderen Streuungen, recht erheblich. Die Streuung hängt hauptsächlich davon ab, wie groß die Unterschiede in der Länge der einzelnen Elektronenbahnen und die dort herrschenden Feldstärken sind. Dies ist von Konstruktion zu Konstruktion verschieden. Durch Messungen ist bekannt, daß die Größe der Laufzeitschwankung bei den zur Zeit in Gebrauch befindlichen SEV etwa 10^{-9} sec beträgt und durchaus nicht eine Gauss-Verteilung zu sein braucht. Die Laufzeit des Vervielfachungsprozesses durch den SEV, der durch einzelne Elektronen ausgelöst wurde, ist für einen der neuesten SEV (C–7164A) in Abb. 92 [229] dargestellt. Hieraus entnimmt man eine mittlere

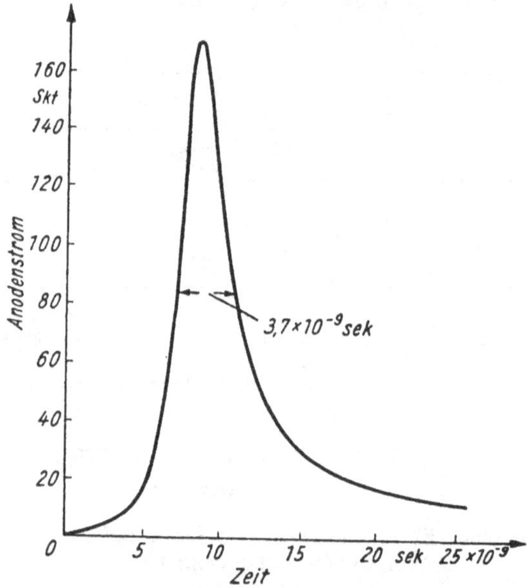

Abb. 92. Laufzeitschwankung der Ausgangsimpulse, die durch einzelne Fotoelektronen ausgelöst wurden [229]

Schwankung der Laufzeit von etwa $3{,}7 \cdot 10^{-9}$ sec. Diese Schwankung ist für Anordnungen, die flüssige bzw. plastische Szintillatoren nicht zu großer Abmessungen haben, fünf- bis zehnmal größer als die beiden anderen Ursachen einer zeitlichen Schwankung. Damit ist das zeitliche Auflösungsvermögen einer Szintillationsanordnung zur Zeit ebenfalls durch die Daten des SEV bestimmt. Hier ist in allerjüngster Vergangenheit ein wesentlicher Fortschritt erreicht worden.

4. Die Eigenschaften des SEV beim Betrieb mit Hochspannungsimpulsen

Man kann die SEV mit viel höheren Spannungen betreiben, wenn man die Spannung nur während einer sehr kurzen Zeit anlegt, die nicht ausreicht, um eine Entladung im Inneren auszulösen. Nachdem schon Post [230] 1952 einige der bekannten SEV mit kurzzeitigen Hochspannungsimpulsen betrieb und dabei bis zu 10^9-fache Verstärkungen erreichte, veröffentlichten Singer, Neher und Ruehle [231] ihre Erfahrungen mit hochspannungsgetasteten SEV. Sie benutzten SEV vom Typ RCA 931–A und IP 21 und betrieben sie mit Spannungsimpulsen bis zu 39 kV bei einer Impulsdauer von 0,2 μsec. Es stellte sich heraus, daß zur Erzielung einer Proportionalität zwischen Anodenstrom und Größe des Lichtimpulses und im gleichen Maße für hohe Raumladungsströme eine sorgfältige Justierung der einzelnen Widerstände des Spannungsteilers erforderlich war. Sie erhielten einen der Lichtmenge proportionalen Anodenstrom bis zu 1,5 A und raumladungsbegrenzte Ströme bis zu 15 A. Die Schnelligkeit des Impulsanstieges von etwa $6 \cdot 10^{-10}$ sec entspricht einer Bandbreite des SEV von 500 MHz. Gelegentlich beobachteten sie allerdings beim Betrieb mit diesen hohen Spannungen sehr starke Ultrakurzschwingungen ($\sim$500 MHz) mit einer Impulsleistung bis zu 500 kW, die dann eine Verwendung des SEV als Verstärker unmöglich machte. Gegenüber dem Gleichspannungsbetrieb ist durch den Impulsbetrieb eine Verbesserung mindestens um den Faktor 10 erreicht, d.h. man kann mit Szintillationsanordnungen im Spannungsimpulsbetrieb Zeitintervallmessungen von etwa 10^{-10} sec ausführen.

5. Eine Apparatur zur Prüfung des SEV und der Szintillatoren

Wie bereits in der Einleitung bemerkt, sind gute Meßresultate mit Szintillationsanordnungen nur zu erreichen, wenn alle Bauelemente einwandfrei arbeiten und sorgfältig aufeinander abgestimmt sind. Wegen der Schwierigkeit der Herstellung schwanken die technischen Daten einzelner SEV sogar innerhalb ein und derselben Herstellungsserie erheblich. Daher werden seit langem entweder von den Herstellerfirmen oder in den großen physikalischen Laboratorien diejenigen SEV aus der Produktionsserie ausgewählt, die für Lichtimpulsbetrieb, also für Szintillationsmessungen, besonders geeignet sind. Dies geschieht mit speziellen Apparaturen [232]. Abb. 93 zeigt eine solche Meßapparatur, wie sie seit mehreren Jahren von Bernhard benutzt wird (die Apparatur wurde 1952 gemeinsam mit W. Herrmann entwickelt). Sie arbeitet folgendermaßen:

Mit Hilfe eines Impulsgenerators (1), der ein Neonlämpchen (2) speist, werden kurze Lichtimpulse von 1 bis 2 μ sec Dauer und mit einer Wiederholungsfrequenz von 10 bis 100 kHz erzeugt. Die Lichtquanten treten durch eine Blende (3) und fallen auf die Fotokathode (4) des SEV (5). Die Ausgangsimpulse des SEV werden verstärkt (6) und das Impulsspektrum mit Hilfe eines Einkanaldiskriminators (7) gemessen. Die relative Halbwertsbreite $\Delta_{1/2}/\bar{A}$ des Impulsspektrums eines SEV ist um so kleiner, je größer bei konstant gehaltener Fotonenzahl pro Impuls das Produkt: Quantenausbeute $\gamma \times$ Elektronenüberführungsfaktor K ist. Mit Hilfe der Apparatur kann man also quantitativ angeben, wieviel mal besser oder schlechter ein bestimmter SEV im Vergleich zu einem willkürlich gewählten Standard ist. Durch eine einfache Umrechnung kann man auch SEV mit verschieden großen Fotokathoden vergleichen.

Die Apparatur kann aber auch benutzt werden, um die Abhängigkeit des Produktes $\gamma \cdot K$ vom Ort auf der Fotokathode zu bestimmen. Hierzu wird mit Hilfe einer Linse (8) die Blende (3) im Maßstab 1:1 auf die Fotokathode (4) abgebildet

(Abb. 93b). Die Linse ist auf einer Scheibe (9) befestigt, die durch einen Motor (10) in rasche Umdrehung versetzt wird. Das Bild der Blende wandert dann auf einem Kreisbogen über die Fotokathode (Abb. 94b). Gibt man die Ausgangsimpulse des SEV auf die y-Platten eines Oszillographen und synchronisiert die Zeitablenkung mit der Umlaufzeit der Scheibe, so erscheint auf dem Oszillographen-

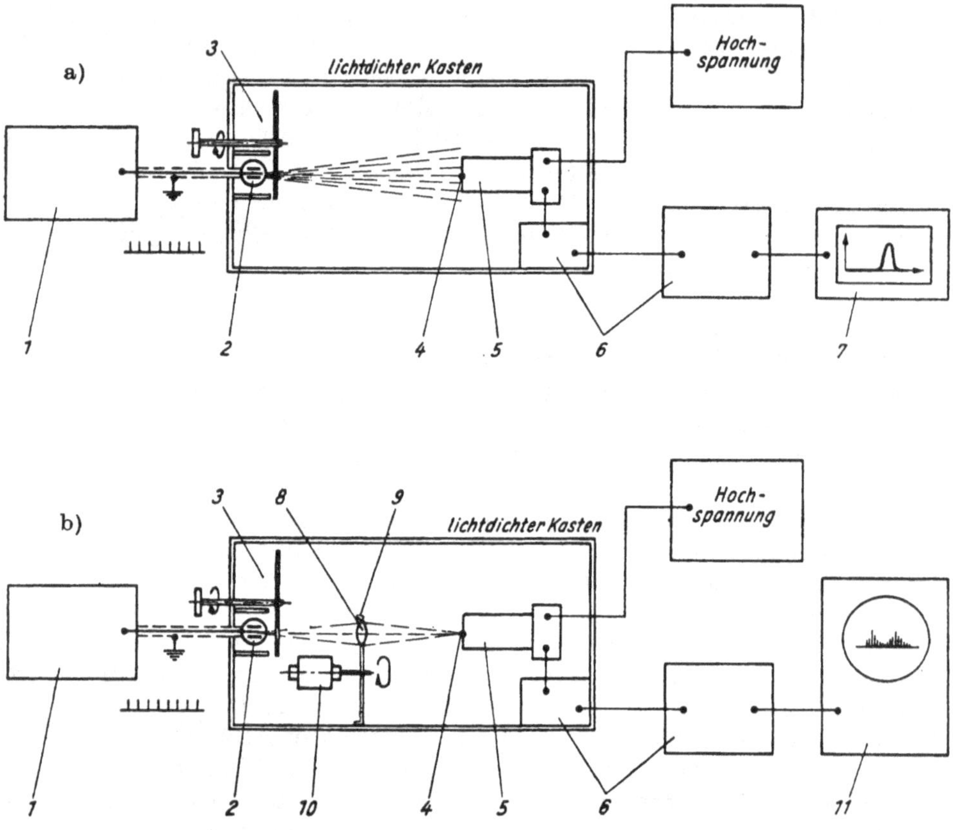

Abb. 93. Apparatur zur Prüfung von SEV

schirm ein stehendes Bild einer Folge verschieden großer Impulse (Abb. 94c). Die Einhüllende ist das Bild der Empfindlichkeitsverteilung des SEV über den abgetasteten Streifen der Fotokathode. Durch vertikale Verschiebung des SEV kann man die ganze Fotokathode abtasten. Mit Hilfe der einzelnen, den abgetasteten Streifen zugeordneten Leuchtschirmbilder kann man ein Empfindlichkeitsrelief (Abb. 94b) anfertigen. In Abb. 94a ist demgegenüber das Empfindlichkeitsrelief der Fotokathode dargestellt. Aus der Gegenüberstellung der Abb. 94a und 94b ersieht man, daß die Verstärkung etwa $3 \cdot 10^6$-fach ist und daß der Elektronenüberführungsfaktor von der Mitte der Kathode nur 0,3 beträgt.

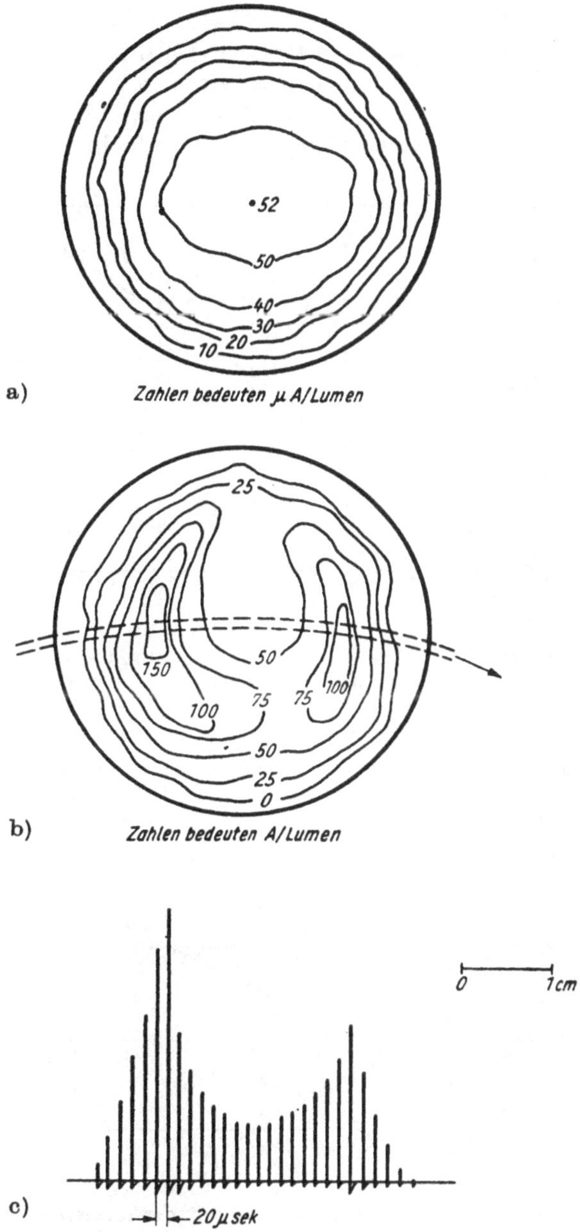

Abb. 94. Empfindlichkeitsrelief der Fotokathode eines SEV

a) Relief der Fotoempfindlichkeit der Kathode; b) Relief der Gesamtempfindlichkeit des SEV; c) Leuchtschirmbild der Empfindlichkeitsverteilung längs des in b) eingezeichneten Streifens.

Auf wesentlich umständlichere Weise erhielten Godlove und Wadey [233] ähnliche Bilder.

Außer diesen Messungen kann man mit der Apparatur die zeitliche Stabilität des SEV, den Einfluß einer zusätzlichen Kathodenbelichtung auf die Größe der Impulse und vieles andere untersuchen. Auch zum Prüfen von Szintillatoren kann die Apparatur herangezogen werden. Da der Lichtimpulsgenerator Licht-

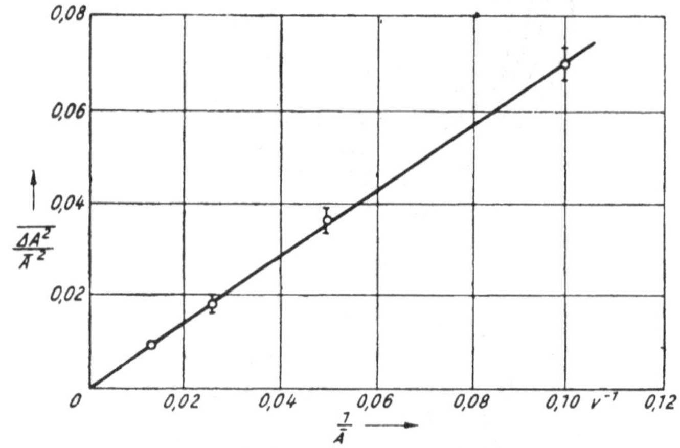

Abb. 95a. Die Abhängigkeit der relativen Streuung von der mittleren Amplitude der Lichtimpulse einer Neonlampe

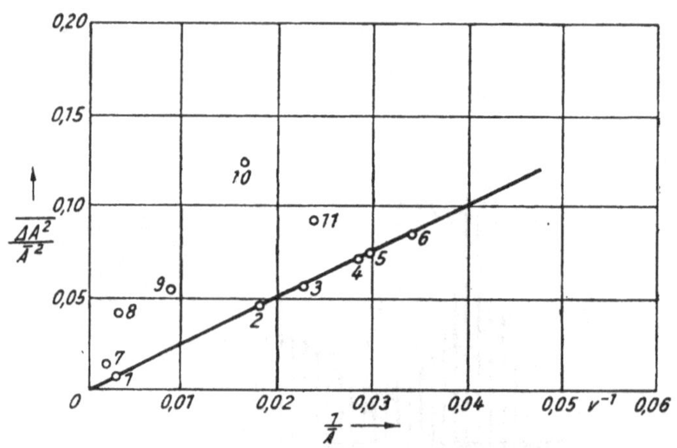

Abb. 95b. Die Abhängigkeit der relativen Streuung von der mittleren Amplitude der Szintillationen verschiedener Kristalle und Lichtblitze [234]

1 Neonlampe *2* Scheelit *3* und *4* Anthrazen in Naphthalin
5 und *6* Stilben in Naphthalin
(alle bisherigen Szintillatoren sind fehlerfrei)
7 NaJ(Tl) *8* ZnS(Cu) *9* Anthrazen *10* Anthrazen in Naphthalin *11* Stilben

impulse gleicher Größe liefert, schwankt die Zahl der Quanten pro Impuls (N) nur um den statistischen Fehler $\sqrt{N}$. Er liefert also Lichtimpulse, wie sie ein idealer Szintillator ohne systematische Schwankungen liefern soll. In Abb. 95 ist für eine konstante Gesamtverstärkung die relative quadratische Streuung der Impulsamplitude, $\frac{\overline{\Delta A^2}}{\overline{A}^2}$, in Abhängigkeit von der reziproken mittleren Impulsamplitude $\overline{A}$ aufgetragen. Wie aus der Formel für die mittlere relative Schwankung folgt, besteht zwischen $\frac{\overline{\Delta A^2}}{\overline{A}^2}$ und $\frac{1}{\overline{A}} = \frac{f}{N \cdot \Theta \cdot \gamma \cdot K}$ dann eine Proportionalität, wenn die Lichtquelle Lichtimpulse gleicher Größe liefert und keine sonstigen systematischen Schwankungen (z.B. der Lichtüberführung) auftreten. Die einzelnen Punkte der Abbildung wurden durch Vorsetzen verschieden großer Blenden vor die Lichtquelle gewonnen. Wie man sieht, liegen alle Punkte auf einer Geraden durch den Koordinaten-Anfangspunkt. Erzeugt man die Lichtimpulse mit Hilfe einer monoenergetischen γ-Strahlenquelle (Cs^{137}) und eines Szintillators, so erhält man ebenfalls ein Impulsspektrum. Hieraus läßt sich die mittlere Impulsgröße und eine mittlere relative quadratische Schwankung errechnen. Liegt der so gewonnene Meßpunkt auf der Geraden, so bedeutet das, daß die vom Szintillator gelieferten Lichtimpulse keine systematischen Fehler haben. Liegt der Meßpunkt jedoch oberhalb der Geraden, so ist der Kristall fehlerhaft. Führt man diese Messungen mit verschiedenen Kristallen durch, so liefern sie je nach der Größe ihrer Lichtausbeute und Güte der optischen Überführung Meßpunkte, die entweder auf der Geraden oder über ihr liegen. Von den so gemessenen Szintillatoren ist nun derjenige Kristall der beste, dessen Meßpunkt auf der durch die Neonlampe bestimmten Geraden liegt, also fehlerfrei ist und außerdem den kleinsten Abstand vom Koordinaten-Anfangspunkt — also größte Lichtausbeute — hat. Abb. 95b [234] zeigt die Lage der einzelnen Meßpunkte der verschiedenen Szintillatoren für die Fotoeffektlinie der Cs-γ-Strahlung und die mit Hilfe der Neonlampe und einer Reihe fehlerfreier Szintillatoren gewonnene Gerade.

Die Meßwerte für NaJ(Tl) liegen, wie sehr eingehend untersucht worden ist, stets mehr oder weniger oberhalb der durch die Neonlampe bestimmten Geraden. Bis in die jüngste Zeit hinein ist es aber noch nicht entschieden, ob diese zusätzliche Verbreiterung grundsätzlicher Natur ist oder an Unvollkommenheiten bei der Kristallherstellung liegt [235].

KAPITEL 11

Einige Anwendungsbeispiele der SEV in der Kernphysik

Wir wollen nun anhand einiger typischer Beispiele den Einsatz der SEV in der Kernphysik veranschaulichen. Entsprechend dem Grad ihrer Wichtigkeit werden zunächst einige Geräte für die Energiespektroskopie von γ-Strahlen besprochen. Daran anschließend sollen einige Bemerkungen über Koinzidenzanordnungen folgen. Besprechungen einiger kleinerer Geräte, die zeigen, wie elegant sich viele oft recht schwierige Probleme mit Hilfe der Szintillationstechnik lösen lassen, bilden den Abschluß dieses Kapitels; im nächstfolgenden werden dann die elektronischen Hilfsmittel behandelt.

A. γ-Spektrometer

Wie aus dem vorhergehenden Kapitel ersichtlich ist, hängt das mit einem Szintillations-γ-Spektrometer gemessene Impulsspektrum für ein und dasselbe γ-Präparat (man verwendet als Testpräparate vorwiegend die γ-Strahlung von Cs^{137} mit einer Energie von 661 keV bzw. die beiden γ-Linien, die beim Zerfall des Isotops Co^{60} auftreten, mit Energien von 1,17 und 1,33 MeV) stark ab von der Güte des NaJ-Kristalles, von seinen Abmessungen, von der Art und Weise, wie man den Reflektor und Lichtleiter ausbildet und — nicht zum mindesten — von den Daten des SEV. Prinzipiell setzt sich, wie im Abschnitt über die Szintillatoren eingehend behandelt wurde, jedes Spektrum einer γ-Linie aus einer relativ scharfen Linie, hervorgerufen durch den Fotoeffekt, der breiten Compton-Verteilung und — bei γ-Energien über 1 MeV — eventuell weiteren Linien, herrührend von der Paarbildung, zusammen. Die Linie, die der Primärenergie des γ-Quants entspricht, wird bei größerem Kristall nicht allein durch den Fotoeffekt, sondern auch durch den Compton-Effekt gebildet, weil mit zunehmender Kristallgröße das Compton-γ-Quant ebenfalls im Kristall absorbiert wird und der gesamte Lichtimpuls von Rückstoßelektron und Compton-γ-Quant wieder gerade einen Lichtimpuls von derselben Größe, wie sie der durch den Fotoeffekt ausgelöste besitzt, liefert. Analoges gilt für die Vorgänge bei der Paarbildung. Die Linienform monochromatischer γ-Strahlungen ist von Maeder, Müller und Wintersteiger [236] für γ-Energien im Bereich von 0,23 bis 1,3 MeV berechnet und gemessen worden. In Abb. 96a ist das γ-Spektrum von Cs^{137} für einen NaJ-Kristall von 38 mm Durchmesser und 25 mm Höhe und daneben (Abb. 96b) dasselbe Spektrum für einen Kristall von 75 mm Durchmesser und 75 mm Höhe abgebildet. Deutlich ist zu sehen, wie das Compton-Kontinuum im

Verhältnis zur Fotolinie für den großen Kristall viel kleiner ist als für den kleineren. Bei diesen Messungen erzielten BORKOWSKI und CLARK [237] die bisher größte Auflösung. Sie erreichten diese Resultate mit NaJ-Kristallen und SEV,

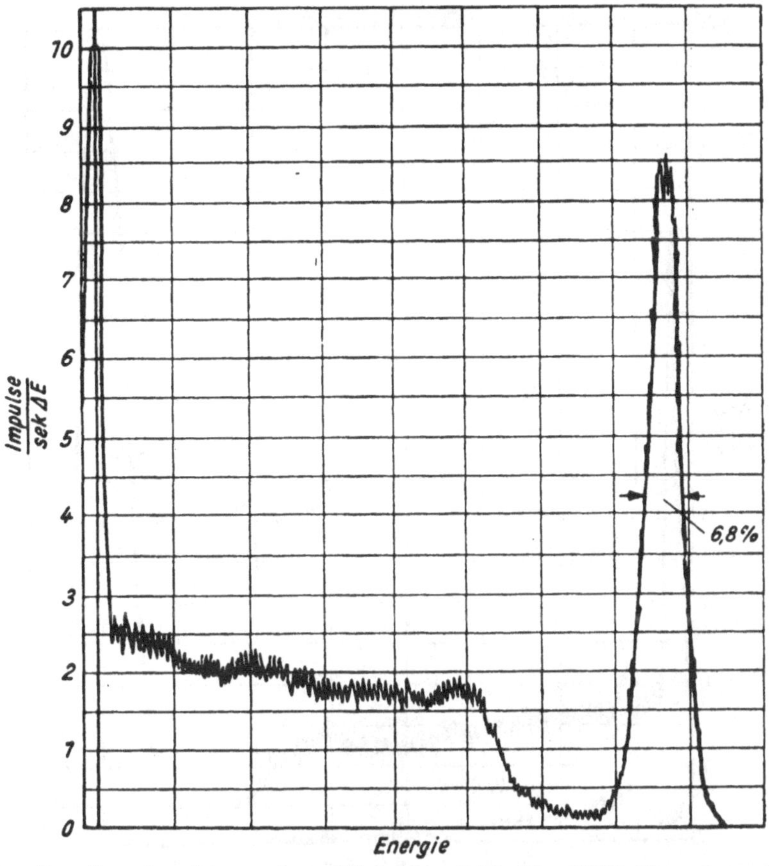

Abb. 96a. Das Impulsspektrum der γ-Linie des Cs^{137} ($E = 661$ KeV), aufgenommen mit NaJ(Tl)-Kristallen [237]
Kristallabmessungen 38 mm ∅,
25 mm Höhe

die aus größeren Serien ausgewählt wurden. Der verwendete Fotovervielfacher ist vom Typ R. C. A. 58 19 und hat eine Fotokathodenempfindlichkeit von etwa 60μ A/Lm. Der Kristall wurde in einem Trockenschrank mit mittelfeinem Sandpapier geschliffen und dann in einem Behälter — wie in Abb. 83 beschrieben — mit einer 1,5 mm starken, festgestampften Schicht aus Magnesiumoxydpulver als Reflektor umgeben. Als Immersionsflüssigkeit zwischen Kristall, Glas und SEV verwandten sie ein klares Vakuumfett auf Silikonbasis. Die erreichte relative Halbwertsbreite von 6,8% bei 661 keV bedeutet, daß im Mittel pro γ-Quant 2000 Fotoelektronen ausgelöst wurden, was 330 eV pro Fotoelektron entspricht.

1953 entwickelten BERNHARD und HERRMANN in der UdSSR ein vollkommen automatisch arbeitendes, selbst registrierendes Szintillations-γ-Spektrometer. Inzwischen sind derartige Spektrometer auch im Handel erhältlich. Eine speziell

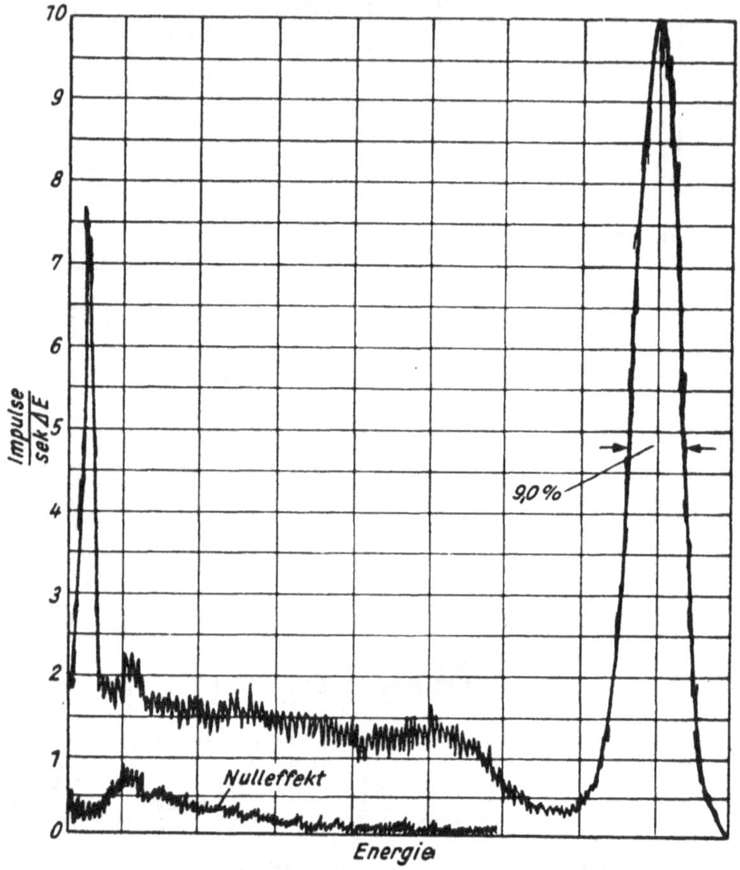

Abb. 96b. Das Impulsspektrum der γ-Linie des Cs^{137} ($E = 661$ KeV), aufgenommen mit NaJ(Tl)-Kristallen [237]

b) Kristallabmessungen 75 mm ∅, 75 mm Höhe

für Arbeiten im Gelände entwickelte Form wird zur Messung der Dicke von Eisenrohren und -platten eingesetzt. Das Gerät ist in Abb. 97 abgebildet [238]. Es beruht auf folgendem Prinzip: Das monoenergetische γ-Strahlen aussendende Präparat (Co^{60}) und der Szintillator (NaJ) sind ständig fest miteinander verbunden. Daher liefert der SEV ein zeitlich unveränderliches Impulsspektrum, bestehend aus der Fotolinie und dem Compton-Kontinuum (ähnlich wie Abb. 96). Nähert man die Anordnung: γ-Präparat — Szintillator — SEV einer Eisenplatte oder einem Eisenrohr bis zu einem bestimmten, durch einen Anschlag definierten, kleinen Abstand, so treten aus dem Material rückgestreute, weichere Compton-Quanten heraus und lösen im Kristall zusätzliche Szintillationen aus. Da der Streuwinkel der überwiegenden Mehrzahl der in den Kristall eintretenden Streuquanten auf Grund der gewählten Geometrie

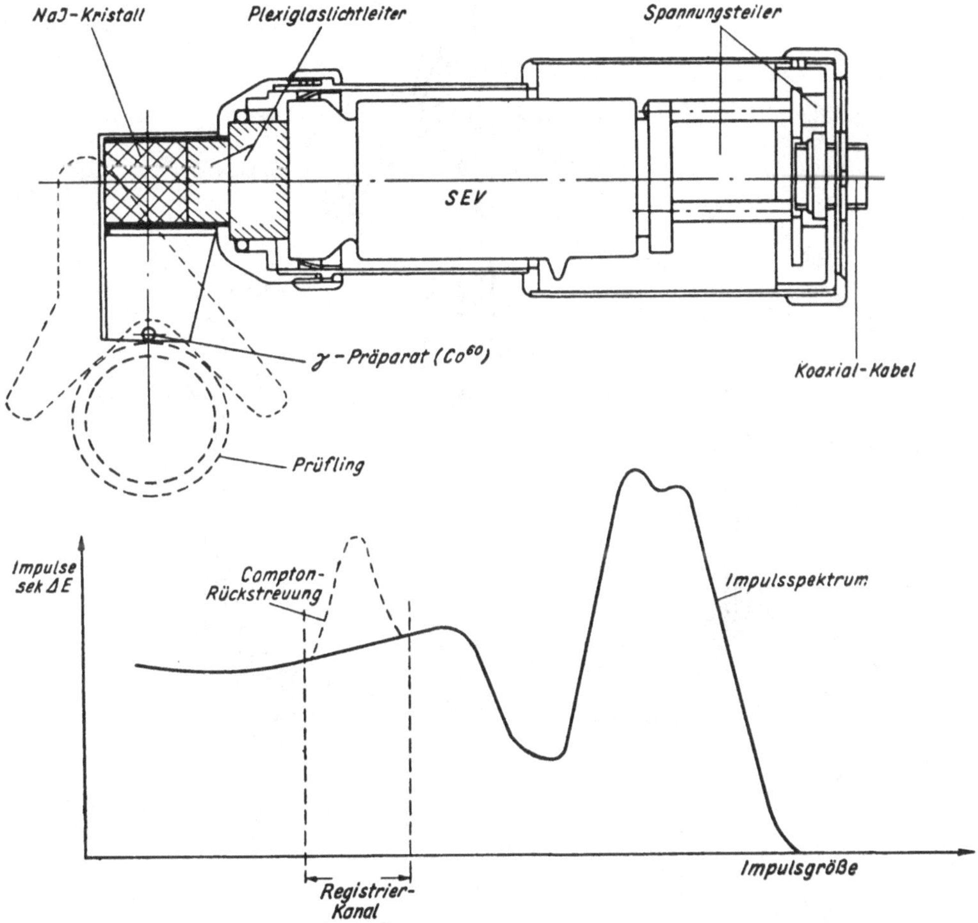

Abb. 97. Technischer Rohrdickenmesser mit Szintillations-γ-Spektrometer [238]

der Anordnung stets nahezu 180° ist, haben die sekundären γ-Quanten, wie aus der Theorie des Compton-Effektes folgt, alle nahezu gleiche Energie. Daher tritt eine dem unveränderlichen primären Impulsspektrum überlagerte, ziemlich scharfe γ-Linie im Bereich des primären Compton-Kontinuums hinzu, deren Intensität in gewissen Grenzen der Schichtdicke des untersuchten Materials proportional ist. Mit Hilfe eines Einkanaldiskriminators, der auf den Bereich der überlagerten

γ-Linie eingestellt ist, und eines Impulsdichtemessers kann man die Dicke von Rohren und Platten mit guter Genauigkeit direkt ablesen.

Die Abhängigkeit des Verhältnisses der Intensitäten der Fotolinien zum Compton-Kontinuum von der Kristallgröße und der Lage des Präparates zum

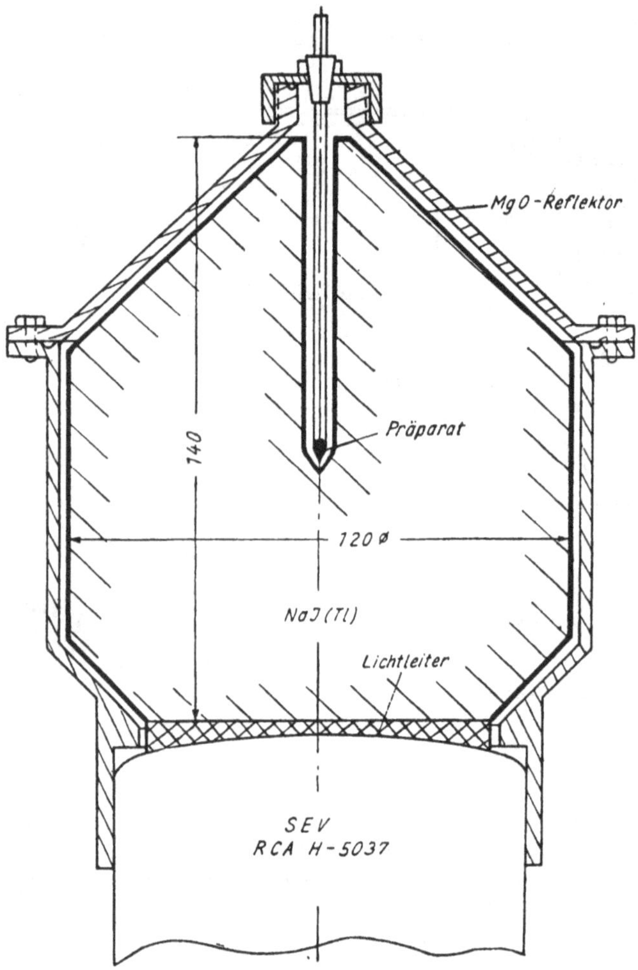

Abb. 98. Meßkopf des Total-Absorptions-γ-Spektrometers [205]

Kristall untersuchte außer Maeder und Müller sehr eingehend Bell [239]. Durch Verwendung eines ungewöhnlich großen NaJ-Kristalles mit einem Durchmesser von 120 mm und einer Länge von maximal 140 mm (Abb. 98) und einer Anordnung des γ-Präparates im Inneren des Kristalles konnte er das Compton-Kontinuum praktisch ganz unterdrücken. Er erreichte eine mehr als 90% betragende Ansprechwahrscheinlichkeit für die aus dem Präparat austretenden

γ-Quanten. Mit derartig großen Kristallen, die aber sehr teuer und schwer herzustellen sind, erhält man tatsächlich für die einzelnen monoenergetischen γ-Strahler jeweils nur eine Linie mit dem Impulsspektrometer. Hierdurch wird die Deutung des Impulsspektrums sehr vereinfacht.

Im Falle zeitlich dicht aufeinander folgender Kaskaden von γ-Quanten wie bei Co^{60}, wo innerhalb von 10^{-12} Sekunden zwei γ-Linien emittiert werden, ergibt diese Anordnung ein falsches Impulsspektrum. Die Wahrscheinlichkeit für die Absorption beider γ-Quanten ist so groß, daß man eine sehr ausgeprägte Linie erhält, die der Summe der Energie beider γ-Quanten entspricht.

Ebenfalls Einlinienspektren erhalten FOOTE und KOCH [240] unter Verwendung von großen Szintillatoren und bis zu acht SEV. Sie benutzten eine scharf kollimierte γ-Strahlung und erstreckten die Messungen bis zu 40 MeV.

B. Koinzidenzanordnungen

Der Weg, über große Kristalle zu einfach deutbaren Impulsspektren zu gelangen, ist sehr teuer. Es gibt aber noch andere Methoden, mit denen man auch ein Einlinienspektrum erhält. Eine Methode, bei der zwei Szintillationszähler in Koinzidenzschaltung betrieben werden, haben HOFSTADTER und MC. INTYRE angegeben [241] Abb. 99. Das etwas kollimierte γ-Strahlenbündel trifft auf den

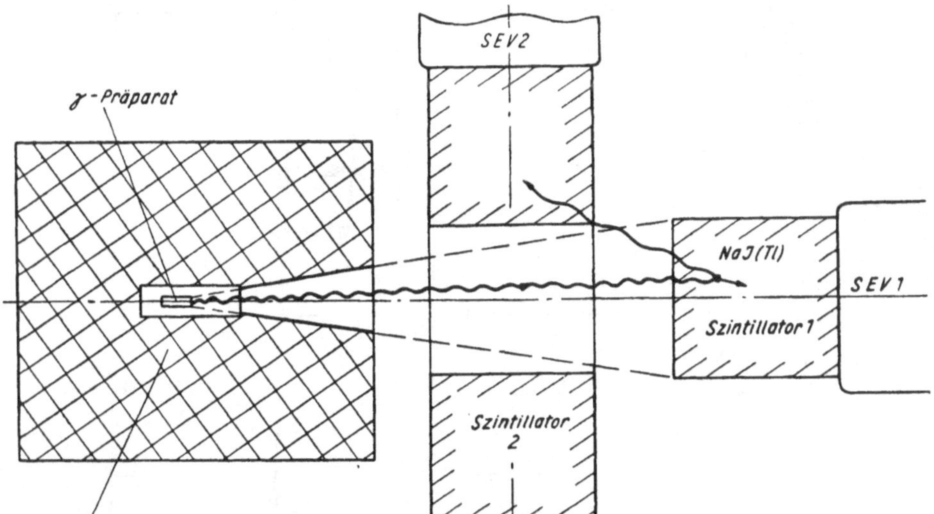

Abb. 99. Schema des Compton-Spektrometers [241]

Szintillator 1. Hier kann das γ-Quant entweder durch Fotoeffekt seine ganze Energie auf ein Elektron übertragen oder aber durch Compton-Effekt einen Teil, während der Rest von einem sekundären γ-Quant weggeführt wird. Der dem Compton-Elektron übertragene Bruchteil der Primärenergie hängt von dem Winkel, unter dem das sekundäre γ-Quant emittiert wird, ab. Für Winkel $\geqq 135°$ ändert sich der Bruchteil der Energie praktisch nicht mehr und beträgt

$$\frac{E_{Elektron}}{E_\gamma} = \frac{E_\gamma}{\frac{m \cdot c^2}{4\pi} + E_\gamma}.$$

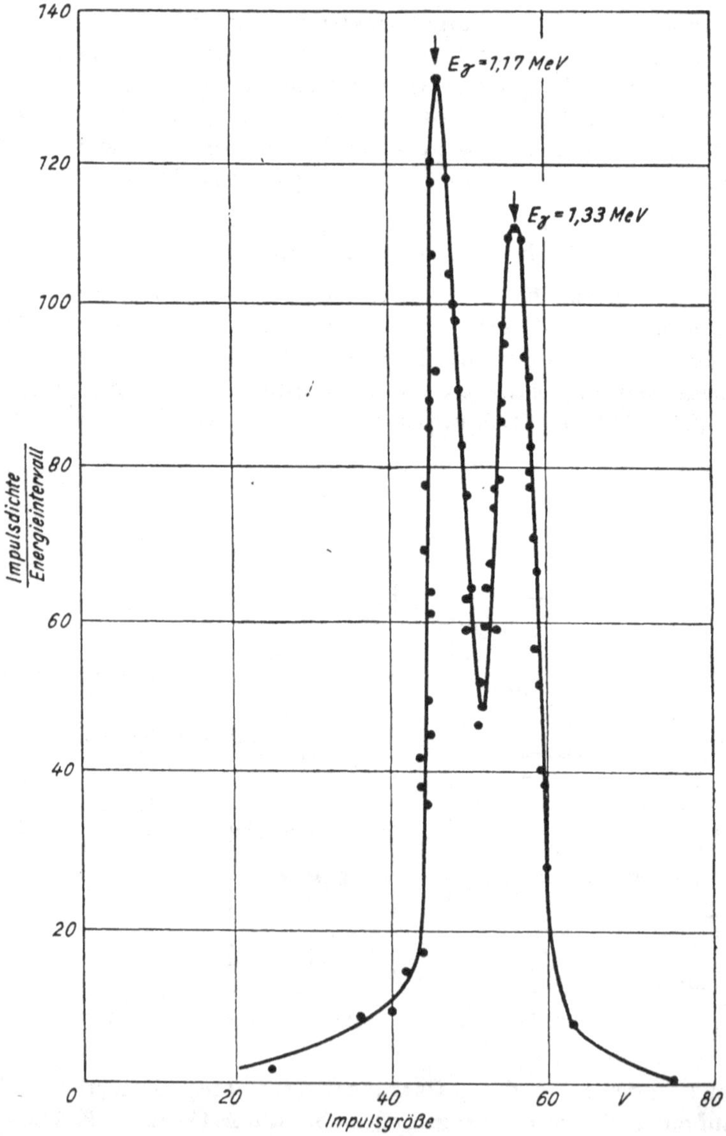

Abb. 100. Impulsspektrum der γ-Strahlung des Co^{60}, mit dem Compton-Spektrometer gemessen [241]

Nur die in diesen Kegel aus dem ersten Szintillator austretenden Compton-γ-Quanten treffen auf den ringförmigen Szintillator 2 und können Impulse auslösen. Von den vielen im Szintillator 1 ausgelösten Szintillationen werden nun durch eine Koinzidenzanordnung zwischen SEV 1 und SEV 2 nur diejenigen zur Impulsgrößenanalyse zugelassen, bei denen gleichzeitig im Szintillator 2 eine Szintillation erfolgt; denn diese Szintillation wurde von einem Compton-Elektron ausgelöst, dessen Energie mit derjenigen des γ-Quantes durch die oben angegebene Formel verknüpft ist, weil dessen zugehöriges Compton-γ-Quant unter einem großen Streuwinkel emittiert wurde. Derartige Anordnungen liefern Impulsspektren, wie sie aus Abb. 100 zu ersehen sind.

Eine Umkehrung des eben beschriebenen Verfahrens findet in der in Abb. 101 angegebenen Apparatur Anwendung. Der Szintillator 1 liefert das übliche Impuls-

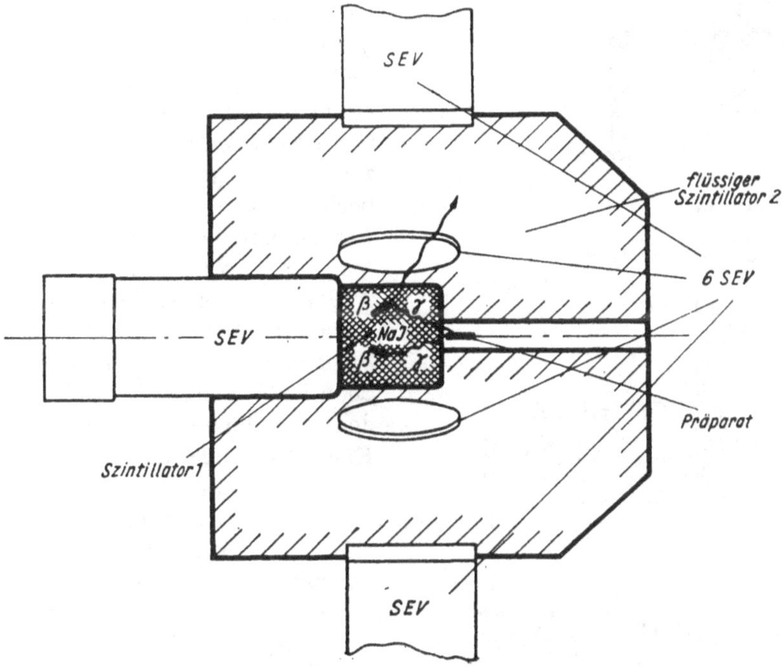

Abb. 101. Einlinien-Szintillations-γ-Spektrometer

spektrum. Da der NaJ-Kristall relativ klein ist, kann die überwiegende Mehrzahl der Compton-Quanten aus dem Szintillator austreten und löst im Szintillator 2, der den Meßkristall möglichst vollkommen umgibt, Szintillationen aus. Aus dem ursprünglichen Impulsspektrum des Szintillators 1 werden durch eine Antikoinzidenzschaltung nur diejenigen Impulse ausgewählt, für die gleichzeitig kein Impuls im Szintillator 2 auftritt. Es sind dies die durch Fotoeffekt erzeugten Lichtblitze, während das Compton-Kontinuum, die Szintillationen der Paarerzeugung und ein erheblicher Teil der Umgebungsstrahlung unterdrückt werden.

Im Zusammenhang mit der Theorie des Kernaufbaues ist die Zuordnung der gemessenen γ-Linien zu bestimmten Übergängen innerhalb des Termschemas von großer Wichtigkeit. Hierbei taucht oft die Frage auf, welche γ-Linie aus einem zusammengesetzten Spektrum mit einer anderen koinzidiert. Man kann das Problem z.B. mit zwei Szintillations-γ-Spektrometern lösen, wobei man den Kanal des Spektrometers 1, der auf eine Linie eingestellt ist, der Reihe nach mit allen Kanälen des Szintillationsspektrometers 2 zur Koinzidenz bringt. Dies wird nacheinander mit allen Kanälen des Spektrometers 1 durchgeführt. Die Messung ist sehr zeitraubend und läßt sich oft gar nicht durchführen, weil das zu untersuchende Präparat zu kurzlebig ist. Eine sehr elegante Methode, die in unvergleichlich viel kürzerer Zeit und mit geringerem Aufwand das Problem der Koinzidenzspektroskopie von γ-Strahlen löst, hat kürzlich GRODZINS [242] angegeben. Die Impulse der beiden Szintillationszähler (X, Y) werden nach entsprechender Verstärkung und Formierung auf die X- bzw. Y-Platten eines Oszillographen gegeben. Entsprechend der Größe der beiden koinzidierenden Szintillationen wird der Elektronenstrahl zum Punkt P mit den Koordinaten x und y abgelenkt. Eine Hellsteuerungsautomatik sorgt dafür, daß erst jetzt der Elektronenstrahl kurzzeitig hellgetastet wird. Es ergibt sich so, daß für jedes Paar koinzidierender γ-Quanten ein Punkt mit den Koordinaten, die der Energie der entsprechenden Quanten proportional sind, auf dem Oszillographenschirm entsteht, wohingegen die Lichtpunkte einzelner γ-Quanten auf der X- bzw. Y-Achse liegen. Die zeitlich aufeinander folgenden Lichtpunkte auf dem Leuchtschirm kann man durch eine Zeitaufnahme des Oszillographenschirmes mit einer Fotokamera integrieren und erhält so charakteristische Schwärzungen, aus denen man die zu-

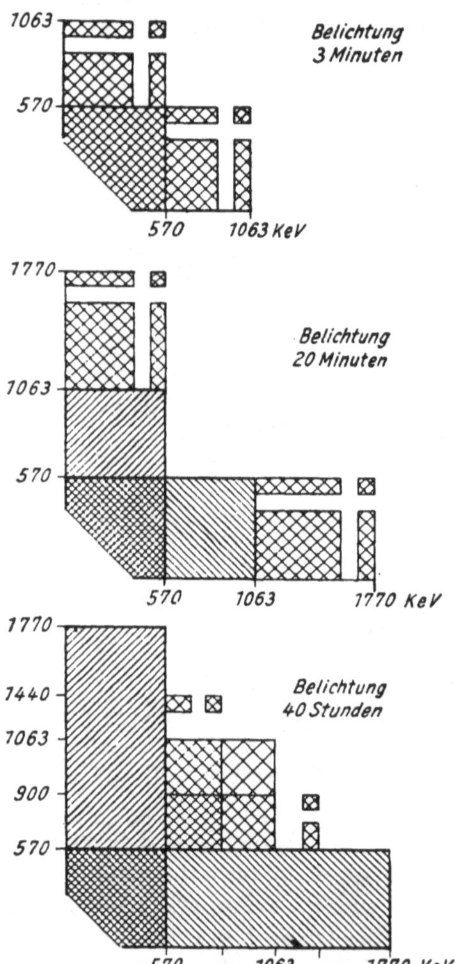

Abb. 102. Bilder des Leuchtschirmes des Koinzidenz-γ-Spektrographen [242]

sammengehörigen γ-Kaskaden und ihre Wahrscheinlichkeit bestimmen kann (Abb. 102). Die relativ einfache Apparatur entspricht etwa einem sehr kostspieligen 75×75-Kanal-Matrixanalysator.

Als Beispiel für die Leistungsfähigkeit der Szintillationsmethode bei Kurzzeitmessungen soll die Anordnung von DE BENNEDETTI und RICHINGS [243] kurz besprochen werden, mit der sie mit Hilfe von zwei Stilben-RCA-58 19-Szintillationszählern in Koinzidenz ein Auflösungsvermögen von $2 \cdot 10^{-10}$ sec erreichten. Zwei Impulsformer (siehe nächstes Kapitel) formen die aus den SEV kommenden Signale in positive Impulse gleicher Größe von etwa $1 \cdot 10^{-9}$ sec Dauer um. Abb. 103 zeigt das hierzu verwandte Koinzidenzschema. Es wurden Germanium-Dioden (IN 56) verwandt. Jeder einzelne Impuls sperrt nur eine der Dioden und verursacht daher nur einen geringfügigen Spannungsanstieg des Symmetriepunktes. Treten dagegen Impulspaare auf, so sperren beide Dioden gleichzeitig, und der Symmetriepunkt wird so stark positiv, daß die dritte Koinzidenzdiode stromführend wird und über einen Impulsdehner und -verstärker ein Register zum Ansprechen bringt. Mit dieser Anordnung konnten die Verfasser die Lebensdauer von Positronen in verschiedenen Substanzen messen (einige 10^{-10} sec). Die Anordnung ist so empfindlich,

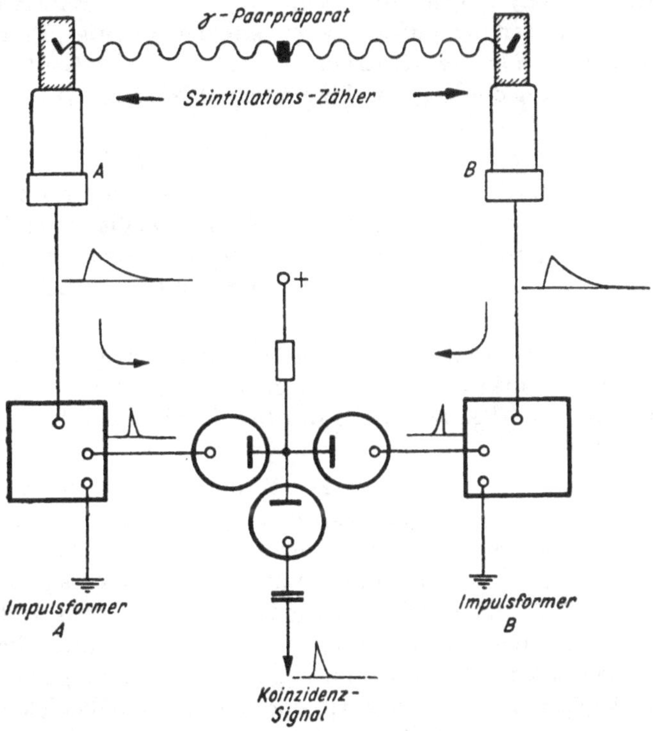

Abb. 103. Schema der Koinzidenzapparatur von DE BENEDETTI und RICHINGS. Auflösungsvermögen einige 10^{-10} sec [243]

daß eine Verschiebung der Anihilations-γ-Strahlenquelle um $\pm$ 1,5 cm aus der Symmetriestellung zwischen beiden Szintillatoren bereits meßbar ist.

Mit Hilfe von flüssigen Szintillatoren, die eine so kleine Selbstabsorption haben, daß man auch bei sehr großen Volumina noch ausreichende Energieauflösung erhält, ist im Sommer 1956 einer Gruppe von Wissenschaftlern der experimentelle Nachweis des freien Neutrinos gelungen. Das von PAULI hypothetisch zur Erklärung des β-Zerfalles eingeführte Neutrino hat weder Ruhemasse noch Ladung und reagiert daher nur äußerst selten mit der Materie. Eine noch relativ wahrscheinliche Reaktion des Neutrinos (ν) mit einem Proton (p) führt unter Aussendung eines Positrons (β^+) zur Bildung eines Neutrons (n).

$$p^+ + \nu \rightarrow n + \beta^+ .$$

Der Wirkungsquerschnitt für diese Reaktion ist von der Größenordnung 10^{-44} cm^2 für Neutrinoenergien oberhalb von 1,77 MeV. Das heißt aber: Die Neutrinos müßten im Mittel eine Wasserschicht von etwa 10^{21} cm, entsprechend der Entfernung von 1000 Lichtjahren, durchfliegen, um eine derartige Reaktion auszulösen.

Da pro β-Zerfall ein Neutrino entsteht, treten aus den Kernreaktoren sehr intensive Neutrinostrahlen aus, die einige Prozent der gesamten Reaktorenergie mit sich hinwegführen. REINES und COWAN schlugen daher 1952 folgendes Experiment vor [244]:

In der unmittelbaren Nähe eines starken Reaktors sollten in einem Szintillator von etwa 300 Liter Flüssigkeit pro Stunde einige der oben beschriebenen Reaktionen des freien Neutrinos erfolgen. Das Positron wird hierbei durch seine Vernichtungsstrahlung nachgewiesen. Die dabei auftretenden Impulse entsprechen einer Energie zwischen 1,1 und 8 MeV. Das entstandene Neutron sollte einige μsec nach Auftreten der zugehörigen Vernichtungsstrahlung durch die γ-Strahlung ($\sim$ 1 MeV) nachweisbar sein. Diese entsteht bei der Einfangung des Neutrons in Cadmium, welches in geeigneter Form der Szintillationsflüssigkeit beigemischt ist. Der Nachweis erfolgt mit Hilfe einer sogenannten verzögerten Koinzidenzanordnung.

Im Verlauf der Messungen trat eine Reihe von Schwierigkeiten auf, die durch Sekundäreffekte der kosmischen Höhenstrahlung hervorgerufen wurden. Dies machte vor allem eine außerordentlich umfangreiche Abschirmung durch Paraffin, Wasser und Blei erforderlich. Abb. 104 zeigt eine schematische Skizze der Gesamtanordnung. Die Apparatur wurde nach Vorversuchen unter dem Hanford-Reaktor aufgebaut, um diesen gleichzeitig als Abschirmung gegen die kosmische Höhenstrahlung verwenden zu können. Wie aus dieser Abbildung ersichtlich, ist der Aufwand recht erheblich. Nach einer Reihe erfolgloser Vorversuche gelang ihnen zu Beginn des Jahres 1956 der einwandfreie Nachweis [245].

Innnerhalb von 2 Monaten konnten sie 1400 Ereignisse, die durch die oben beschriebenen Kernreaktionen ausgelöst wurden, oszillographisch registrieren. Diese Zahl entspricht einer Häufigkeit von 2,88 $\pm$ 0,22 Ereignissen pro Stunde.

Hieraus folgt ein Wirkungsquerschnitt von $\sigma_{exp} = 6 \cdot 10^{-44}\,\text{cm}^2$.

Auf den Aufbau der großen Szintillatorgefäße, die Herstellung der Szintillationsflüssigkeit und die sehr komplizierte Meßelektronik, bei der u. a. über 300 SEV zur Anwendung kommen, einzugehen, würde hier zu weit führen [245 u. 246].

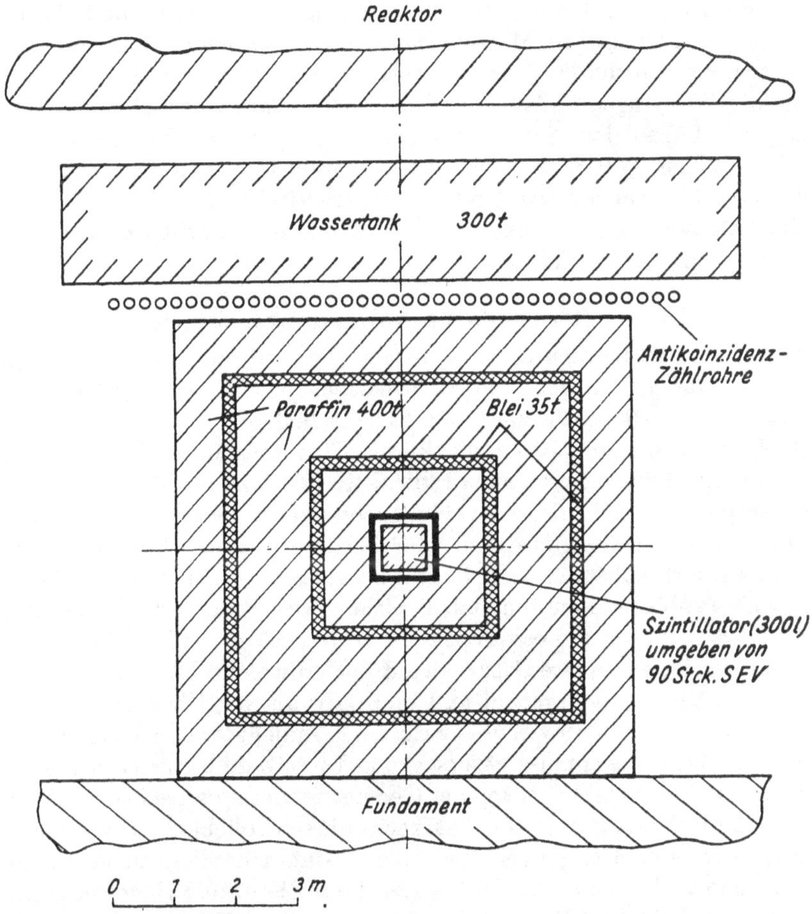

Abb. 104. Meßapparatur zum Nachweis des freien Neutrinos [246]

Das Experiment wurde hier lediglich deshalb besprochen, um die augenblicklichen Grenzen der Leistungsfähigkeit der Szintillationsmethode bei der Bestimmung extrem kleiner Wirkungsquerschnitte zu erläutern.

Besonders große Bedeutung hat der Szintillationszähler in der Physik der hochenergetischen Teilchen erlangt. Die sehr energiereichen Teilchen, wie sie mit den großen Beschleunigungsanlagen erzeugt werden, sind stets von einem Schwarm von Sekundärteilchen mit Energien vorwiegend im Bereich von einigen MeV begleitet. Diese Teilchen erzeugen in den früher ausschließlich für diese Experimente benutzten Proportionalzählern wesentlich größere Impulse als die hochenergetischen und daher weniger dicht ionisierenden Primärteilchen. Verwendet man statt dessen Szintillations- oder Cerenkowzähler als Indikatoren, so lösen die primären Teilchen schon in wenigen Zentimetern des dichten Szintillationsmaterials größere Impulse aus als die sekundären Teilchen, und daher kann man sie mit elektronischen Mitteln leicht vom Untergrund trennen. Auch die hohe Ansprechgeschwindigkeit erleichtert in Verbindung mit Kurzzeit-Koinzidenzen die Messungen außerordentlich. Wenn auch der Proportionalzähler nicht in allen Fällen dem Szintillationszähler bei diesen Versuchen unterlegen ist, so kann doch gesagt werden, daß die weit überwiegende Mehrzahl aller neueren Versuche über Streuung von hochenergetischen Protonen, Mesonen usw. mit Szintillations- bzw. Cerenkow-Anordnungen in Koinzidenzschaltung (Szintillationsteleskop) durchgeführt wird [247].

C. Weitere einfache Anwendungsbeispiele

In diesem Kapitel wurden bisher typische Beispiele für das energetische bzw. zeitliche Auflösungsvermögen von Szintillationsapparaturen gegeben. Es wird nun anhand einiger Beispiele die große Empfindlichkeit des Szintillationszählers beim Nachweis von minimalen radioaktiven Strahlungsintensitäten besprochen. Für alle Untersuchungen, bei denen radioaktive Isotope als Indikatoren benutzt werden, spielt diese minimale, noch eben nachweisbare Aktivität eine große Rolle, denn durch sie ist bei einem bestimmten Problem die erforderliche Anfangsaktivität, die der Versuchssubstanz als Indikator zugegeben werden muß, gegeben. Viele medizinische Probleme konnten daher bisher wegen der erforderlichen hohen β- oder γ-Dosis nicht mit radioaktiven Indikatoren gelöst werden. Bei allen Strahlungsdetektoren ist die untere Grenze der Empfindlichkeit durch den sogenannten Nulleffekt des Detektors gegeben, und man gibt als vergleichendes Maß für die Empfindlichkeit oft an, wieviel $\mu\mu$ Curie einer radioaktiven Substanz eine Verdoppelung der Detektorimpulse verursachen. Diese Zahl hängt natürlich von der Energie und Art der Strahlung, von der Geometrie, der spezifischen Aktivität, der Dicke der Zählrohrwandung, der Ansprechwahrscheinlichkeit, der äußeren Abschirmung, der Art des Szintillators, der spontanen Elektronenemission der Fotokathode des SEV usw. ab. Haigh [248] hat die untere Nachweisgrenze von radioaktivem Jod I^{131} und Eisen Fe^{59} in Lösungen für β-Zähler und Szintillationszähler untersucht. Im Falle der Szintillationsanordnung wurden die γ-Strahlungen der beiden Präparate zum Nachweis benutzt. Hierzu diente ein doppelwandiges zylindrisches Gefäß, welches möglichst vollständig einen NaJ-Szintillator umgibt. Er erhielt für den Szintillationszähler eine untere Nachweisgrenze von 10^{-11} Curie pro cm^3 Lösung. Dies stellt eine mindestens zehnmal größere Empfindlichkeit dar, verglichen mit einem Geigerzähler.

Für feste, pulverförmige Präparate, die β-aktiv sind, haben Blüh und Terentiuk [240] und Terentiuk [250] eine sehr empfindliche Anordnung angegeben. Das pulverförmige Präparat wird in dünner Schicht auf einen langen, schmalen

Cellophanstreifen aufgetragen. Dieser wird anschließend mäanderförmig auf einen Rechen gespannt (Abb. 105). Der Rechen wird in den flüssigen Szintillator getaucht, der sich zwischen zwei SEV befindet. Wegen der Durchsichtigkeit des

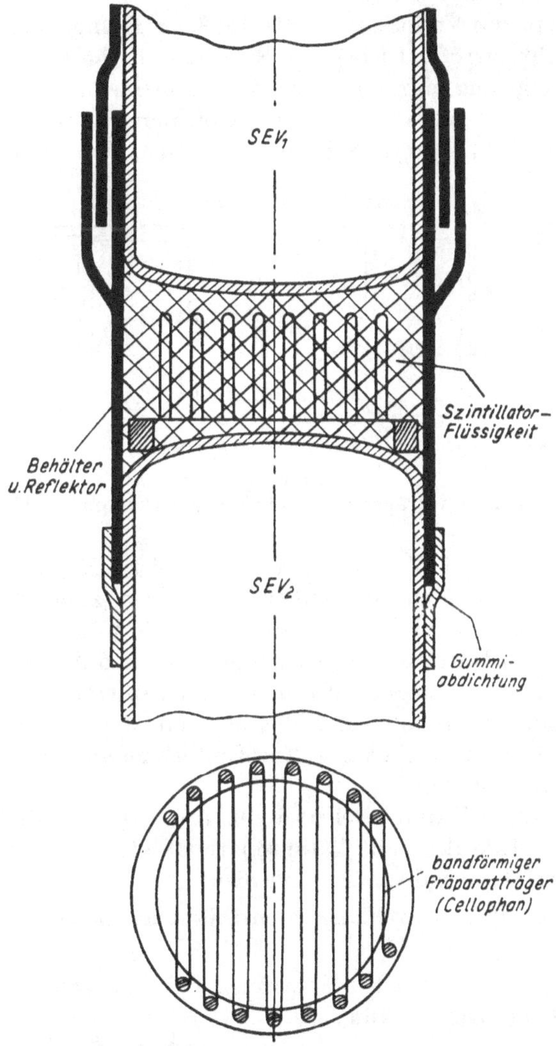

Abb. 105. 4 π-Szintillationszähler für schwache, unlösliche β-Präparate [249]

Cellophans können die pro β-Teilchen ausgelösten Fotonen ungehindert die SEV-Kathoden erreichen. Durch diese Anordnung ist also — abgesehen von Selbstabsorption im Präparat — eine 4π-Zählanordnung erreicht, wobei durch die große Länge des Cellophanbandes und seine enge Aufwicklung eine sehr große Präparatoberfläche auf kleinem Raum untergebracht werden kann. Durch eine

Antikoinzidenzschaltung für große Impulse wird ein erheblicher Teil des von der Höhenstrahlung herrührenden Nulleffektes unterdrückt. TERENTIUK gibt als Nachweisgrenze für energiearme β-Strahler (S^{35}, C^{14}) etwa 10^{-10} C/g an, für energiereiche β-Strahler (K^{40}) dagegen 10^{-11} C/g.

Im Laboratorium des Verfassers wurde 1953 im Rahmen einer Diplomarbeit (GREGORIEFF, nicht veröffentlicht) ein Szintillationszähler entwickelt und erprobt, mit dem es gelang, durch eine Kurzzeitkoinzidenz zwischen zwei SEV die Dunkelimpulse, herrührend von der thermischen Emission ihrer Fotokathoden, zu unterdrücken (Abb. 106). Nur die Szintillationen eines Kunststoffszintillators, der

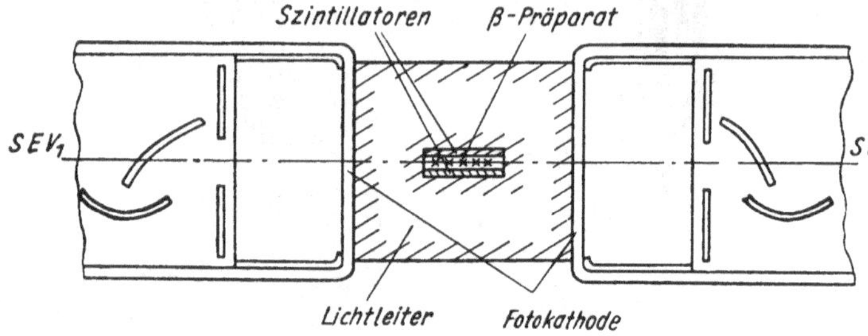

Abb. 106
4 π-Koinzidenzzähler für β-Präparate bis herab zu Aktivitäten von 10^{-10} Curie [275]

sich zwischen den beiden SEV befindet, werden registriert. Diese setzen sich aus Höhenstrahlung und den zu messenden β-Impulsen zusammen. Durch Verringerung der Abmessung des Szintillators auf die unbedingt nötigen Abmessungen von je 12 mm Durchmesser und 1 mm Dicke und Anwendung eines Kurzzeitkoinzidenzschemas mit einem Auflösungsvermögen von $1 \cdot 10^{-8}$ sec gelang es, ohne jegliche Bleiabschirmung den Nulleffekt auf wenige Impulse pro Minute herunterzudrücken, so daß ebenfalls Empfindlichkeiten von 10^{-10} C auch für weiche β-Strahler erreicht wurden.

Zum Abschluß dieses Kapitels sei noch auf drei experimentelle Probleme eingegangen, die mit Hilfe der Szintillationsmethode eine besonders elegante und einfache Lösung erfahren haben. Es sind dies

1. die Sofortanzeige von γ-Strahlungsintensitäten im Gebiet der Toleranzdosisleistung;
2. die Registrierung von schnellen Neutronen bei Anwesenheit von γ-Strahlen, ebenfalls hinab bis zur Toleranzdosis;
3. die Messung von kleinsten Ionenströmen im Hochvakuum.

Wegen der großen Gefahr einer Strahlenschädigung beim Arbeiten auf kernphysikalischem Gebiet ist die Nachfrage nach zuverlässigen und dabei einfach zu bedienenden Dosimetern sehr groß. Im allgemeinen Gebrauch sind die sehr zuverlässigen, integrierenden Taschendosimeter. Sie geben die gesamte Dosis an, der das Gerät seit der letzten Aufladung ausgesetzt gewesen ist. Die Kenntnis der erhaltenen Gesamtdosis ist zwar sehr wichtig, aber bei Arbeiten in noch unbekannten Strahlungsfeldern ist eine Sofortanzeige der Dosisleistung unbedingt erforderlich. Wegen seiner großen Empfindlichkeit gegen γ-Strahlung ist hier ein Gerät, welches das Prinzip des Szintillationszählers benutzt, sehr geeignet. Bell und Graham [251] haben ein solches Gerät entwickelt. Es besteht aus einem Szintillator mit SEV und einer Röhre in einer Gegenkopplungsschaltung (Abb. 107). Die Hochspannung — etwa 1500 V — teilt sich zwischen der Röhre und dem SEV auf. Durch die Gegenkopplung stellt sich die Spannung am SEV entsprechend der Größe der Strahlungsintensität stets so ein, daß der Anodenstrom des SEV immer den gleichen konstanten Wert hat. Infolge der annähernd exponentiellen Abhängigkeit der Verstärkung des SEV von der angelegten Spannung ist der Logarithmus der Spannung der Strahlungsintensität nahezu proportional. Die Spannung wird an einem Mikro-Amperemeter angezeigt, welches gleich in Milli-Röntgen pro Stunde (mr/h) geeicht ist. Das Gerät ist tragbar und zeigt nach Niederdrücken des Schaltknopfes innerhalb von Bruchteilen einer Sekunde die auftreffende Dosisleistung an. Auf einer Skala sind ohne Umschaltung Dosisleistungen von 1 mr/h bis zu 10^4 mr/h ablesbar (die Toleranzdosisleistung liegt bei etwa 6 mr/h). Eine experimentelle Prüfung der Anzeige mit Hilfe des radioaktiven Isotops Cu^{66}, welches eine Halbwertszeit von fünf Minuten hat, ergab über 13 Halbwertszeiten und entsprechend einer Intensitätsabnahme auf 10^{-4} einen der Zeit proportionalen Anstieg der Spannung des SEV mit einem Fehler von $\leqq 10\%$. Sehr eingehende Untersuchungen über die Abhängigkeit des Ausschlages vom Zustand der Speisebatterien, der Röhrendaten, der SEV-Parameter und anderer Größen, die wir (Verfasser gemeinsam mit Burkhardt, unveröffentlicht) durchgeführt haben, zeigten, daß die Anzeige von diesen Größen weitgehend unabhängig ist. Dies liegt an der sehr starken Gegenkopplung. Ein starkes Nachlassen der Batterien verursacht übrigens stets einen Ausschlag des Instrumentes in Richtung zu hoher Dosisleistung. Dies steigert das Vertrauen in die Anzeige des Gerätes.

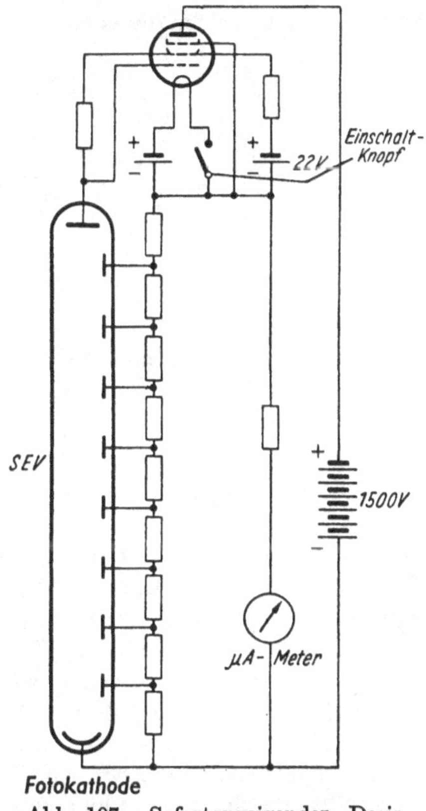

Abb. 107. Sofortanzeigender Dosisleistungsmesser für γ-Strahlen [251]

Auch die Neutronen sind indirekt über ihre Wechselwirkungen mit Wasserstoff biologisch sehr wirksam. Die schnellen Neutronen erzeugen in wasserhaltigem Gewebe Rückstoßprotonen, die längs ihrer Bremsspur das Gewebe stark ionisieren. Die langsamen Neutronen werden leicht vom Wasserstoff eingefangen, und hierbei wird eine harte γ-Strahlung ausgesandt. Wegen der dem Gewebe sehr ähnlichen Dichte und Zusammensetzung sind Szintillationsflüssigkeiten, organische und Kunststoffszintillatoren zur Detektierung schneller Neutronen sehr gut geeignet (Tabelle 12). In der weit überwiegenden Mehrzahl aller Fälle herrscht jedoch in dem zu messenden Neutronenfeld ebenfalls eine recht erhebliche γ-Strahlung, auf welche die eben besprochenen Szintillatoren ebenfalls empfindlich

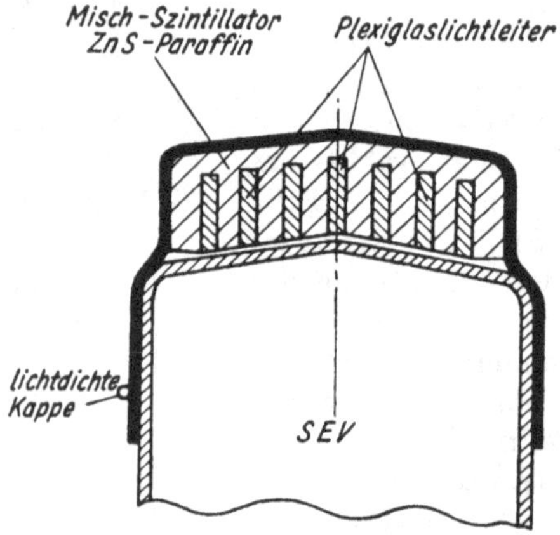

Abb. 108. Sehr empfindlicher Szintillationszähler für schnelle Neutronen [253]

ansprechen. Der Meßeffekt ist daher kein eindeutiges Maß für die Intensität des Neutronenflusses. Hornyak [252] hat ein einfaches, eindeutiges Verfahren angegeben, welches zur Registrierung von schnellen Neutronen in Gegenwart von harten γ-Strahlen geeignet ist. Er benutzt eine Mischung von 1,5 g ZnS in 10 g Plexiglaspulver. Diese Mischung wird in flache, milchig aussehende Zylinder von 25 mm Durchmesser und 16 mm Höhe gepreßt und dient als Szintillator. Die schnellen Neutronen lösen im Plexiglas Rückstoßprotonen aus, die mit großer Wahrscheinlichkeit im ZnS Szintillationen auslösen. Es wurde die günstigste Korngröße für das ZnS-Pulver, das beste Mischungsverhältnis und die optimale Dicke des Zylinders bestimmt. Mit einem Szintillator der oben angegebenen Zusammensetzung und Form kann man etwa 3% der auftreffenden schnellen Neutronen registrieren, wobei die Nachweisempfindlichkeit für γ-Strahlen bei geeigneter Einstellung des Diskriminators nur etwa 10^{-4} beträgt.

Im Anschluß an diese Veröffentlichung wurde von Emmerich [253] ein ähnlicher Szintillatortyp auf der Basis Paraffin — ZnS mit eingegossenen Plexiglas-Lichtleitern (Abb. 108) angegeben, der noch etwas empfindlicher ist. Ein technisch durchentwickeltes, tragbares Dosimeter mit eingebautem Impulsdichtemesser unter Verwendung des Szintillators von Hornyak haben Handloser und Higginbotham [254] angegeben. Das Gerät hat zwei Bereiche (10 bis 200 $n/\mathrm{cm}^2 \times \mathrm{sec}$ und 60 bis 2000 $n/\mathrm{cm}^2 \cdot \mathrm{sec}$); die Anzeige wird durch γ-Strahlen bis zu Intensitäten von 4 Röntgen pro Stunde nicht beeinflußt.

Jeder Physiker, der einmal Ionen- bzw. Elektronenströme unterhalb 10^{-10} A gemessen hat, kennt die hierbei auftretenden Schwierigkeiten. Die Ströme werden über Hochohmwiderstände von 10^{10} bis 10^{12} Ω geleitet, und der auftretende Spannungsabfall wird mit einem sehr hochohmigen, empfindlichen Spannungsmesser gemessen. Dies kann ein Elektrometer oder ein Elektrometerröhrenverstärker sein. In jedem Fall ist die Anzeigegeschwindigkeit, d. h. die Zeit, die das Instrument benötigt, um eine sprunghafte Änderung des Stromes anzuzeigen, durch die

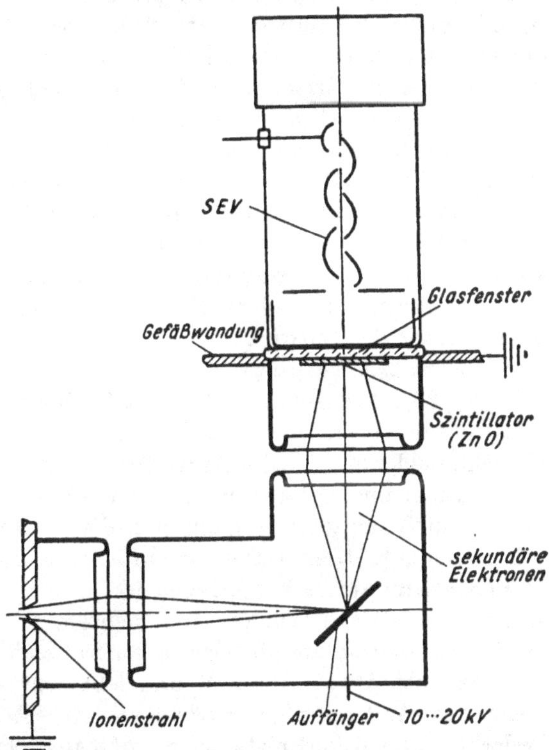

Abb. 109. Detektor zur Messung extrem kleiner Ionenströme im Hochvakuum [258]

Zeitkonstante des Eingangskreises bestimmt. Diese ist das Produkt aus der Größe des hochohmigen Eingangswiderstandes und der gesamten Streukapazität der Eingangsklemme gegen Erde. Sie liegt meistens zwischen 5 und 20 pF. Für einen Eingangswiderstand von 10^{12} Ω und 10 pF ergibt sich somit eine Zeitkonstante von 10 sec. Will man z.B. eine Linie eines Massenspektrums ausmessen, so sind hierfür 5 bis 10 Meßpunkte erforderlich. Soll die Amplitude bis auf 1% genau gemessen werden, so muß man jedesmal eine gewisse Zeit warten, die sich aus dem vier- bis siebenfachen Betrag der Zeitkonstante errechnen läßt. Damit wären also für die Ausmessung einer Linie 5 bis 15 Minuten erforderlich. Während mindestens dieser Zeit dürfen alle am Zustandekommen der Linie beteiligten Hilfseinrichtungen ihre eingestellten Werte nicht verändern, und im Nachweisgerät selbst dürfen keinerlei Nullpunktschwankungen auftreten. Aus diesem Grund gehört zu einem guten Massenspektrometer eine außerordentlich umfangreiche und kostspielige Elektronik.

Eine schnellere Anzeige erzielt man durch Verwendung von Elektronenvervielfachern. Nach dem Vorgang von Allen [255] trifft der Ionenstrahl direkt auf die erste Dynode auf, löst dort Elektronen aus, die sich beim Durchlaufen des SEV lawinenartig vervielfachen. Ein offensichtlicher Nachteil besteht darin, daß der Vervielfacher sich im Vakuum des Massenspektrometers befindet und daher nach Belüftung der Anlage neu formiert bzw. geeicht werden muß. Eine einfachere Lösung wurde von Hartmann vor längerer Zeit vorgeschlagen [256]: Der zu messende Ionenstrahl fällt, eventuell nach Beschleunigung, auf einen Szintillator, dessen Lichtemission mit Hilfe eines außerhalb des Massenspektrometers befindlichen serienmäßig hergestellten SEV gemessen wird. Die gleiche Methode wandten hiervon unabhängig Richards und Hays [257] an. Da aber der Szintillator durch Ionenbeschuß schnell zerstört wird, ist es nach Hartmann zweckmäßig, mit Hilfe der Ionen aus einem geeigneten Material Elektronen herauszuschlagen und diese durch einen Leuchtschirm und einen SEV nachzuweisen. Schütze und Bernhard haben im Rahmen der Entwicklung von verschiedenen Massenspektrometern dieses Nachweisverfahren realisiert [258]. Die Methode ist — kurz skizziert — folgende (Abb. 109): Die Ionen treffen nach Durchfliegen irgendeiner Vakuumapparatur nicht einfach auf einen Auffänger, sondern werden vorher um etwa 10 bis 20 kV nachbeschleunigt. Beim Auftreffen auf das Auffängermaterial werden pro Ion einige Elektronen ausgelöst. Diese werden durch eine seitliche Öffnung im Auffänger durch die gleiche Spannung, die die Ionen beschleunigt, zurück nach Erde beschleunigt. Hier treffen sie auf einen Szintillator (ZnO), der auf ein Fenster in der Vakuumhülle aufgetragen ist. Die ausgelösten Fotonen werden mit einem SEV registriert. Da pro Ion mehrere Elektronen ausgelöst werden, entspricht die Szintillation der gleichzeitig auftreffenden Elektronen derjenigen eines β-Teilchens von 10 bis 100 keV und läßt sich leicht registrieren. Für das Abtasten einer Linie mit einer Stromstärke von 10^{-13} A sind nun nur noch Millisekunden erforderlich, und Ausschnitte aus dem Massenspektrum können direkt auf einem Elektronenstrahloszillographen sichtbar gemacht werden. Die Methode ist bis zur Zählung weniger Ionen pro Sekunde anwendbar.

KAPITEL 12

Elektronische Hilfsmittel der Szintillationstechnik

In der Fachliteratur der letzten Jahre ist eine derartig große Zahl von Schaltungen und elektronischen Hilfseinrichtungen für die Szintillationstechnik beschrieben worden, daß der experimentelle Physiker, der mit dem Szintillationszähler arbeiten will, aber der Elektronik etwas ferner steht, sich vor der großen Schwierigkeit sieht, hieraus die für das vorliegende Problem richtige Auswahl zu treffen. Sehr leicht begeht er dann den Fehler, mangels praktischer Erfahrung auf diesem Gebiete den technischen Aufwand der Anlage durch übersteigerte Forderungen an die einzelnen Schaltungen zu hoch zu treiben, wohingegen das andere Extrem, zu einfach zu bauen, sehr viel seltener vorkommt.

In diesem Kapitel sollen daher die für die Durchführung einiger einfacher Szintillationsmessungen erforderlichen elektronischen Zubehörteile, so wie sie sich in der Praxis bewährt haben, beschrieben werden. Es soll aber auch besonders betont werden, daß sich in jedem einzelnen Fall viele ebenso gute — und oft wahrscheinlich noch bessere — Lösungen angeben lassen. Die hier angegebenen Schaltungen sollen also lediglich dem Anfänger über die ersten Schwierigkeiten beim Einarbeiten in das neue Gebiet hinweghelfen.

Besonders wertvolle Dienste leisteten dem Verfasser die Bücher von ELMORE und SANDS [259] und von MEJEROWITSCH und SELITSCHENKO [260].

A. Die Spannungsversorgung des SEV

Wie im ersten Teil des Buches beschrieben wurde, ist die Gesamtverstärkung des SEV in hohem Maße von den Schwankungen der Betriebsspannung abhängig. Ist n die Zahl der Dynoden, so ergibt sich die relative Änderung des Verstärkungsfaktors in Abhängigkeit von der Schwankung der Versorgungsspannung nach der Formel

$$\frac{dM}{M} = c\,n\,\frac{dU}{U}. \qquad c = 0{,}7$$

Will man also die Gesamtverstärkung auf besser als 1% konstant halten, so darf die Spannung bei einem 13-stufigen SEV um nicht mehr als 0,1% schwanken. Diese Spannung wird an die Klemmen eines Spannungsteilers angelegt, von dessen Abgriffen die Teilspannungen für die einzelnen Elektroden des SEV abgenommen werden. Durch Änderung der Gesamtspannung kann man den Verstärkungsfaktor des SEV in weiten Grenzen regeln. Hierbei wird aber auch die Spannung zwischen der Fotokathode und der ersten Dynode verändert, wodurch sich wiederum der

Überführungsfaktor der Fotoelektronen und damit die Auflösung des Gerätes ändern kann.

Es hat sich daher nach den Erfahrungen des Verfassers als sehr zweckmäßig erwiesen, die Spannungen für die Absaugoptik der Fotoelektronen ein für alle Mal auf den experimentell ermittelten optimalen Wert einzustellen und zur Regelung des Verstärkungsfaktors nur die Spannung am SEV-Teil zu ändern. Dies bedingt einen dreipoligen Anschluß des Spannungsteilers an das Versorgungsgerät (Abb. 110).

Ein Punkt wird bei der Dimensionierung des Spannungsteilers oft übersehen. Es ist dies die Größe des erforderlichen Querstromes. Es sollte dafür gesorgt werden, daß dieser Strom mindestens 1 mA beträgt. Dies ist aus folgenden Gründen nötig: Wenn auch der mittlere Anodenstrom des SEV in einem Szintillationszähler sehr klein ist, so können doch im Verlauf einer Szintillation Stromspitzen von vielen mA auftreten. Als Beispiel sei erwähnt, daß bei Verwendung eines Kunststoffszintillators und 10^6-facher Verstärkung die Anodenstromimpulse, die durch die Szintillation eines β-Teilchens von 1 MeV ausgelöst wurden, Werte zwischen 5 und 30 mA haben. Diese Ströme werden aber durch die letzte Dynode dem Spannungsteiler entnommen, und in entsprechend geringerem Umfange wird er von den vorhergehenden Dynoden ebenfalls belastet. Die Folge dieser hohen Belastung ist ein völliger Zusammenbruch der Spannungen zwischen den letzten Dynoden und eine entsprechende Zunahme an den übrigen. Das Ergebnis ist eine starke, kurzzeitige Schwankung des Verstärkungsfaktors zwischen 0 und 10^6- bis 10^8-fach und ist zum Teil die Ursache für das Auftreten von Nachimpulsen [261].

Durch Parallelschaltung von Kondensatoren zu den Spannungsteilerwiderständen der letzten vier bis fünf Dynodenstufen kann man die Spannungsteilung stabilisieren. In der Abb. 110 ist ein elektronenstabilisiertes Hochspannungsgerät angegeben, wie es seit vier Jahren in Betrieb ist. Der SEV ist dreipolig angeschlossen, und bei konstanter Spannungsverteilung an der Überführungsoptik für die Fotoelektronen ist die Spannung am Vervielfacherteil von 900 und 2000 V kontinuierlich regelbar. Bei einer 10prozentigen Schwankung der Netzspannung ist die Ausgangsspannung konstant auf etwa 0,5 bis 1 $^0/_{00}$. Für die meisten Szintillationsanordnungen einschließlich des Szintillationsspektrometers erwies sich die Stabilität als ausreichend.

Für extreme Forderungen sei auf eine Hochspannungsquelle für Szintillationszähler mit einer Stabilität von besser als 10^{-4} hingewiesen [262].

B. Der Vorverstärker

Entsprechend dem Charakter des Vervielfachungsprozesses tritt an der Anode ein Ladungsimpuls (Q) auf. Dieser lädt die Anodenkapazität (C_a) auf die Spannung $\frac{Q}{C_a}$ auf. C_a setzt sich aus der Kapazität der SEV-Anode, der Verbindungsleitung zum Gitter der ersten Röhre und deren Eingangskapazität gegen alle auf festem Potential befindlichen Elektroden zusammen, wohingegen der in der

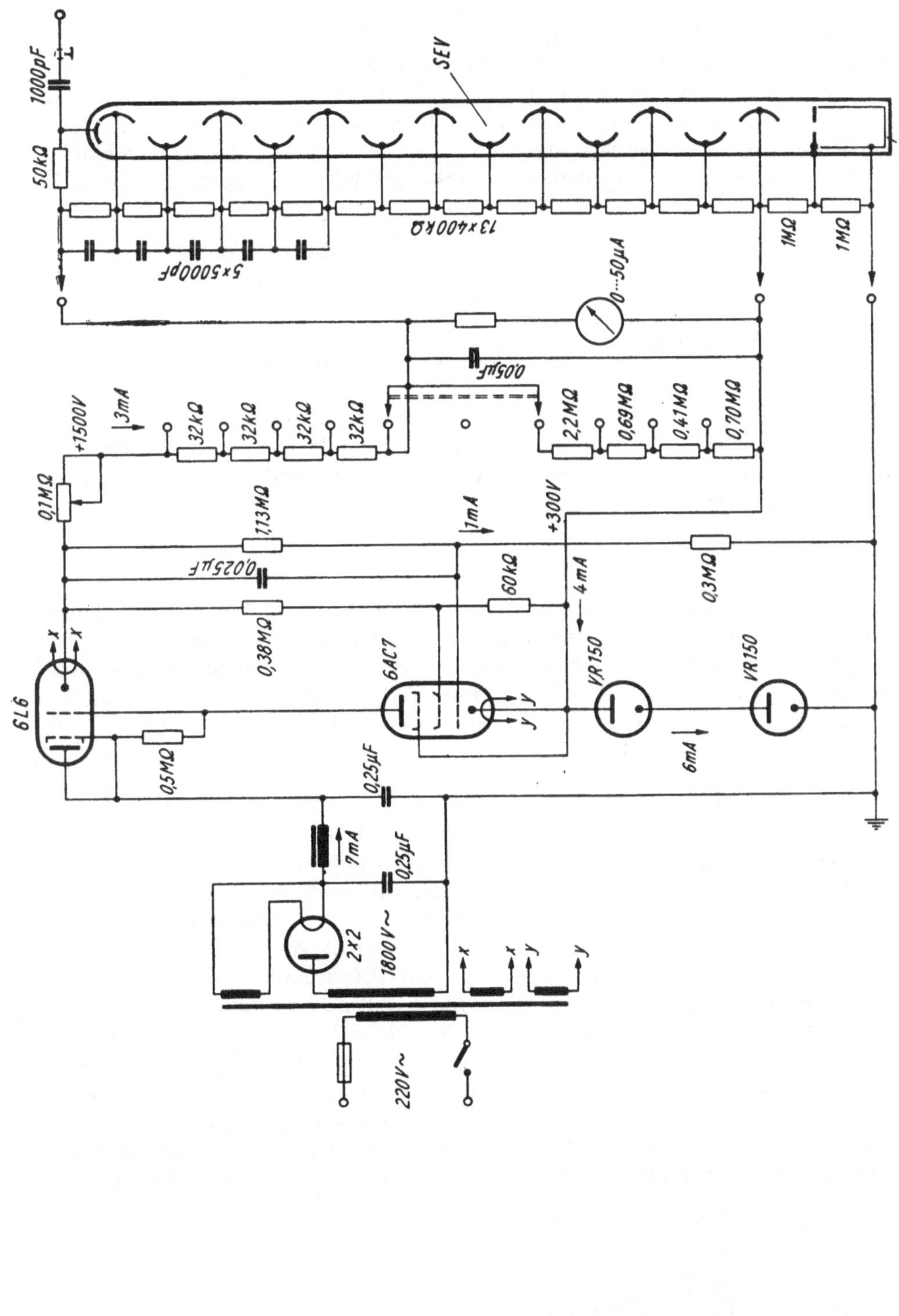

Abb. 110. Elektronenstabilisiertes Hochspannungsgerät zur Speisung eines SEV

Leitung von der SEV-Anode zum Gitter liegende Koppelkondensator nicht mit eingeht. Dieser Spannungssprung U ist um so größer, je kleiner die Kapazität C_a ist. Aus diesem Grunde bringt man die erste Röhre des Verstärkers gern in unmittelbarer Nähe der SEV-Anode an (Abb. 111). Am häufigsten wird hierbei der Kathodenfolger (Abb. 111 a) angewandt. Dies liegt einerseits daran, daß bei richtiger Wahl des Arbeitspunktes die Spannung an der Kathode U_k der Gitterspannung U_i bis zu sehr hohen Frequenzen genau folgt. Zur Einstellung des richtigen Arbeitspunktes dient der Spannungsteiler 160 $K\Omega$ und 68 $K\Omega$. Das Verhältnis beider Spannungen, der sogenannte Verstärkungsfaktor K, ist etwas kleiner als 1.

$$\frac{U_k}{U_i} = K = \frac{S \cdot R_k}{1 + \left(S + \frac{1}{R_i}\right) R_k} \cong \frac{1}{1 + D} = \frac{\mu}{\mu + \Delta}.$$

S = Steilheit
R_i = innerer Widerstand
D = Durchgriff
μ = Verstärkungsfaktor
} Charakteristische Röhrendaten

Der andere Vorteil des Kathodenfolgers ist der sehr kleine effektive Ausgangswiderstand, der nicht etwa gleich dem Kathodenwiderstand R_k ist, sondern sich aus folgender Formel ergibt:

$$Z_k = \frac{R_k}{1 + S \cdot R_k} \approx \frac{1}{S}.$$

Z_k liegt für die meisten verwandten Röhren zwischen 70 und 500 Ω. Daher kann man an die Kathode ein längeres Koaxialkabel anschließen und mit seiner Hilfe — trotz der erheblichen Kapazität des Kabels — den Impuls zum einige Meter weit entfernten Hauptverstärker überleiten. Für ein Z_k von 200 Ω und eine Kapazität des Kabels von $C_k = 100$ pF ergibt sich eine obere Frequenzgrenze von 8 MHz aus der Formel: $f = \frac{1}{2\pi C_k \cdot Z_k}$.

Ist man gezwungen, mit kleinen Ladungsimpulsen zu arbeiten, so kann man mit Hilfe des Kathodenfolgers und den modernen Mitteln der Gegenkopplung die effektive Kapazität der SEV-Anode, die für die Größe des Eingangsimpulses so wichtig ist, wesentlich verkleinern. Legt man alle die SEV-Anode und die Zuleitung des Kathodenfolgers umgebenden Elektroden und Abschirmungsleitungen nicht an feste Potentiale oder Erde, sondern schließt sie an die Kathode des Kathodenfolgers an, so folgen diese Elektroden der Gitterspannung momentan. Hierdurch wird mit elektronischen Mitteln die zweite Klemme der Anodenkapazität C_a um den Betrag $K \cdot U_i$ (K = Verstärkungsfaktor des Kathodenfolgers) der Eingangsspannung U_i nachgeführt; der effektive Wert von C_a sinkt daher auf den Wert $C_a' = (1 - K)\, C_a$. Das heißt aber: Der Ladungsimpuls an der SEV-Anode ergibt einen wesentlich größeren Spannungsimpuls. Praktisch ist es nie ganz möglich, die gesamte Anodenkapazität an die Kathodenleitung anzuschließen, und so muß stets ein gewisser Bruchteil von C_a durch den Ladungsimpuls aufgeladen werden.

Trotzdem kann man mit dieser Methode eine Vergrößerung des Spannungsimpulses um eine bis anderthalb Größenordnungen erreichen [263].

Auf eines muß man bei Arbeiten mit dem Kathodenfolger sehr achten: Die SEV-Anode liefert stets negative Impulse. Falls der Anodenstrom des Kathodenfolgers im Arbeitspunkt nicht groß genug ist, kann ein großer negativer Impuls

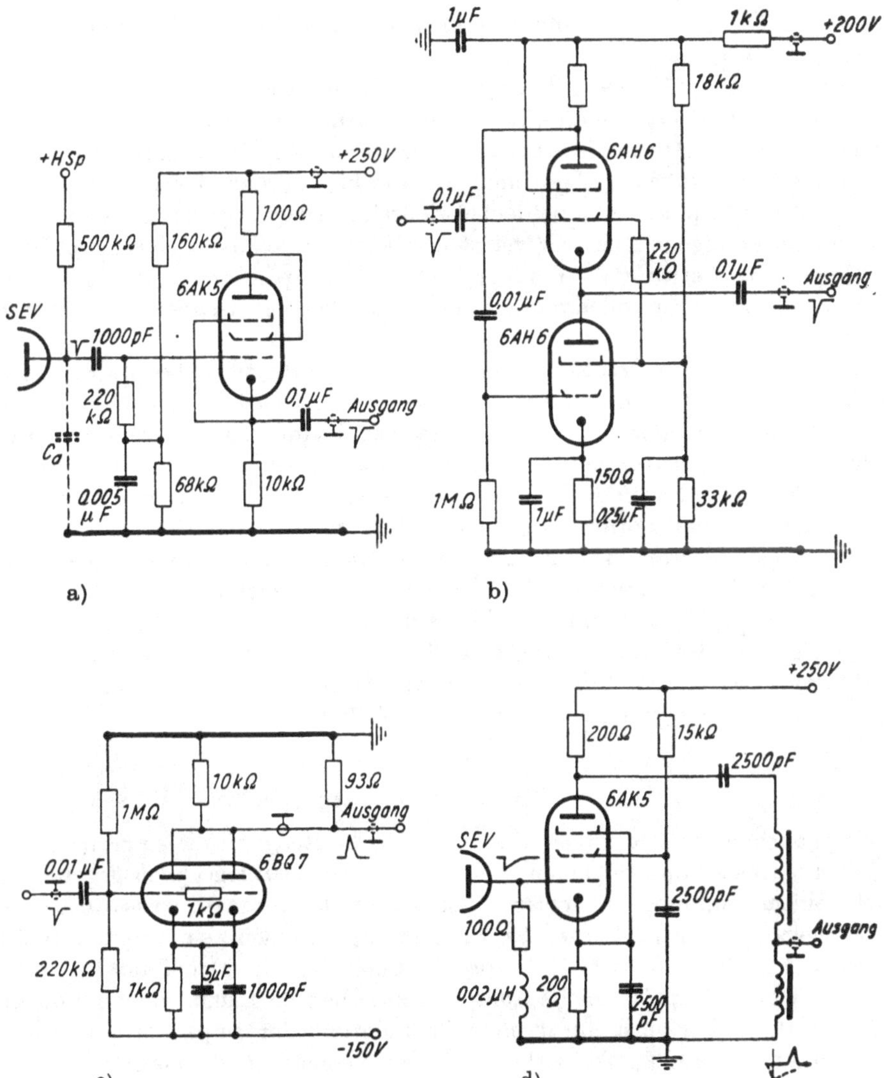

Abb. 111. Einige Vorverstärkerschaltungen

a) Einfacher Kathodenfolger [243]; b) Verbesserter Kathodenfolger [276]; c) Einfacher Vorverstärker [277]; d) Impulsformerstufe [243]

die Röhre sperren; dann gelten sämtliche Formeln nicht mehr, und die Kapazität des Kabels entlädt sich über den Widerstand R_k. Dies führt zu einem sehr langsamen Impuls am Eingang des Hauptverstärkers.

Eine Verbesserung des Kathodenfolgers — vor allem für große Impulse — stellt das Schema der Abb. 111 b dar. Die untere Röhre wirkt wie ein großer Kathodenwiderstand. Hierdurch wird der Verstärkungsfaktor nahezu gleich 1. Andererseits aber ist die Ausgangsimpedanz sehr klein und erlaubt eine Anpassung an das Kabel ohne Reflexion.

Wenn es nicht auf große Schnelligkeit ankommt, wie z.B. beim Arbeiten mit NaJ-Szintillatoren, kann man eine der normalen Vorverstärkerschaltungen benutzen, wovon ein Beispiel in Abb. 111 c dargestellt ist. Der Impuls wird von der Anode des Vorverstärkers abgenommen. Hierdurch erhält der Hauptverstärker einen positiven Impuls, der außerdem etwa dreimal so groß ist wie bei Verwendung eines Kathodenfolgers. Dieser Verstärker arbeitet linear bis zu einer Impulsgröße am Eingang von etwa 1 V. Bei Verwendung von Spannungen zwischen 0 und —150 V kann man den Außenmantel des Kabels erden. Dies ist aber nicht unbedingt erforderlich.

Zur Erzeugung besonders kurzer Impulse für Koinzidenzen haben de Benedetti und Richings [243] eine Schaltung angegeben, die in Abb. 111 d dargestellt ist. Durch Verwendung der 6AK5 und eines sehr kleinen Anodenwiderstandes erreichten sie eine Anstiegszeit des Impulses an der Anode von einigen 10^{-9} sec. Die Impulsdauer wird durch die Zeitkonstante des Szintillatormaterials bestimmt. Die Verzögerung und Formierung des Impulses erfolgt mit Hilfe eines Kabels mit einem Wellenwiderstand von 200 Ω, welches am anderen Ende kurz geschlossen ist. Der formierte Impuls wird 15 cm vor dem kurzgeschlossenen Ende abgenommen. Durch Veränderung der Länge des Kabels bis zum Abgriff kann man die Verzögerung des Impulses regeln und erhält wegen der Reflexion am kurzgeschlossenen Ende Impulsdauern von etwa $1{,}5 \cdot 10^{-9}$ sec. Die Gesamtanordnung wurde bereits in Kapitel 5B besprochen (Abb. 103).

C. Der Hauptverstärker

Wenn auch schon seit einiger Zeit von SEV die Rede ist, die so große Impulse abgeben, daß sie unmittelbar auf die Platten eines Oszillographen gegeben bzw. direkt einem Impulsspektrometer zugeführt werden können, so ist in der weit überwiegenden Mehrzahl aller Szintillationsanordnungen ein Impulsverstärker zwischen dem SEV und dem Registrierblock erforderlich. Der Verstärker soll die oft sehr kurzen Impulse mit Amplituden zwischen 0,01 und einigen Volt etwa 100—1000fach möglichst linear ohne Veränderung der Impulsform verstärken. Die Forderungen an den Verstärker sind etwa die gleichen, die an gute Verstärker für Impulsoszillographen gestellt werden. Besonders beliebt ist die von Elmore und Sands [259] angegebene Schaltung (Abb. 112a). Durch Gegenkopplung von 1% des Ausgangssignales auf die Kathode der Eingangsröhre des dreistufigen Verstärkers wird die Verstärkung auf 100fach reduziert, dafür aber liefert der

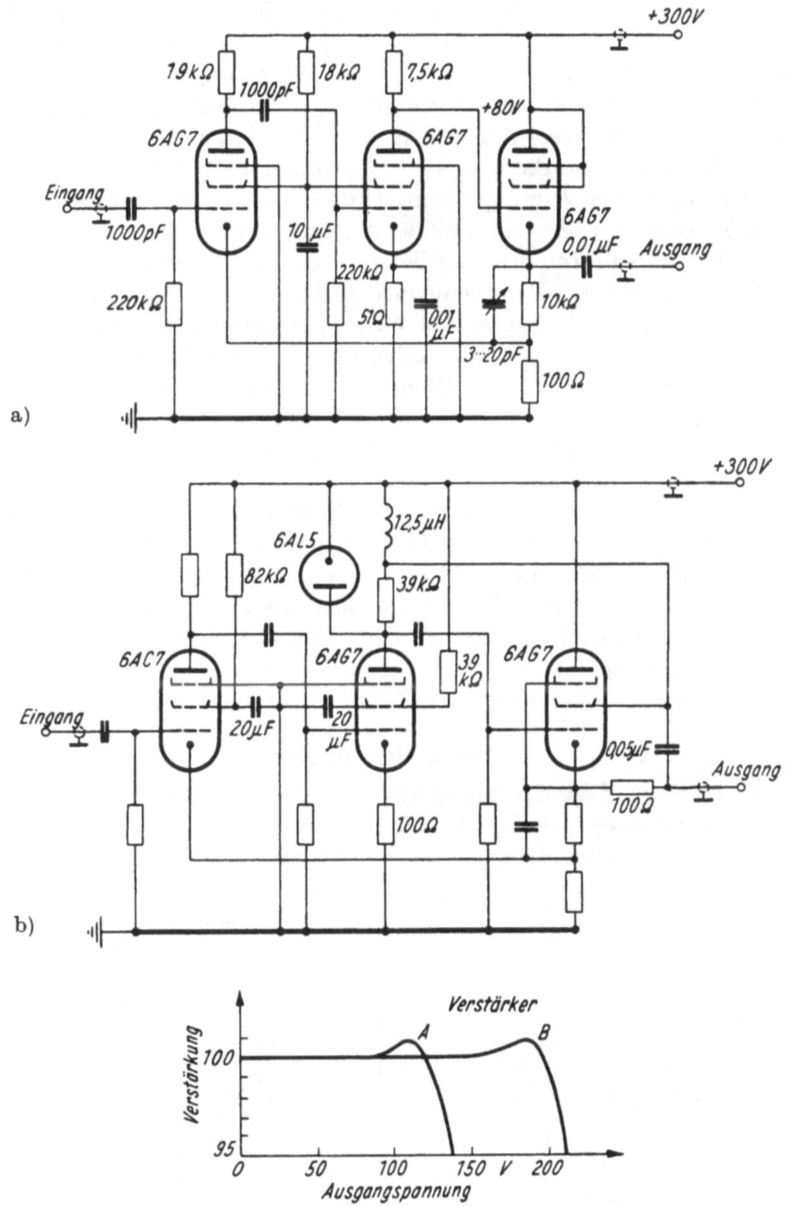

Abb. 112. Linearer Impulsverstärker (100fach) mit einer Anstiegszeit von 0,07 μsec

a) für Ausgangsimpulse bis zu +100 V [259]

b) Verbesserung des obigen Verstärkers [264]

Verstärker Ausgangsimpulse, die bis zu 100 V den Eingangsimpulsen proportional sind und deren Anstiegszeit 0,07 μsec beträgt (falls der Eingangsimpuls selbst nicht länger ist). Die Bandbreite des Verstärkers beträgt 4 MHz. In bezug auf Stabilität und Einfachheit des Aufbaus ist diese Schaltung sehr zu empfehlen. Im Verlaufe der Jahre wurden einige Verbesserungen vorgeschlagen. Hiervon ist die von Fainstein [264] die wesentlichste (Abb. 112 b). Bekanntlich setzen die Nichtlinearitäten des A–1-Verstärkers — wie die technische Form der von Elmore und Sands angegebenen Schaltung genannt wird — bei großen Impulsen zuerst an der Anode der zweiten Röhre ein, weil der Anodenstrom dieser Röhre die Anodenkapazität während des Impulses aufladen muß. Daher legt Fainstein in bekannter Weise in die Anodenleitung eine kleine Induktivität. Durch eine zusätzliche Kopplung des Impulses auf das Schirmgitter des Ausgangskathodenfolgers erreicht er ebenfalls eine effektive Verringerung der Streukapazität der Anode der zweiten Röhre. Die Diode in der Anodenleitung verhindert ein Überschwingen des Impulses über die Anodenspannung. Durch diese Maßnahmen erreicht er eine Linearität bis zu Ausgangsamplituden von nahezu 200 V (Abb. 112 b).

Neben diesem Verstärker wurde in der Literatur eine große Anzahl anderer Schaltungen angegeben. Hiervon sind zwei Schaltungen hervorzuheben, die mit verschiedenen Mitteln die durch Übersteuerung des Verstärkers auftretenden Nichtlinearitäten verhindern. Es ist dies einmal die in England weit verbreitete Schaltung von Chase und Higginbotham und die von Francis, Bell und Kelley [265]. Beide Schaltungen setzen aber erhebliche Erfahrungen auf elektronischem Gebiet voraus, und deshalb soll hier auf ihre Behandlung verzichtet werden.

D. Der Diskriminator

Der zeitliche Verlauf der Spannung am Ausgang des Verstärkers setzt sich zusammen aus dem unvermeidlichen Rauschen des Verstärkers, den zahlreichen kleinen Impulsen — hervorgerufen durch die thermische Emission der Foto-

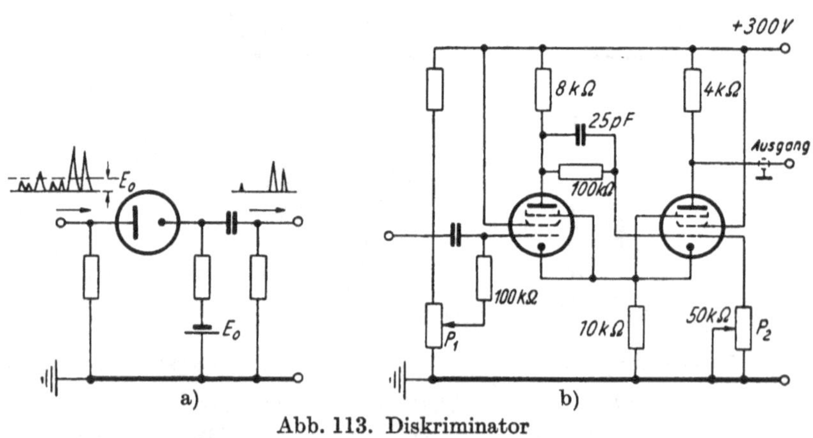

Abb. 113. Diskriminator
a) Dioden-Diskriminator [259] b) Schmitt-Diskriminator [259]

kathode — und den mehr oder weniger großen, relativ seltenen Szintillationsimpulsen. Um diese von dem unvermeidlichen Rest zu trennen, muß man dafür sorgen, daß nur Impulse von einer bestimmten, einstellbaren Mindestgröße registriert werden. Diese Aufgabe fällt dem Diskriminator zu. Den einfachsten und für viele Zwecke vollkommen ausreichenden Diskriminator zeigt die Abb. 113a. Er besteht im wesentlichen aus einer Diode, deren Kathode um den Betrag der Diskriminatorspannung gegen Erde vorgespannt ist. Nur solche Impulse, deren Größe diese Vorspannung überschreitet, lösen einen Diodenstrom aus, der zu einem Spannungsimpuls am Ausgang führt. Sehr häufig findet ein anderer Diskriminatortyp Anwendung (Abb. 113b). Er ist am ehesten in seiner Wirkungsweise einem polarisierten Relais vergleichbar. Steigert man die Gitterspannung der im Ruhezustand gesperrten Röhre 1 bis etwa 100 V, so klappt das Zweiröhrenschema in einen neuen Gleichgewichtszustand um, in dem die erste Röhre Strom führt und die zweite gesperrt ist. Das Umklappen erfolgt in Bruchteilen von μsec. Fällt am Ende des Impulses die Gittereingangsspannung unter 99 V, so kehren die beiden Röhren innerhalb von Bruchteilen einer μsec wieder in ihren Ausgangszustand zurück. Der praktisch rechteckige Ausgangsimpuls hat — unabhängig von der Größe des Eingangssignales — eine Amplitude von 40 V, und seine Länge wird durch die Zeit bestimmt, während der die Gittereingangsspannung größer als 100 V ist. Durch die Einstellung des Potentiometers P_1 kann man die Diskriminatorspannung im Bereiche von 1—100 V auf jeden beliebigen Wert einstellen.

Einen Diskriminator, der schon für Impulse von einigen mV Größe empfindlich ist, hat unlängst Kandiah [266] angegeben, und über praktische Erfahrung und einige Verbesserungen hierzu berichten Barabaschi und Cottini [267]. Diskriminatoren mit diesen Eigenschaften würden die Verwendung von Impulsverstärkern in vielen Fällen überflüssig machen.

Inwieweit Störsignale die Stabilität dieses neuen Diskriminatortyps beeinflussen, entzieht sich mangels eigener Erfahrung der Kenntnis des Verfassers.

Die weitere Registrierung der Impulse nach Zeit, Größe und anderen Eigenschaften geschieht in je nach Fragestellung ganz verschieden aufgebauten elektronischen Schaltungen. Auf diese einzugehen, überschreitet den Rahmen eines Buches, welches sich mit den SEV und ihrer Anwendung in der Kernphysik beschäftigt. Leser, die speziell an Impulsspektrometern interessiert sind, seien an die Zusammenfassungen von Van Rennes [268] und Higginbotham [269] verwiesen. Ein besonders zuverlässig arbeitender 20-Kanal-Diskriminator ist von Hartmann und Mitarbeitern in allen Einzelheiten beschrieben worden [270].

Literaturverzeichnis

[1] SLEPIAN, I.: AP Spec. 1450265, 1919

[2] Кубецкий, Л. А.: Авторское свидетельство 24040, 4. 8. 1930

[3] Кубецкий, Л. А.: Автоматика и телемеханика 1, 17, 1936

[4] KUBETZKY, L. A.: Proc. I.R.E. **25**, 421, 1937

[5] SCHOTTKY, W.: Ann. Physik **57**, 541, 1918

[6] ROTHE, H. und W. KLEEN: Elektronenröhren als Anfangsstufen-Verstärker. 2. Aufl. Leipzig 1953

[7] FÜRTH, R. und D. K. C. MACDONALD: Nature **159**, 608, 1947

[8] HARTMANN, W. und A. ROTHE: Z. Fernseh-GmbH **2**, 81, 1941

[9] BOESCHOTEN, F., J. M. W. MILATZ und C. SMIT: Physica **20**, 139, 1954

[10] JOHNSON, J. B.: Ann. Physik **6**, 7, 154, 1922

[11] NYQUIST, H.: Phys. Rev. **29**, 614, 1927; **32**, 110, 1928

[12] STRUTT, M. J. O.: Verstärker u. Empfänger, 1951

[13] ZWORYKIN, V. K., G. A. MORTON und L. MALTER: Proc I.R.E. **24**, 351, 1936

[14] SHOCKLEY, W. und J. R. PIERCE: Proc. I.R.E. **26**, 321, 1938

[15] BRUINING, H.: Physics and Applications of Secondary Electron Emission, London 1954

[16] ZIEGLER, M.: Physica **3**, 2, 1936

[17] KURRELMAYER, B. und L. J. HAYNER: Phys. Rev. **52**, 952, 1937

[18] ENGBERT, W.: Telefunkenröhre **12/14**, 127, 1938

[19] Тимофеев, П. В.: Журнал технической физики **10**, 1, 47, 1940

[20] WINANS, R. und J. R. PIERCE: Rev. sci. Instrum. **12**, 269, 1941

[21] ENGSTRÖM, R.: Journ. opt. Soc. America **37**, 6, 420, 1947

[22] Чечик, Н. О.: Доклады Академии Наук СССР **56**, 157, 1947

[23] PIERCE, J. R.: Bell System techn. J. **27**, 158, 1948

[24] MORTON, G. A.: RCA-Review **10**, 525, 1949

[25] Чечик, Н. О.: Успехи физических наук **37**, 1, 74, 1949

[26] MACDONALD, D. K. C.: Reports Progr. Physics **12**, 56, 1950

[27] ALLEN, J. S.: Proc. I.R.E. **38**, 346, 1950

[28] WILSON, R.: Rev. sci. Instrum. **23**, 217, 1952

[29] Лифшиц, Т. М.: Успехи физических наук **50**, 365, 1953

[30] Чечик, Н. О., Файнштейн, С. М., Лифшиц, Т. М.: Электронные умножители, Москва 1954

[31] DE BOER, J. H.: Elektronenemission und Adsorptionserscheinungen, Leipzig 1937

[32] SOMMER, A.: Photoelectric cells, London 1946

[33] Лукьянов, С. Ю.: Фотоэлементы, Москва 1948

[34] ZWORYKIN, V. K. und E. G. RAMBERG: Photoelectricity and its application, New York 1950

[35] GÖRLICH, P.: Die lichtelektrischen Zellen, ihre Herstellung und Eigenschaften, Leipzig 1951

[36] DOBREZOW, L. N.: Elektronen- und Ionenemission, Berlin 1954

[37] GÖRLICH, P.: Die Anwendung der Photozellen, Leipzig 1954

[38] HARTMANN, W.: Z. techn. Physik **24**, 111, 1943

[39] HARTMANN, W.: Z. d. Fernseh-GmbH **1**, 130, 1939

[40] HARTMANN, W.: Fernsehen und Tonfilm **1/2**, 3, 1940

[41] Лукьянов, С. Ю., Лушева, Н. Н., Мазовир, Ю. С.: Журнал техн. физики **9**, 1808, 1939
[42] Schaetti, N.: Helv. physica Acta **23**, 108, 1950
[43] Veith, W.: J. Phys. Radium **11**, 507, 1950
[44] Linden, B. R.: Nucleonics **11**, 9, 30, 1953
[45] Görlich, P.: Z. Physik **116**, 704, 1940
[46] Гольбрейх, Н.: Журнал техн. физики **8**, 1229, 1938
[47] Kluge, W., O. Beyer und H. Steyskal: Z. techn. Physik **18**, 219, 1937
[48] Prescott, jr., C. H. und M. J. Kelly: Transactions of the Electro-Chemical Society **62**, 297, 1932
[49] Тяпкина, В. В., и Данков, П. Д.: Доклады Академии Наук СССР **59**, 1313, 1948
[50] de Boer, J. H. und M. C. Teves: Z. Physik **83**, 521, 1933
[51] Зайцев, Н., и Хлебников, Н.: Журнал техн. физики **8**, 1023, 1938
[52] Asao, L. und M. Suzuki: Proc. physico-math. Soc. Japan **12**, 247, 1930
[53] Danzin und Despois: Ann. Radioelectricité **3**, 281, 1949
[54] Heimann, W.: Mündl. Mitteilung 1940
[55] Kluge, W.: Z. Physik **95**, 734, 1935
[56] Ошерович, А. Л., Павлова, Е. К., Родионов, С. Ф. и Фишкова, Л. М.: Журнал техн. физики **19**, 184, 1949
[57] Hartmann, W.: Z. d. Fernseh-GmbH **1**, 226, 1939
[58] Cramwinckel, A.: Soc. Motion Picture Engineers J. **49**, 523, 1947
[59] Kortüm, G. und H. Maier: Z. Naturforsch. 8a, 235, 1953
[60] Kluge, W. und S. Weber: Naturwissenschaften **40**, 315, 1953
[61] Тимофеев, П. В., и Кондорская, Т.: Журнал техн. физики **6**, 1267, 1936
[62] Pakswer, S.: J. appl. Physics **18**, 203, 1947
[63] Kuwabara, G.: J. Phys. Soc. Japan **8**, 229, 1953
[64] Борзяк, П. В.: Журнал техн. физики **9**, 2032, 1939
[65] Campbell, N. P.: Philos. Mag. **7**, 173, 1931
[66] Rajchman, J.: Thésis, Kundig, Genf 1938
[67] Lallemand, A. und M. Duchesne: Z. angew. Math. Physik **1**, 195, 1950
[68] Eckart, F.: Ann. Physik **16**, 5/8, 322, 1955
[69] Schwetzoff, V., S. Robin und B. Vodar: Comptes Rendus **234**, 426, 1952
[70] Schwetzoff, V.: Comptes Rendus **237**, 320, 1953
[71] Görlich, P.: Z. Physik **101**, 335, 1936
[72] Görlich, P.: Z. Physik **116**, 704, 1940
[73] Görlich, P.: Physik. Z. **43**, 121, 1942
[74] Klatzow: E.P. 513 523
[75] Хлебников, Н. С.: Журнал техн. физики **17**, 333, 1947
[76] Sommer, A.: Proc. Phys. Soc. **55**, 145, 1943
[77] Меньшиков, М. И.: Журнал техн. физики **17**, 5, 1947
[78] Файнштейн, С. М.: Журнал техн. физики **20**, 363, 1950
[79] Schaetti, N.: Bull. schweiz. elektrotechn. Ver. **23**, 1, 1953
[80] Ploke, M.: ATM J 391—5, November 1953
[81] Lallemand, A.: L'onde électrique **32**, 492, 1952
[82] Гопстейн, Н., и Хорош, Д.: Журнал техн. физики **8**, 2103, 1938
[83] Sommer, A.: Nature **152**, 215, 1943
[84] Taft, E. und L. Apker: J. the optic. Soc. America **43**, 81, 1953
[85] Görlich, P. und W. Lang: Z. Instrumentenkunde **57**, 249, 1937
[86] Görlich, P.: Z. Physik **109**, 374, 1938
[87] Sommer, A. H.: Rev. sci. Instrum. **20**, 7, 725, 1955
[88] Хазанов, В. С., и Юров, С. Г.: Журнал техн. физики **22**, 744, 1952
[89] Schaetti, N. und W. Baumgartner: Helv. physica Acta **6**, 614, 1951
[90] Pomerantz, M. A. und J. F. Marshall: Proc. I.R.E. **39**, 11, 1367, 1951

[91] BAROODY, E. M.: Phys. Rev. **78**, 780, 1950
[92] BARUT, A. O.: Phys. Rev. **93**, 981, 1954
[93] GREENBLATT, M. H.: Phys. Rev. **95**, 633, 1954
[94] GREENBLATT, M. H. und P. H. MILLER JR.: Phys. Rev. **72**, 160, 1947
[95] BRUINING, H.: Physics and Applications of Secondary Electron Emission, London 1954
[96] FRÖLICH, H.: Ann. Physik **13**, 229, 1932
[97] KOLLATH, R.: Physik Z. **38**, 202, 1937
[98] Кадышевич, А. Е.: Журнал экспер. и теоретическ. физики **9**, 930, 1939
[99] WOOLRIDGE, D. E.: Phys. Rev. **56**, 562, 1939
[100] TREY, F.: Physik. Z. **44**, 38, 1943
[101] MCKAY, M.: J. appl. Physics **22**, 89, 1951
[102] LEMPICKI, A.: Proc. phys. Soc. (London) B, **66**, 278, 1953
[103] Тимофеев, П. В., и Пятницкий, А. Ю.: Phys. Z. Sowjetunion **10**, 518, 1936
[104] Хлебников, Н., и Коршунова, А.: Phys. Z. Sowjetunion **5**, 363, 1938
[105] JONKER, J. L. H. und M. C. TEVES: Philips techn. Rdsch. **3**, 1938
[106] MARSHALL, F. H., J. W. COLTMAN und L. P. HUNTER: Rev. sci. Instrum. **18**, 504, 1948
[107] Бадикова, Т. Н.: Журнал техн. физики **9**, 2163, 1939
[108] Файнштейн, С. М.: Журнал техн. физики **18**, 39, 1948
[109] Кубецкий, Л. А.: Известия АН СССР серия физ. **8**, 357, 1944
[110] MORILLEAU, E., H. DORMONT und R. CHAMPEIX: C. R. **236**, 474, 1953
[111] Хорош, Д. М.: Журнал техн. физики **21**, 397, 1951
[112] Тязулахов, Б. Д.: Журнал техн. физики **20**, 773, 1950
[113] BAY, Z.: Nature **141**, 1010, 1938
[114] WARNECKE, R.: F. P. **824**, 365, 1936
[115] KOLLATH, R.: Ann. Physik **33**, 285, 1938
[116] GILLE, G.: Z. techn. Physik **22**, 228, 1941
[117] MATTHES, J.: Z. techn. Physik **22**, 232, 1941
[118] ALLEN, J. S.: Rev. sci. Instrum. **18**, 739, 1947
[119] LINDEN, B. R.: Nucleonics **14**, 4, 54, 1956
[120] BRUINING, H. und J. H. DE BOER: Physica **6**, 823, 1939
[121] SCHNITTGER, H.: Z. techn. Physik **21**, 376, 1940
[122] MALTER, L.: Phys. Rev. **49**, 478, 1936
[123] MALTER, L.: Phys. Rev. **50**, 48, 1936
[124] Тимофеев, П. В., и Аранович, Р. М.: Журнал техн. физики **10**, 32, 1940
[125] ZWORYKIN, V. K., J. E. RUEDY und E. W. PIKE: J. appl. Physics **12**, 696, 1941
[126] RAPPAPORT, P.: J. appl. Physics **25**, 288, 1954
[127] BIERMANN, M. und W. KRÜGER: Nachrichtentechnik **5**, 470, 1955
[128] ECKART, F.: Z. angew. Physik **8**, 6, 303, 1956
[129] FARNSWORTH, P. T.: J. Franklin Inst. **218**, 411, 1934
[130] HENNEBERGER, W., K. ORTHUBER und E. STEUDEL: Z. techn. Physik **17**, 115, 1936
[131] BENEKING, H.: Z. angew. Physik **4**, 258, 1952
[132] OKABE, K.: Rep. rad. Res. Japan **6**, 75, 1936
[133] GREENBLATT, M. H.: Phys. Rev. **75**, 1324, 1949
[134] GREENBLATT, M. H.: Rev. sci. Instrum. **20**, 646, 1949
[135] JARVIS und BLAIR: A. P. 1 903 569; 15. 9. 1926
[136] FARNSWORTH, P. T.: A. P. 1 969 399; 3. 3. 1930
[137] WEISS, G.: Z. techn. Physik **17**, 623, 1936
[138] WEISS, G.: Fernsehen und Tonfilm **7**, 41, 1936
[139] ECKART, F.: Ann. d. Physik **11**, 181, 1953
[140] LALLEMAND, A.: Le Vide **4**, 618, 1949
[141] LALLEMAND, A.: Congrès de Télevision, Paris 1948
[142] LALLEMAND, A.: J. Phys. Radium **10**, 235, 1949
[143] LALLEMAND, A.: L'onde electrique **32**, 492, 1952
[144] SOMMER, A. und W. E. TURK: J. sci. Instrum. **27**, 113, 1950

[145] Rodda, S.: Photoelectric Multipiers, London 1953
[146] Barut, A.: Dissertation Eidgenössische Techn. Hochschule Zürich, 1951
[147] Larson, C. C. und M. Gardener: Electronics **24**, Okt. 1939
[148] Larson, C. C. und H. Salinger: Rev. sci. Instrum. **11**, 226, 1940
[149] Млодзеевский, В. В.: Сборник трудов по техн. физики 238, 1948
[150] Maurer, G.: Prospekte des SEV-Werks, Neuffen/Würtemberg
[151] Rajchman, J.: Arch. Sci. physiques nature. (5), **20**, 231, 1938
[152] Brüche, E. und O. Scherzer: Geometrische Elektronenoptik
[153] Cosslet, V.: Electron Optics, Basel 1950
[154] Rusterholz, A. A.: Electron Optics, Basel 1950
[155] Clark, B. und C. Neuber: Proc. I.R.E. **38**, 521, 1950
[156] Bater: J. appl. Physics **5**, 191, 1954
[157] Kleynen, P. H.: Philips techn. Rdsch. **2**, 338, 1937
[158] Zworykin, V. K. und J. A. Rajchman: Proc. I.R.E. **27**, 558, 1939
[159] Stone, R. P.: Rev. sci. Instrum. **20**, 935, 1949
[160] Penning, F. M. und J. Moubis: Physica **2**, 55, 1935
[161] Engström, R.W., R. G. Stoudenheimer und M. A. Glover: Nucleonics **10**, 4, 58, 1952
[162] Greenblatt, M. H., M. W. Green, P. W. Davisson und G. A. Morton: Nucleonics **10**, 8, 44, 1952
[163] Allen, J. S. und L. R. Megill: Nucleonics **14**, 4, 55, 1956
[164] Morton, G. A.: Bericht auf der Internationalen Konferenz zur friedlichen Anwendung der Atomenergie, Genf 1955
[165] Godfrey, T. U., F. B. Harrison und J. W. Keuffel: Phys. Rev. **84**, 1248, 1951
[166] Lanter, R. J. und R. W. Corwin: Rev. sci. Instrum. **23**, 507, 1952
[167] Mueller, D. W.: Nucleonics **10**, 3, 33, 1952
[168] Godfrey, T. U., F. B. Harrison und J. W. Keuffel: Nucleonics **10**, 3, 33, 1952
[169] Davison, P. W.: Nucleonics **10**, 3, 33, 1952
[170] Hartmann, W.: Deutsche Patentanmeldung F 95 469, 1944.
[171] Morton, G. A. und J. A. Mitchell: Nucleonics **4**, 1, 16, 1949
[172] Coleman, E. F.: Electronics **19**, 220, 1946
[173] Görlich, P. und L. Schmidt: Nachrichtentechnik **5**, 7, 306, 1955
[174] Taylor, C.: J. Physique Radium **10**, 255, 1949
[175] Colli, L., U. Facchini und A. Rossi: Nuovo Cimento **11**, 3, 255, 1954
[176] Schaetti, N. und W. Baumgartner: Helv. physica Acta **25**, 605, 1952
[177] Schaetti, N.: Z. angew. Math. Physik **4**, 450, 1953
[178] Schaetti, N., W. Baumgartner und Ch. Flury: Helv. physica Acta **26**, 380, 1953
[179] Görlich, P.: Z. techn. Physik **18**, 460, 1937
[180] Görlich, P.: Jenaer Jahrbuch 1954, II. Teil, Wissenschaftliche Veröffentlichungen des Zeiss-Werkes, S. 438
[181] Burton, J. A.: Phys. Rev. **72**, 531, 1947
[182] Apker, L., E. Taft und J. Dickey: J. optical Soc. **43**, 2, 78, 1953
[183] Dunkelman, L. und C. Lock: J. optical Soc. **41**, 802, 1951
[184] Görlich, P.: Arbeitstagung Biophysik, Juli 1953, Greifswald
[185] Electrical Engng. 493, März 1956
[186] Schwantes, R. C., H. J. Hannam, A. van der Ziel: J. appl. Physics **27**, 6, 573, 1956
[187] a) Broser, I. und H. Kallmann: Z. Naturforsch. **2a**, 439, 1947
b) Broser, I. und H. Kallmann: Z. Naturforsch. **2a**, 11/12, 642, 1947
c) Broser, I., L. Herforth, H. Kallmann, Martius: Z. Naturforsch. **3a**, 6, 1948
d) Broser, I. und H. Kallmann: Ann. Physik **4**, 85, 1948
e) Broser, I. und H. Kallmann: Ann. Physik **3**, 317, 1948
f) Broser, I.: Über die Anregung von Leuchtstoffen durch α-Teilchen. Dissertation 1948
g) Herforth, L. und H. Kallmann: Ann. Physik **4**, 231, 1949
h) Herforth, L.: Dissertation 1948

[188] Coltman, J. W. und F. H. Marshall: Phys. Rev. **72**, 528, 1947
[189] Jordan, W. H. und P. R. Bell: Nucleonics 4/10, 30, 1949
Jordan, W. H.: Annu. Rev. nucl. Sci. **1**, 207, 1952
[190] Curran, S. C.: Luminescence and the Scintillation-Counter. Butterworth London 1953
Birks, I. B.: Scintillation Counters. London Pergamon Press, 1953
[191] Siegbahn, K.: Beta- and Gamma-Ray Spectroscopy. Amsterdam North Holland Publ., 1955
[192] Phillips, H. B. und R. R. Swank: Rev. sci. Instrum. **24**, 611, 1953
Hanle, W., O. Kotschak und A. Scharmann: Z. Naturforsch. **6a**, 202, 1951
Rohde, F.: Z. Naturforsch. **8a**, 156, 1953
[193] Garwin, R. L.: Rev. sci. Instrum. **23**, 755, 1952
[194] Shurcliff, W. A. und R. C. Jones: J. optical Soc. **39**, 912, 1949
[195] Slater, J. C. und W. Shockley: Phys. Rev. **50**, 705, 1936
[196] Riehl, N.: Ann. Physik **29**, 636, 1937
[197] Heitler, W. und F. London: Z. Physik **44**, 455, 1927
[198] Bloch, F.: Z. Physik **52**, 555, 1929
[199] Черенков, П. А.: ДАНСССР **2**, 451, 1934
ДАНСССР **13**, 413, 1936
ДАНСССР **14**, 59, 1937
ДАНСССР **20**, 653, 1938
[200] Hanle, W. und K. H. Rau: Z. Physik **133**, 297, 1952
Young, J. R.: J. appl. Physics **26**, 1302, 1955
[201] Hofstadter, R.: Phys. Rev. **74**, 100, 1948
[202] Wright, G. T.: Phys. Rev. **96**, 569, 1954
[203] Пани, И. С.: Ж. Т. Ф. СССР **25**, 2369, 1955
[204] Bannermann, D. E. und R. I. Lanter: Nucleonics **14/2**, 60, 1956
[205] Bell, P. R.: Nucleonics **12/3**, 54, 1954
[206] Bernstein, W. und A. W. Schardt: Rev. sci. Instrum. **85**, 919, 1952
[207] Schenk, J und R. L. Health: Rev. sci. Instrum. **85**, 923, 1952
[208] Hofstadter, R.: Nucleonics **6/5**, 70, 1950
[209] Bonanomi, S. und I. Rossels: Physica **18**, 486, 1952
[210] Moon, R. I.: Phys. Rev. **73**, 1210, 1948
[211] Wright, G. T.: Phys. Rev. **96**, 569, 1954
[212] Wright, G. T.: Proc. phys. Soc. **68**, 929, 1955
Hopkins, J. J.: Phys. Rev. **77**, 406, 1950
[213] Meyer, K. P. und A. Maier: Helv. physica Acta **27**, 57, 1954
[214] Kallmann, H.: Phys. Rev. **78**, 621, 1950
[215] Kallmann, H. und M. Furst: Phys. Rev. **79**, 857, 1950
[216] Harrison, F. B. und G. T. Reynolds: Phys. Rev. **79**, 732, 1950
[217] Pringle, R. W., W. Turchinetz und B. L. Funt: Rev. sci. Instrum. **26**, 859, 1955
[218] Muehlhouse, C. O.: B. N. L. — 242 (T — 38), 1953
Eggler, C. und C. M. Huddleston: Phys. Rev. **95**, 600, 1954
[219] Eggler, C. und C. M. Huddleston: Nucleonics **14/4**, 34, 1956
[220] Morton, G. A. und Z. A. Mitchell: R. C. A. Rev. **9**, 632, 1948
Hoyt, R. C.: Rev. sci. Instrum. **20**, 178, 1949
Morton, G. A.: R. C. A. Rev. **10**, 525, 1949
Roberts, R. W.: Proc. Phys. Soc. **A 66**, 192, 1953
[221] Wright, G. T.: J. sci. Instrum. **31**, 377, 1954
[222] Garvin, R. L.: Rev. sci. Instrum. **23**, 755, 1952
[223] Sommer, A. H.: Rev. sci. Instrum. **26**, 725, 1955
[224] Ruska, E.: Z. Physik **83**, 684, 1933
[225] Towards Better Scintillation Counting. Nucleonics **14/4**, 46, 1956
[226] Wright, G. T.: J. sci. Instrum. **31**, 462, 1954
[227] Wright, G. T.: Phys. Rev. **96**, 569, 1954

[228] Post, R. F. und L. I. Schiff: Phys. Rev. **80**, 1113, 1950
[229] Swank, R. K.: Nucleonics **12/3**, 14, 1954
[230] Post, R. F.: Nucleonics **10/5**, 46, 1952
[231] Singer, S., L. K. Neher und R. A. Ruehle: Rev. sci. Instrum. **27**, 40, 1956
[232] Engstrom, R. G., R. G. Stroudenheimer und A. M. Glover: Nucleonics **10/4**, 58, 1952
[233] Godlove, T. F. und W. Wadey: Rev. sci. Instrum., **25**, 1, 1954
[234] Garlick, G. S. I. und G. T. Wright: Proc. phys. Soc. **65 B**, 415, 1952
[235] Kelley, G. G., P. R. Bell, R. C. Danis und N. H. Lazar: Nucleonics **14/4**, 53, 1956
[236] Maeder, D., R. Müller und V. Wintersteiger: Helv. physica Acta **27**, 3, 1954
[237] Borkowski, C. I. und R. L. Clark: Rev. sci. Instrum. **24**, 1046, 1953
[238] Putman, J. L., S. Jefferson u. a.: J. sci. Instrum. **32**, 394, 1955
[239] Bell, P. R.: Nucleonics **12/3**, 54, 1954
[240] Foote, R. S. und Th. W. Koch: Rev. sci. Instrum. **25**, 746, 1954
[241] Hofstadter, R. und J. A. McIntyre: Phys. Rev. **78**, 619, 1950
[242] Grodzins, L.: Rev. sci. Instrum. **26**, 1208, 1956
[243] de Benedetti, S. und H. I. Richings: Rev. sci. Instrum. **23**, 37, 1956
de Benedetti, S. und H. I. Richings: Rev. sci. Instrum. **85**, 377, 1952
[244] Reines, F. und C. L. Cowan: Phys. Rev. **90**, 492, 1953
[245] Reines, F. und C. L. Cowan: Phys. Rev. **92**, 830, 1953
[246] Reines, F., C. L. Cowan, F. B. Harrison und D. S. Carter: Rev. sci. Instruments **25**, 1061, 1954
Reines, F. und C. L. Cowan: Nature **178**, 446, 1956
Reines, F. Science **124**, 103, 1956
[247] Wouters, L. F.: Nucleonics **10/8**, 48, 1952
[248] Haigh, C. P.: Nucleonics **12/1**, 34, 1954
[249] Blüh, O. und F. Terentiuk: Nucleonics **10/9**, 48, 1952
[250] Terentiuk, F.: Nucleonics **12/1**, 61, 1954
[251] Bell, R. und R. L. Graham: Rev. sci. Instrum. **23**, 301, 1952
[252] Hornyak, W. F.: Rev. sci. Instrum. **23**, 264, 1952
[253] Emmerich, W. S.: Rev. sci. Instrum. **25**, 69, 1954
[254] Handloser, I. S. und W. A. Higginbotham: Rev. sci. Instrum. **25**, 98, 1954
[255] Allen, I. S.: Phys. Rev. **55**, 966, 1939
[256] Hartmann, W.: Interne Veröffentlichung in der UdSSR Dezember 1945
[257] Richards, P. I. und E. E. Hays: Rev. sci. Instrum. **21**, 99, 1950
[258] Schütze, W. und F. Bernhard: Z. Physik **145**, 44, 1956
[259] Elmore, W. und M. Sands: Electronics-Experimental techniques New York, 1949.
[260] Меерович, Л. А. и Зеличенко, Л. Г.: Импульсная Техника Изд. советское Радио
Erscheint demnächst in deutscher Übersetzung
[261] Stump, R. und H. E. Talley: Rev. sci. Instrum. **25**, 1132, 1954
[262] Hibbard, L. U. und D. E. Caro: J. sci. Instrum. **30**, 378, 1953
[263] Garvin, R. L.: Rev. sci. Instrum. **21**, 569, 1950
[264] Fainstein, E. F.: Rev. sci. Instrum. **25**, 1134, 1954
[265] Chase, R. I. und W. A. Higginbotham: Rev. sci. Instrum. **23**, 34, 1952
Kelley, G. G., J. E. Francis und P. R. Bell: Nucleonics **12/3**, 55, 1954
[266] Kandiah: Proc. Inst. electr. Engng. **101**, 239, 1954
[267] Barabaschi und Cottini: Nuovo Cimento **2**, 1042, 1955
[268] van Rennes, A. B.: Nucleonics **10/8**, 22, 1952
[269] Higinbotham, W. A.: Nucleonics **14/4**, 61, 1956
[270] Хартман, В. Г., Леонтьева, И. Н., Синявский, А. П., и Васильев, Л. В.: Журнал экспериментальной и теоретической физики **28**, 699, 1955
[271] White, G. R.: Nat. Bur. Standards Rep. No. 1003, 1952
[272] Taylor, C. J., W. K. Jentschke, M. E. Remley, F. S. Eby und P. G. Kruger: Phys. Rev. **84**, 1034, 1951

[273] Gerholm, T. R.: Rev. sci. Instrum. **26**, 1069, 1954
[274] Smith, R. V.: Nucleonics **14/4**, 55, 1956
[275] Gregorieff: Diplomarbeit
[276] Foote, R. S. und H. W. Koch: Rev. sci. Instrum. **25**, 750, 1954
[277] Foote, R. S. und H. W. Koch: Radio-Electronics **24**, 12, 117, 1953
[278] Swank, R. K. und W. H. Buck: Rev. sci. Instrum. **26**, 15, 1956
[279] Muehlhouse, C. O.: Nuclonics **14/4**, 38, 1956
[280] Muehlhouse, C. O. und G. E. Thomas: Nucleonics **11/4**, 44, 1953
[281] McCrary, I. H., H. L. Taylor und T. W. Bonner: Phys. Rev. **94**, 908, 1954
[282] Buck, W. L. und R. K. Swank: Nucleonics **11/11**, 98, 1953
[283] Schenk, I.: Nature **171**, 518, 1953
[284] Cleland, R.: Phys. Rev. **89**, 896, 1953
[285] Muehlhouse, C. O.: BNL — 242, 1953
Paewsky, H., N. G. Sjöstrand und D. I. Hughes: Phys. Rev. **91**, 451, 1953
Sun, K. H., P. R. Malmberg und F. A. Pecjak: Phys. Rev. **95**, 600, 1955

FSC
www.fsc.org
MIX
Papier | Fördert gute Waldnutzung
FSC® C083411

Zeitfracht Medien GmbH
Ferdinand-Jühlke-Straße 7
99095 Erfurt, Deutschland
produktsicherheit@kolibri360.de